国家出版基金项目
NATIONAL PUBLICATION FOUNDATION

中国城市近现代工业遗产保护体系研究系列

Comprehensive Research on the Preservation
System of Modern Industrial Heritage Sites in China

工业遗产信息采集
与管理体系研究

Research on an Information Acquisition and
Management System for Industrial Heritage Sites

第二卷

丛书主编

徐苏斌

编　著

【日】青木信夫

徐苏斌

吴　葱

中国城市出版社

审图号：GS（2021）2144号

图书在版编目（CIP）数据

工业遗产信息采集与管理体系研究 = Research on an Information Acquisition and Management System for Industrial Heritage Sites / （日）青木信夫，徐苏斌，吴葱编著. —北京：中国城市出版社，2020.12

（中国城市近现代工业遗产保护体系研究系列 / 徐苏斌主编；第二卷）

ISBN 978-7-5074-3324-1

Ⅰ. ①工⋯ Ⅱ. ①青⋯ ②徐⋯ ③吴⋯ Ⅲ. ①工业建筑－文化遗产－信息管理－中国 Ⅳ. ①TU27

中国版本图书馆CIP数据核字（2020）第246116号

丛书统筹：徐冉
责任编辑：何楠　徐冉　许顺法　刘静　易娜
版式设计：锋尚设计
责任校对：王烨

中国城市近现代工业遗产保护体系研究系列
Comprehensive Research on the Preservation System of Modern Industrial Heritage Sites in China
丛书主编　徐苏斌

第二卷　工业遗产信息采集与管理体系研究
Research on an Information Acquisition and Management System for Industrial Heritage Sites
编著【日】青木信夫　徐苏斌　吴　葱
*
中国城市出版社出版、发行（北京海淀三里河路9号）
各地新华书店、建筑书店经销
北京锋尚制版有限公司制版
北京富诚彩色印刷有限公司印刷
*
开本：787毫米×1092毫米　1/16　印张：19½　字数：439千字
2021年4月第一版　　2021年4月第一次印刷
定价：116.00元
ISBN 978-7-5074-3324-1
　　（904327）

《第二卷 工业遗产信息采集与管理体系研究》分为两个部分：第一部分从历史的视角研究近代工业的空间可视化问题。包括1840～1949年中国近代工业的时空演化与整体分布模式、中国近代工业的产业特征之空间表达、近代工业转型与区域工业经济空间重构。第二部分研究了中国工业遗产信息采集与管理体系的建构，课题组建立了三个层级的信息采集框架，包括国家层级信息管理系统建构及应用研究、城市层级信息管理系统建构及应用研究、遗产本体层级信息管理系统建构及应用研究，最后进行了遗产本体层级BIM信息模型建构及应用研究。

The second volume "Research on an Information Acquisition and Management System for Industrial Heritage Sites" is divided into two parts: the first part provides spatial visualizations of China's modern industry development from a historical perspective. It includes the spatio-temporal evolution and distribution patterns of Chinese modern industry from 1840 to 1949, namely the spatial expression of its industrial characteristics. In addition, it discusses the transformation of modern industry and the spatial reconstruction of regional industrial economies. The second part deals with the collection and management system of China's industrial heritage information. The research group has established a framework with three levels, including information collected at the national level, urban level and individual industrial heritage sites level, which can be applied towards the construction of an information management system and further applied research. Finally, it includes research on a BIM information model at the heritage site level.

执笔者

（按姓氏拼音排序）

何　捷　刘　静　青木信夫　石　越
吴　葱　徐苏斌　张家浩

协助编辑：刘　静　张家浩

序一

　　工业遗产是一种新型的文化遗产。在我国城市化发展以及产业转型的关键时期，工业遗产成为十分突出的问题，是关系到文化建设和中华优秀文化传承的大问题，也是关系到城市发展、经济发展、居民生活的大问题。近年来，工业遗产在国内受到的关注度逐渐提高，研究成果也逐渐增多。天津大学徐苏斌教授是我国哲学社会科学的领军人才之一，她带领的国家社科重大课题团队推进了国家社科重大课题"我国城市近现代工业遗产保护体系研究"，该团队经历数年艰苦的调查和研究工作，终于完成了课题五卷本的报告书。

　　该套丛书是根据课题报告书改写的，其重要特点是系统性。丛书五卷构建了中国工业遗产的系统的逻辑框架，从技术史、信息采集、价值评估、改造和再利用、文化产业等一系列工业遗产的关键问题着手进行研究。进行了中国工业近代技术历史的梳理，建设了基于地理信息定位的工业遗产数字化特征体系和工业遗产空间数据库；基于对国际和国内相关法规和研究，编写完成了《中国工业遗产价值评价导则（试行）》；调查了国内工业遗产保护规划、修复和再利用等现状，总结了经验教训。研究成果反映了跨学科的特点和国际视野。

　　该套丛书"立足中国现实"，忠实地记录了今天中国社会主义体制下工业遗产不同于其他国家的现状和保护机制，针对中国工业遗产的价值、保护和再利用以及文化产业等问题进行了有益的理论探讨。也体现了多学科交叉特色的基础性研究，为目前工业遗产保护再利用提供珍贵的参考，同时也可以作为政策制定的参考。

　　此套著作是国家社科重大课题的研究成果。课题的设置反映了国家对于中国社会主义国家工业遗产的研究和利用的重视，迫切需要发挥工业遗产的文化底蕴，并且要和国家经济发展结合起来。该研究中期获得滚动资助，报告书获得免鉴定结题，反映了研究工作成绩的卓著。因此，该套丛书的出版正是符合国家对于工业遗产研究成果的迫切需求的，在此推荐给读者。

东南大学建筑学院 教授

中国工程院 院士

2020年9月

序二

　　中国的建成遗产（built heritage）研究和保护，是践行中华民族优秀文化传承和发展事业的历史使命，也是受到中央和地方高度重视的既定国策。而工业遗产研究是其中的重要组成部分。由我国哲学、社会科学领军人物，天津大学徐苏斌教授主持的"我国城市近现代工业遗产保护体系研究"，属国家社科重大课题，成果概要已多次发表并广泛听取专家意见，并于2018年1月在我国唯一的建成遗产英文期刊《BUILT HERITAGE》上刊载。

　　此套系列丛书由《第一卷　国际化视野下中国的工业近代化研究》《第二卷　工业遗产信息采集与管理体系研究》《第三卷　工业遗产价值评估研究》《第四卷　工业遗产保护与适应性再利用规划设计研究》《第五卷　从工业遗产保护到文化产业转型研究》等五卷构成。特别是丛书还就突出反映工业遗产科技价值的十个行业逐一评估，精准定位，在征求专家意见的基础上，提出了《中国工业遗产价值评价导则（试行）》，实已走在中国工业遗产研究的前沿。

　　本套丛书着力总结中国实践，推动理论创新，尝试了历史学、地理学、经济学、规划学、建筑学、环境学、社会学等多学科交叉，涉及冶金、纺织、化工、造船、矿物等领域，是我国首次对工业遗产的历史与现况开展的系统调查和跨学科研究，成果完成度高，论证严谨，资料翔实，图文并茂。本人郑重推荐给读者。

同济大学建筑与城市规划学院　教授

中国科学院　院士

2020年9月

前言

1. 工业遗产保护的国际背景

工业遗产是人类历史上影响深远的工业革命的历史遗存。在当代后工业社会背景下，工业遗产保护成为世界性问题。对工业遗产的关注始于20世纪50年代率先兴起于英国的"工业考古学"，20世纪60年代后西方主要发达国家纷纷成立工业考古组织，研究和保护工业遗产。1978年国际工业遗产保护协会（TICCIH）成立，2003年TICCIH通过了保护工业遗产的纲领性文件《下塔吉尔宪章》（*Nizhny Tagil Charter for the Industrial Heritage*）。国际工业遗产保护协会是保护工业遗产的世界组织，也是国际古迹遗址理事会（ICOMOS）在工业遗产保护方面的专门顾问机构。该宪章由TICCIH起草，将提交ICOMOS认可，并由联合国教科文组织最终批准。该宪章对工业遗产的定义、价值、认定、记录及研究的重要性、立法、维修和保护、教育和培训等进行了说明。该文件是国际上最早的关于工业遗产的文件。

近年来，联合国教科文组织世界遗产委员会开始关注世界遗产种类的均衡性、代表性与可信性，并于1994年提出了《均衡的、具有代表性的与可信的世界遗产名录全球战略》（*Global Strategy for a Balance, Representative and Credible World Heritage List*），其中工业遗产是特别强调的遗产类型之一。2003年，世界遗产委员会提出《亚太地区全球战略问题》，列举亚太地区尚未被重视的九类世界遗产中就包括工业遗产，并于2005年所做的分析研究报告《世界遗产名录：填补空白——未来行动计划》中也述及在世界遗产名录与预备名录中较少反映的遗产类型为："文化路线与文化景观、乡土建筑、20世纪遗产、工业与技术项目"。

2011年，ICOMOS与TICCIH提出《关于工业遗产遗址地、结构、地区和景观保护的共同原则》（*Principles for the Conservation of Industrial Heritage Sites, Structures, Areas and Landscapes*，简称《都柏林原则》，*The Dublin Principles*），与《下塔吉尔宪章》在工业遗产所包括的遗存内容上高度吻合，只是后者一方面从整体性的视角阐述工业遗产的构成，包括遗址、构筑物、复合体、区域和景观，紧扣题目；另一方面后者更加强调工业的生产过程，并明确指出了非物质遗产的内容，包括技术知识、工作和工人组织，以及复杂的社会和文化传统，它塑造了社区的生活，对整个社会乃至世界都带来重大组织变革。从工业遗产的两个定义可以看出，工业遗产研究的国际视角已从"静态遗产"走向"活态遗产"。

2012年11月，TICCIH第15届会员大会在台北举行，这是TICCIH第一次在亚洲举办会员大会，会议通过了《台北宣言》。《台北宣言》将亚洲的工业遗产保护和国际理念密切结合，在此基础上深入讨论亚洲工业遗产问题。宣言介绍亚洲工业遗产保护的背景，阐述有殖民背景的亚洲工业遗产保护独特的价值与意义，提出亚洲工业遗产保护维护的策略与方法，最后指出倡导公众参与和建立亚洲工业遗产网络对工业遗产保护的重要性。《台北宣言》将为今后亚洲工业遗产的保护和发展提供指导。

截至2019年，世界遗产中的工业遗产共有71件，占各种世界遗产总和的6.3%，占世界文化遗产的8.1%（世界遗产共计1121项，其中文化遗产869项）。从数量分布来看，英国居于首位，共有9项工业遗产；德国7项（包括捷克和德国共有1项）；法国、荷兰、巴西、比利时、西班牙（包括斯洛伐克和西班牙共有1项）均为4项；印度、意大利、日本、墨西哥、瑞典都是3项；奥地利、智利、挪威、波兰是2项；澳大利亚、玻利维亚、加拿大、中国、古巴、芬兰、印度尼西亚、伊朗、斯洛伐克、瑞士、乌拉圭各有1项。可以看到工业革命发源地的工业遗产数量较多。

在亚洲，中国的青城山和都江堰灌溉系统（2000年）被ICOMOS网站列入工业遗产，准确说是古代遗产。日本共有3处工业遗产入选世界遗产，均是工业系列遗产。石见银山遗迹及其文化景观（2007年）是16世纪至20世纪开采和提炼银子的矿山遗址，涉及银矿遗址和采矿城镇、运输路线、港口和港口城镇的14个组成部分，为单一行业、多遗产地的传统工业系列遗产；富冈制丝场及相关遗迹（2014年）创建于19世纪末和20世纪初，由4个与生丝生产不同阶段相对应的地点组成，分别为丝绸厂、养蚕厂、养蚕学校、蚕卵冷藏设施，为单一行业、多遗产地的机械工业系列遗产；明治日本的产业革命遗产：制铁·制钢·造船·煤炭产业（2015年）见证了日本19世纪中期至20世纪早期以钢铁、造船和煤矿为代表的快速的工业发展过程，涉及8个地区23个遗产地，为多行业布局、多遗产地的机械工业系列遗产。

2．中国工业遗产保护的发展

1）中国政府工业遗产保护政策的发展

中国正处在经济高速发展、城市化进程加快、产业结构升级的特殊时期，几乎所有城市都面临工业遗产的存留问题。经济发展的核心是产业结构的高级化，即产业结构从第二产业向第三产业更新换代的过程，标志着国民经济水平的高低和发展阶段、方向。在这一背景下，经济发展成为主要被关注的对象。近年来，工业遗产在国内受到关注。2006年4月18日国际古迹遗址日，中国古迹遗址保护协会（ICOMOS CHINA）在无锡举行中国工业遗产保护论坛，并通过《无锡建议——注重经济高速发展时期的工业遗产保护》。同月，国家文物局在无锡召开中国工业遗产保护论坛，通过《无锡建议》。2006年6月，鉴于工业遗产保护是我国文化遗产保护事业中具有重要性和紧迫性的新课题，国家文物局下发《加强工业遗产保护的通知》。

2013年3月，国家发改委编制了《全国老工业基地调整改造规划（2013—2022年）》并得到国务院批准（国函〔2013〕46号），规划涉及全国老工业城市120个，分布在27个省（区、市），其中地级城市95个，直辖市、计划单列市、省会城市25个。

2014年3月，国务院办公厅发布《关于推进城区老工业区搬迁改造的指导意见》，积极有序推进城区老工业区搬迁改造工作，提出了总体要求、主要任务、保障措施。2014年国家发改委为贯彻落实《国务院办公厅关于推进城区老工业区搬迁改造的指导意见》（国办发〔2014〕9号）精神，公布了《城区老工业区搬迁改造试点工作》，纳入了附件《全国城区老工业区搬迁改造试点一览表》中21个城区老工业区进行试点。

2014年3月，中共中央、国务院颁布《国家新型城镇化规划（2014—2020年）》，其中"第二十四章 深化土地管理制度改革"提出了"严格控制新增城镇建设用地规模""推进老城区、旧厂房、城中村的改造和保护性开发"。2014年9月1日出台了《节约集约利用土地规定》，使得土地集约问题上升到法规层面。2014年9月13~15日，由中国城市规划学会主办2014中国城市规划年会自由论坛，论坛主题为"面对存量和减量的总体规划"。存量和减量目前日益受到城市政府的重视，其原因有：国家严控新增建设用地指标的政策刚性约束；中心区位土地价值的重新认识和发掘；建成区功能提升、环境改善的急迫需求；历史街区保护和特色重塑等。于是工业用地以及工业遗产更成为关注对象。

2018年，住房和城乡建设部发布《关于进一步做好城市既有建筑保留利用和更新改造工作的通知》，提出：要充分认识既有建筑的历史、文化、技术和艺术价值，坚持充分利用、功能更新原则，加强城市既有建筑保留利用和更新改造，避免片面强调土地开发价值。坚持城市修补和有机更新理念，延续城市历史文脉，保护中华文化基因，留住居民乡愁记忆。

2020年6月2日，国家发展改革委、工业和信息化部、国务院国资委、国家文物局、国家开发银行联合颁发《关于印发〈推动老工业城市工业遗产保护利用实施方案〉的通知》（发改振兴〔2020〕839号），明确地说明制定通知的目的："为贯彻落实《中共中央办公厅 国务院办公厅关于实施中华优秀传统文化传承发展工程的意见》（中办发〔2017〕5号）、《中共中央办公厅国务院办公厅关于加强文物保护利用改革的若干意见》（中办发〔2018〕54号）、《国务院办公厅关于推进城区老工业区搬迁改造的指导意见》（国办发〔2014〕9号），探索老工业城市转型发展新路径，以文化振兴带动老工业城市全面振兴、全方位振兴，我们制定了《推动老工业城市工业遗产保护利用实施方案》。"五个部门联合出台实施方案标志着综合推进工业遗产保护的政策诞生。

2）中国工业遗产保护研究和实践的回顾

近代工业遗产的研究可以追溯到20世纪80年代。改革开放以后中国近代建筑的研究出现了新的契机，开始进行中日合作调查中国近代建筑，其中《天津近代建筑总览》（1989年）中有调查报告"同洋务运动有关的东局子建筑物"，记载了天津机器东局的建筑现状和测绘图。当时工业建筑的研究所占比重并不大，研究多从建筑风格、结构类型入手，未能脱离近代建筑史的研究范畴，但是研究者从大范围的近代建筑普查中也了解到了工业遗产的端倪。从2001年的第五批国保开始，近现代工业遗产逐渐出现在全国重点文物保护单位名单中。2006年国际文化遗产日主题定为"工业遗产"，并在无锡举办第一届"中国工业遗产保护论坛"，发布《无锡建议——注重经济高速发展时期的工业遗产保护》，同年5月国家文物局下发《关于加强工业遗产保护的通知》，正式启动了工业遗产研究和保护。2006年在国务院公布的第六批全国重点文物保护单位中，除了一批古代冶铁遗址、铜矿遗址、汞矿遗址、陶瓷窑址、酒坊遗址和古代造船厂遗址等列入保护单位的同时，引人瞩目地将黄崖洞兵工厂旧址、中东铁路建筑群、青岛啤酒厂早期建筑、汉冶萍煤铁厂矿旧址、石龙坝水电站、个旧鸡街火车站、钱塘江大桥、酒泉卫星发射中心导弹卫星发射场遗址、南通大生纱厂等一批近现代工业遗产纳入保护之列。加上之前列入的大庆第一口油井、青海第一个核武器研制基地旧址等，全国近现代工业遗产总数达到18处。至2019年公布第八批全国重点文物保护单位为止，全国共有5058处重点文物保护单位，其中工业遗产453处，占总量的8.96%，比前七批占比7.75%有所提升。由于目前工业遗产的范围界定还有待进一步统一认识，因此不同学者统计的数字存在一定差异，但是基本可以肯定的是目前工业遗产和其他类型的遗产相比较还需要较强研究和保护的力度。

近年来，各学会日益重视工业遗产的研究和保护问题。2010年11月中国首届工业建筑遗产学术研讨会暨中国建筑学会工业建筑遗产学术委员会会议召开，并签署了《北京倡议》——"抢救工业遗产：关于中国工业建筑遗产保护的倡议书"。以后每年召开全国大会并出版论文集。2014年成立了中国城科会历史文化名城委员会工业遗产学部和中国文物学会工业遗产专业委员会。此外从2005年开始自然资源部（地质环境司、地质灾害应急管理办公室）启动申报评审工作，到2017年年底全国分4批公布了88座国家矿山公园。工业和信息化部工业文化发展中心从2017年开始推进了"国家工业遗产名录"的发布工作，至2019年公布了三批共102处国家工业遗产。中国科学技术协会与中国规划学会联合在2018年、2019年公布两批"中国工业遗产保护名录"，共200项。2016年～2019年中国文物学会和中国建筑学会分四批公布"中国20世纪建筑遗产"名录，共396项，其中工业遗产79项。各种学会和机构的成立已经将工业遗产研究推向跨学科的新阶段。

各地政府也逐渐重视。2006年，上海结合国家文物局的"三普"指定了《上海第三次全国普查工业遗产补充登记表》，开始近代工业遗产的普查，并随着普查，逐渐展开保护和再利用工作。同年，北京也开始对北京焦化厂、798厂区、首钢等北京重点工业遗产进行普查，确定了《北京工业遗产评价标准》，颁布了《北京保护工业遗产导则》。2011年，天津也开始全面展开工业遗产普查，并颁布了《天津市工业遗产保护与利用管理办法》。2011年，南京历史文化名城研究会组织南京市规划设计院、南京工业大学建筑学院和南京市规划编制研究中心，共同展开了对南京市域范围内工矿企业的调查，为期4年。提出了两个层级的标准，一个是南京工业遗产的入选标准，另一个是首批重点保护工业遗产的认定标准。2007年，重庆开展了工业遗产保护利用专题研究。同年，无锡颁布了《无锡市工业遗产普查及认定办法（试行）》，经过对全市的普查评定，于当年公布了无锡市第一批工业遗产保护名录20处，次年公布了第二批工业遗产保护名录14处。2010年，中国城市规划学会在武汉召开"城市工业遗产保护与利用专题研讨会"，形成《关于转型时期中国城市工业遗产保护与利用的武汉建议》。2011年武汉市国土规划局组织编制《武汉市工业遗产保护与利用规划》。规划选取从19世纪60年代至20世纪90年代主城区的371处历史工业企业作为调研对象，其中有95处工业遗存被列入"武汉市工业遗存名录"，27处被推荐为武汉市的工业遗产。

关于中国工业遗产的具体研究状况分别在每一卷中叙述，这里不再赘述。

3．关于本套丛书的编写

1）国家社科基金重大课题的聚焦点

本套丛书是国家社科基金重大课题《我国城市近现代工业遗产保护体系研究》（12&ZD230）的主要成果。首先，课题组聚焦于中国大陆的工业遗产现状和发展设定课题。随着全球性后工业化时代的到来，各个国家和地区都开展了工业遗产的保护和再利用工作，尤其是英国和德国起步比较早。中国在工业遗产研究早期以介绍海外的工业遗产保护为主，但是随着中国产业转型和城市化进程，中国自身的工业遗产研究已经成为迫在眉睫的课题，因此立足中国现状并以国际理念带动研究是本研究的出发点。其次，中国的工业遗产是一个庞大的体系，如何在前人相对分散的研究基础上实现体系化也是本研究十分关注的问题。最后，工业遗产保护是跨学科的研究课题，在研究中以尝试跨学科研究作为目标。

课题组分析了目前中国工业遗产现状，认为在如下几个方面值得深入探讨。

（1）需要在国际交流视野下对中国工业技术史展开研究，为工业遗产价值评估奠定基础的体现真实性和完整性的历史研究；

（2）需要利用信息技术体现工业遗产的可视化研究，依据价值的普查和信息采集以及数据库建设的研究；

（3）需要在文物价值评价指导下针对中国工业遗产的系统性价值评估体系进行研究；

（4）需要系统的中国工业遗产保护和再利用的现状调查和研究，需要探索更加系统化的规划和单体改造利用策略；

（5）亟需探索工业遗产的再生利用与城市文化政策、文化事业和文化产业的协同发展。

针对这些问题我们设定了五个子课题，分别针对以上五个关键问题展开研究，其成果浓缩成了本套丛书的五卷内容。

《第一卷 国际化视野下中国的工业近代化研究》试图揭示近代中国工业发展的历史，从传统向现代的转型、跨文化交流的研究、近代工业多元性、工业遗产和城市建设、作为物证的技术史等几个典型角度阐释了中国近代工业发展的特征，试图弥补工业史在物证研究方面的不足，将工业史向工业遗产史研究推进，建立历史和保护的物证桥梁，为价值评估和保护再利用奠定基础。

《第二卷 工业遗产信息采集与管理体系研究》分为两部分。第一部分从历史的视角研究近代工业的空间可视化问题，包括1840~1949年中国近代工业的时空演化与整体分布模式、中国近代工业产业特征的空间分布、近代工业转型与区域工业经济空间重构。第二部分是对我国工业遗产信息采集与管理体系的建构研究，课题组对全国近1540处工业遗产进行了不同精度的资料收集和分析，建立了数据库，为全国普查奠定基础；建立了三个层级的信息采集框架，包括国家层级信息管理系统建构及应用研究、城市层级信息管理系统建构及应用研究、遗产本体层级信息管理系统建构及应用研究，最后进行了遗产本体层级BIM信息模型建构及应用研究。

《第三卷 工业遗产价值评估研究》对工业遗产价值理论进行了梳理和再建构，包括工业遗产评估的总体框架构思、关于工业遗产价值框架的补充讨论、文化资本的文化学评估——《中国工业遗产价值评估导则》的研究、解读工业遗产核心价值——不同行业的科技价值、文化资本经济学评价案例研究。从文化和经济双重视角考察工业遗产的价值评估，提出了供参考的文化学评估导则，深入解析了十个行业的科技价值，并尝试用TCM进行支付意愿测算，为进一步深入评估工业遗产的价值提供参考。

《第四卷 工业遗产保护与适应性再利用规划设计研究》主要从城市规划到城市设计、建筑保护等一系列与工业遗产相关的保护和再利用内容出发，调查中国的规划师、建筑师的工业遗产保护思想和探索实践，总结了尊重遗产的真实性和发挥创意性的经验。包括中国工业遗产再利用总体发展状况、工业遗产保护规划多规合一实证研究、中国主要城市工业遗产设计实证研究、中国建筑师工业遗产再利用设计访谈录、中国工业遗产改造的真实性和创意性研究等，为具体借鉴已有的经验和教训提供参考。

《第五卷 从工业遗产保护到文化产业转型研究》对我国工业遗产作为文化创意产业的案例进行调查和分析，探讨了如何将工业遗产可持续利用并与文化创意产业结合，实现保护和为社会服务双赢。包括工业遗产与文化产业融合的理论和背景研究、工业遗产保护与文化产业融合的区域发展概况、文化产业选择工业遗产作为空间载体的动因分析、工业遗产选择文化产业作为再利用模式的动因分析、工业遗产保护与文化产业融合的实证研究、北京文化创意产业园调查报告、天津棉三创意街区调查报告、从工业遗产到文化产业的思考，研究了中国工业遗产转型为文化产业的现状以及展示了走向创意城市的方向。

课题组聚焦于中国工业遗产的调查和研究，并努力体现如下特点：

（1）范围广、跨度大。目前中国大陆尚没有进行全国工业遗产普查，这加大了本课题的难度。课题组调查了全国31省（市、自治区）的1500余处工业遗产，并针对不同的课题进行反复调查，获得研究所需要的资料。同时查阅了跨越从清末手工业时期到1949年后"156工程"时期中国工业发展的资料，呈现近代中国工业为我们留下的较为全面的遗产状况。

（2）体系化研究。中国工业遗产研究经过两个阶段：第一个阶段主要以介绍国外研究为主；第二个阶段以个案或者某个地区工业遗产为主的研究较多，缺乏针对中国工业遗产的、较为系统的研究。本研究对第一到第五子课题进行序贯设定，分别对技术史、信息采集、价值评估、再利用、文化产业等不同的侧面进行跨学科、体系化研究，实施中国对工业遗产再生的全生命周期研究。

（3）强调第一线调查。本研究尽力以提供第一线的调查报告为目标，完成现场考察、采访、问卷、摄影、测绘等信息采集，努力收录中国工业遗产的最前线的信息，真实地记录和反映了中国产业转型时代工业遗产保护的现状。

（4）理论化。本研究并没有仅仅满足于调查报告，而是根据调查的结果进行理论总结，在价值评估部分建立自己的导则和框架，为今后调查和研究提供参考。

但是由于我们的水平有限，还存在很多不足。这些不足表现在：

（1）工业遗产保护工作近年来发展很快，不仅不断有新的政策、新的实践出现，而且随着认识的持续深入和国家对于工业遗产持续解密，工业遗产内容日益丰富，例如三线遗产、军工遗产等内容都成为近年关注的问题。目前已经有其他社科重大课题进行专门研究，故本课题暂不收入。

（2）中国的工业遗产分布很广，虽然我们进行了全国范围的资料收集，但是这只是为进一步完成中国工业遗产普查奠定基础。

（3）棕地问题是工业遗产的重要课题。本研究由于是社科课题，经费有限，因此在课题设定时没有列入棕地研究，但是并不意味着棕地问题不重要，希望将棕地问题作为独立课题深入研究。

（4）我们十分关注工业遗产的理论探讨，例如士绅化问题、负面遗产的价值、记忆的场所等和工业遗产密切相关的问题。这些研究是十分重要的工业遗产研究课题，我们在今后的课题中将进一步研究。

2）国家社科重大课题的推进过程

本套丛书由天津大学建筑学院中国文化保护国际研究中心负责编写。2006年研究中心筹建的宗旨就是通过国际化和跨学科合作推进中国的文化遗产保护研究和教学，重大课题给了我们一次最好的实践机会。

在重大课题组中青木信夫教授是中国文化保护国际研究中心主任，也是中国政府友谊奖获得者。他作为本课题核心成员参加了本课题的申请、科研、指导以及报告书编写工作，他以海外学者的身份为课题提供了不可或缺的支持。课题组核心成员南开大学经济学院王玉茹教授从经济史的角度为关键问题提供了跨学科的指导。另外一位核心成员天津社会科学院王琳研究员从文化产业角度给予课题组成员跨学科的视野。时任天津大学建筑学院院长的张颀教授在建筑遗产改造和再利用方面有丰富的经验，他的研究为课题组提供了重要支持。建筑学院吴葱教授对工业遗产信息采集与管理体系研究给予了指导。何捷教授、VIEIRA AMARO Bébio助理教授在GIS应用于历史遗产方面给予支持。左进教授在遗产规划方面给予建议。中国文化遗产保护国际研究中心的教师郑颖、张蕾、胡莲、张天洁、孙德龙等参加了研究指导。研究中心的博士后、博士、硕士以及本研究中心的进修教师都参加了课题研究工作。一些相关高校和设计院的相关学者也参与了课题的研究与讨论。在研究过程中课题组不断调整、凝练研究目标和成果，在出版字数限制中编写了本套丛书，实际研究的内容超过了本套丛书收录的范围。

此重大课题是在中国整体工业遗产保护和再利用的大环境中同步推进的。伴随着产业转型和城市化发展，工业遗产的保护和再利用成为被广泛关注的课题。我们保持和国家的工业遗产保护的热点密切联动，课题组首席专家有幸作为中国建筑学会工业建筑遗产学术委员会、中国城科会历史文化名城委员会工业遗产学部、中国文物学会工业遗产专业委员会、中国建筑学会城乡建成遗产委员会、中国文物保护技术协会工业遗产保护专业委员会、住房和城乡建设部科学技术委员会历史文化名城名镇名村专业委员会等学术机构的成员，有机会向全国文化遗产保护专家请教，并与之交流。同时从2010年开始，在清华大学刘伯英教授的带领下，每年组织召开中国工业遗产年会，在这个平台上我们的研究团队有机会和不同学科的工业遗产研究者、实践者们互动，不断接近跨学科研究的理想。我们采访了工业遗产领域具有代表性的规划师、建筑师，在他们那里我们不断获得了对遗产可持续性的新认识。

在课题进行中，我们和法国巴黎第一大学前副校长MENGIN Christine教授、副校长GRAVARI-BARBAS Maria教授，东英吉利亚大学的ARNOLD Dana教授，联合国教科文组织世界遗产中心LIN Roland教授，巴黎历史建筑博物馆GED Françoise教授，东京大学西村幸夫教授，东京大学空间信息科学研究中心濑崎薰教授，新加坡国立大学何培斌教授，香港中文大学伍美琴教授、TIEBEN Hendrik教授，成功大学傅朝卿教授，中原大学林晓薇教授等进行了有关工业遗产相关问题的学术交流并获得启示。还逐渐和国际工业遗产保护协会加强联系，导入国际理念。2017年我们主办了亚洲最大规模的建筑文化国际会议International Conference on East Asian Architectural Culture（简称EAAC，2017），通过学者之间的国际交流，促进了重大课题的研究。我们还通过国际和国内高校工作营形式增强学生的交流。这些都促进了我们从国际化的视角对工业遗产保护相关问题的认识。

本课题组也希望通过智库的形式实现研究成果对于国家工业遗产保护工作的贡献。承担本重大课题的中国文化遗产保护国际研究中心是中国三大智库评估机构（中国社会科学院评价研究院AMI、光明日报智库研究与发布中心 南京大学中国智库研究与评价中心CTTI、上海社会科学院智库研究中心CTTS）认定智库，本课题的部分核心研究成果获得2019年CTTI智库优秀成果奖，2020年又获得CTTI智库精品成果奖。

长期以来团队的研究承蒙国家和地方的基金支持，相关基金包括国家社科基金重大项目（12&ZD230）及其滚动基金、国家自然科学基金面上项目（50978179、51378335、51178293、51878438）、国家出版基金、天津市哲学社会科学规划项目（TJYYWT12-03）、天津市教委重大项目（2012JWZD 4）、天津市自然科学基金项目（08JCYBJC13400、18JCYBJC22400）、高等学校学科创新引智计划（B13011）。天津大学学校领导及建筑学院领导对课题研究提供了重要支持。我们无法——列举参与和支持过重大课题的同仁，谨在此表示我们由衷的谢意！

国家社科重大课题首席专家

天津大学 建筑学院 中国文化保护国际研究中心副主任、教授

Adjunct Professor at the Chinese University of Hong Kong

徐苏斌

2020年10月10日

目录

1

第 1 章 ————————————

绪论

本卷将从历史及现状两个方面对我国工业遗产进行信息采集和记录分析，并建立管理框架。关于中华人民共和国成立前的数据采集和分析主要来源于文献资料，对于现存的工业遗产主要侧重实物记录。第二章、第三章是历史上曾经有过的工业信息研究，第四章、第五章、第六章、第七章是关于现存工业遗产的研究。

1.1　中国近代工业历史空间可视化研究综述[①]

1.1.1　中国近代工业历史空间研究综述

1）近代工业的布局研究

国外学界对中国近代工业空间的研究，仅在有关中国近代城市史的研究中有所体现，如：鲍德威（David D. Buck）对济南商埠区历史的研究与罗威廉（William T. Rowe）对近代汉口的城市社会研究中有所涉及。

国内关于近代工业空间的研究主要集中在历史学、历史地理学、经济地理学、城乡规划、建筑学等学科，内容主要包括了近代工业布局，近代工业空间规划，工业遗产（遗存）保护中涉及的工业空间的分析、改造与再利用等内容。

工业布局是指工业在地域上的动态分布或工业生产的地域组织，又称为工业分布、工业配置或工业区位。

（1）民国时期的工业布局研究

工业布局问题在民国时期已经引起了一些学者的关注，这些学者对部分工业行业的地区分布进行了一般性的描述，如：张其昀在其所著的《中国经济地理》中，分食、衣、住、行、工业之原动力五个章节对民国时期（1927年以前）中国的食品、纺织、交通、煤、钢铁、电力等经济现象的地理分布进行了大概的描述。龚骏在《中国都市工业化程度之统计分析》中对当时主要城市工业分布与集中情况作了一定的描述。胡焕庸在其《经济地理》的著作中，对民国时期中国的棉纺织、丝织、糖、盐、煤、铁等行业的地理分布状况作了一些介绍。值得一提的是，20世纪40年代从哈佛大学学成归来的经济学家陈振汉曾致力介绍和引进西方工业区位理论，并著文对当时中国工业分布的现状与未来进行过一定的分析，在对中国近代轻重工业区位考察的基础上，提出"战前（指抗日战争，引者注）我国重要的几种轻工业的区位，看似不合理，实际上并不悖于区位经济的原则"等重要观点。当然，这一时期的研究多停留在对一些工业部门地区分布情况的一般性描述上，对影响工业布局的各个区位因

---

① 本节执笔者：刘静、徐苏斌。

子也仅略作说明而未深入解释。陈振汉的具有启发性的一系列观点在当时并未受到重视，1949年以后更被时代湮没，其对于中国工业布局的研究也未能继续深入。

（2）中华人民共和国成立后的工业布局研究

中华人民共和国成立初期，有关近代工业布局的研究成果很少，主要是对全国层面工业布局的探讨，早期形成了将工业布局的合理性与意识形态方面两种社会制度的优劣性挂钩的观点，并且这种观点在此后的经济史学界与经济地理学界被长期沿袭。1956年许绍李出版所著的《谈谈我国工业地理分布》是早期的关于我国近代工业分布的专题性研究成果，许氏认为1949年以前的工业分布呈畸形状态，"工业畸形地集中在东北和沿海地区，广大内地几无工业可言""工业生产远离原料产地和消费区""在同一地区各工业部门之间又不相互配合、互不呼应""这种不合理的状态正是反映了解放前中国的半封建、半殖民地社会性质特点，它是由这种社会性质所决定的"，许氏的这种观点沿袭了民国时期人们关于近代工业过于集中在沿江、沿海的大城市，不均衡[2]的看法，并将工业布局的合理性与意识形态方面的两种社会制度的优劣性挂钩，这种将工业布局的合理性与社会制度优劣性挂钩的意识形态化了的结论窒息了有关中国近代工业分布是否合理的学术讨论，在相当长的一段时间代表了中国学界对于近代工业布局的主流认知，如：魏心镇在其《工业地理学（工业布局原理）》一书中论及历史时期中国工业的历史地理特征时，分萌芽（1840～1894年）、初步发展（1895～1913年）、大发展（1914～1922年）、发展缓慢（1923～1936年）、衰败与破坏（1937～1949年）五个时段描述了各时段的工业地理分布，认为"沦为半殖民地的旧中国，经济上为帝国主义所控制""造成大部分工业偏居东部沿海""西南、西北地区除采矿业外""长期处于与工业相脱离的落后状态""工业分布的不合理状态在不同行业和沿海内部地区亦是如此"，"工业脱离原料地和广大消费区，并形成巨大运输耗费，同时严重影响内地的经济开发和各种资源的合理利用"；祝慈寿在《中国近代工业史》中分华东地区和台湾、中南地区、东北地区、华北地区、西南地区论述了各地区工业的发生和分布，并按照1840～1894年东南地区少数大工业中心开始形成，1895～1913年东南地区工业进一步发展和北方大工业初创，1914～1936年长三角地区工业城市集团形成和工业显著北移，1937～1945年东北工业急剧膨胀、华北重工业抬头、东南工业衰落，工业向西边局部移动4个阶段论述了不同阶段工业分布的变化，也指出由于"帝国主义、封建主义和官僚资本主义的统治，给旧中国工业的发展，深深打上了半封建半殖民地社会的烙印，使工业地理分布极具不平衡性"的特点。

近些年来，学者们对近代工业布局的研究有所丰富和深化，尺度涉及全国、区域、城市等层级，内容包含了近代工业发展中的一定时段，一些行业的分布变迁历程、区位因素与影响程度，工业发展分布与区域城市、经济的关系等。

在全国尺度层级，谢放从城市史的角度，按企业所在的城市统计，分析了1840～1927年间民用工业在城市的分布特点，以及棉纺织、面粉、机器、火柴、电力、自来水等行业在城市中的布局特点等。戴鞍钢等分1840～1894年、1895～1913年、1914～1936年、1937～1949

年四个阶段概述了近代工业（包括手工业）的发展、地理分布及变化大势，并指出近代工业始终没有突破偏于沿海沿江地带基本格局。袁伟鹏在其《集聚与扩散：中国近代工业布局》一书中以煤炭和钢铁工业为中心对抗日战争以前中国重工业的布局进行了概述，同时，以直隶开平煤矿为个案对抗日战争以前煤炭业的区位进行了分析；以汉阳铁厂（汉冶萍公司）为个案对抗日战争以前钢铁工业的区位进行了分析；以棉纺织业为中心对抗日战争以前轻工业的地理分布进行了分析；并在此基础上提出自然资源与自然条件是工业布局的前提条件；政治因素对中国近代工业企业，尤其是对一些重大工业企业的布局影响极大；社会经济因素，尤其是市场与交通条件、产业集聚效应是工业布局的最终决定性因素；社会文化因素对工业布局也有重要的影响；历史因素也对中国近代工业布局有不容忽视的影响等观点。向玉成论述了中国近代军事工业布局的发展变化，指出军事工业作为带动近代工业发展的"火车头"，其布局随着国内基础工业发展和中外局势的变化呈现出明显的阶段性，第一批大型军事工业的布局遵循"海口理论"，后随着海防危机的出新，19世纪70年代后洋务派放弃"海口理论"而转为兴办内地兵工厂，80年代后随着国内基础工业的发展，洋务派开始在军事工业布局中考虑战略与经济因素相结合，并以江南制造局与湖北枪炮厂的选址决策过程与战略、经济效果，对比展现了洋务派在大型军事工业企业布局中艰难的思想变化及区位调整历程。袁为鹏也探讨了晚清军事工业的布局问题，在认同向玉成等学者"以甲午战争为界，晚清军事工业大体经历由战前于沿海通商口岸到战后注重向内地扩散转变"观点的基础上，进一步指出甲午战后清政府对于军事工业的布局经历了"大力向内地扩散""就沿海已成之局继续扩充生产"和"集权于中央、统筹发展南、北、中等重点军事工厂"三个不同的发展阶段，并还原汉阳铁厂、开平矿务局、江南制造局的区位选择决策过程，揭示了环境与资源等自然因素及当时特定的社会、政治、经济、文化等人文因素对近代工业发展与布局的影响。此外，杨敬敏以进口替代为线索，论述了中国近代棉纺织工业的发展及其空间分布，包括了近代机制面纱进口贸易的时空演变、棉布进口贸易的时空演变，中国棉纺织工业由"自发的"进口到"自觉的"进口的转变，中国近代棉纺织工业生产状况与市场的空间考察，机纱消费与近代手工业棉织业地理格局变迁等内容。

在区域尺度层级，陈志忠分析了上海产业区的形成与演化，探讨了近代商埠区、产丝区、产棉区的城市转型和地域分工，指出上海在开埠后成为区域发展的增长极，通过集聚与扩散效应，在实现自身经济增长的同时，也支配着周边产丝区、产棉区城市产业的转型，都市工业发展的同时，区域城镇体系关系和经济格局也发生了变化，聚合型的城市空间取代了中控型的城市空间，区域经济增长在各县具有比较优势的商埠区、产棉区和产丝区的三区联动机制下实现。郑志忠论述了民国时期关中地区棉纺织业、采煤业、食品与日用化业、机器与陶瓷、化学等工业的发展与分布，归纳出民国时期关中地区工业发展与布局的四个阶段及其特点。杨东煜对近代长江三峡地区主要工矿行业的分布状况进行了复原，梳理了该地区工矿业发展的脉络和分布特点。尤欢依据抗日战争前工业的布局、抗日战争爆发后的工厂沦陷和部分内迁、战时国统区工业重建四个部分分析了浙江工业的分布变迁历程。严艳分析了1937～1950年陕甘宁边区经济发展与产业布局，内容包含了这一时段的工业生产类型和布局特征。李伟红基于GIS讨论了1900～1937年间河南不同时间段内工业企业的分布状况，工业布局的时空演变特征及影响因素。孔军在近代安徽矿冶地理分析中讨论了近代安徽矿区开发的分布特征。此外，一些区域近代工业专门史的著作中，也有涉及区域工业分布的相关内容，如姜新对苏北近代工业史的研究等。

城市尺度的工业布局，任云英探讨了民国时期西安产业空间转型的特征、机理及影响要素。季宏简述了天津近代工业格局的演变历程与特征，并将现有工业遗产的分布状况与历史时期的工业格局进行了对比。吴焕良以华商纱厂联合发布的《全国纱厂一览表》为主要材料，梳理了1889～1936年间上海城市棉纱业的空间分布格局及演变特征，并从社会结构入手，对棉纱业的企业主身份、经营管理和资本进行了分析。赵晶晶、翁春萌等先后探讨了武汉近代工业发展、工业扩散对城市空间变迁的影响。类似的还有唐山、长春、济南、郑州、蚌埠、石家庄、无锡、南通等城市近代工业空间与城市发展的互动研究。

2）近代工业的空间规划

有关中国近代工业空间规划的专题研究成果不多，王兴平等学者所著的《中国近现代产业空间规划设计史》是其中之一，书中分清末和民国时期两个时段，对中国区域、城市、产业空间内部三个层面的工业空间规划发展历程进行了介绍，涉及规划的内容、编制、相关政策、实施管理等多个方面。此外，在区域或城市的规划史研究或规划志等资料中，对近代工业空间规划的内容有所涉及，如：武廷海在其所著的《中国近现代区域规划》中对中国近代工业发展和规划有一定论述；苏则民在南京城市规划史研究中，对南京城市工业的规划有所涉及；上海、天津、江苏等省、市的城市规划志或建设志中也包含了部分近代工业空间规划的内容。

3）近代工业历史街区、厂区与建筑等空间的分析

近代工业遗产（遗存）的研究与保护实践中会涉及工业历史街区、厂区与建筑等空间的分析、改造和再利用等内容。如：张松等基于上海市虹口区工业建筑遗产的空间分布和保存利用状况的实地调查，分析该地区工业遗产的建筑特征，并围绕将工业遗产改造为创意园区的实践案例探讨了工业建筑遗产保护对于丰富城市景观、复兴社区文化的积极作用。季宏等以清末第一座军工造船产业福建马尾船政为例，分析"活态遗产"保护方法与更新策略，其中涉及了清末与现状两个时期马尾船政厂区内的功能分区、工艺流程以及建筑分布的对比，并对马尾船政保护中的工业景观进行了设计。季晨子等对晨光1865创意产业园内清代末年与民国两个时期的代表性建筑改造的前后进行了比较分析，从结构技术和功能空间两个方面归纳总结了近代工业建筑适应性改造的方法。

除近代工业布局、近代工业空间规划、工业遗产保护中工业空间的分析、改造和再利用等研究外，也有极少数学者从其他视角对近代工业空间进行了研究：刘建中从籍贯或活动区

域对晚清买办、官办企业负责人、私营企业主三种类型企业家的地理分布特点及其成因予以了分析；张美岭利用20世纪30年代的中国工业调查数据，从区位优势和产业集聚效应的角度分析了近代中国产业集聚与扩散的原因，表明不但贸易优势对地区工业发展有着重要影响，而且产业集聚效应也是影响工业发展与区位选择的一个重要因素。

中国近代工业化进程是一个极其复杂的时空现象，从"空间"视角解读近代工业历史，无疑可以深化我们对近代工业的认知，然而与近代工业史其他研究内容丰富的研究成果相比较，近代工业空间的现有研究基础极为薄弱。

作为中国近代史研究领域的重要课题，中国近代工业史研究历来吸引着经济学、社会学、历史学、历史地理学、城乡规划、建筑学、科学技术史学等诸多领域的学者关注，过往研究主要包括了近代工业化进程中传统手工业与近代工业的关系，全国或区域不同行业、不同资本类型工业的发展历程与特征，不同企业创办者与工人群体的特征，工业教育变迁，工业技术引进与发展，企业制度转变，工业产值估计，工业建筑变革以及工业化相伴随的社会、经济、文化、思想变迁，近代工业遗产保护等多方面主题，形成了为数不少的资料、著作及论文等研究成果。

有关中国近代工业空间的系统性研究则相对较少，主要集中在历史学以及历史地理学、城市规划、建筑学等空间学科，其中，历史学与历史地理学关注了近代全国或某一区域一定时段的部分行业的工业分布特征、变迁历程以及影响工业分布的区位因素等内容，对其进行了历史描述；而城市规划与建筑学则侧重关注了工业发展分布与城市的关系，主要体现在城市发展建设史、规划史及工业遗产保护研究实践中对典型城市、案例街区、厂区以及单体建筑空间展开的分析。研究方法上多注重历史描述，即使是在历史地理学、城乡规划、建筑学等领域的研究成果中，仍主要使用传统方法进行文献资料的解读。有关近代工业时空演化特征以及工业与城市空间关系等内容的量化分析与可视化研究成果较少。

1.1.2　空间人文学研究综述

1）人文社科研究中的"空间转向"

在传统的人文社科研究中，"空间"是指物理空间，是社会关系演变的静止"平台"或"容器"。20世纪中后期以来，随着西方物质语境与思想语境的变化，以及亨利·列斐伏尔（Henri Lefebvre）与米歇尔·福柯（Michel Foucault）等思想家对"空间时代"崛起的前瞻性观察，西方学术中出现了一种广泛的"空间化"趋势，在这种趋势中，学者们从历史和时间的笼罩下重新挖掘"空间"的本体地位，传统空间观念中空间的从属性性与同质性特征被颠覆。

法国新马克思主义哲学家、社会学家列斐伏尔是最重要的西方当代空间理论的思想先驱，其1974年出版的研究都市文化空间的专著——《空间的生产》，标志了人文社会学科中的"空间转向"。在这本专著中列斐伏尔突破了传统的空间观念，提出了关于空间的社会生产理论，他认为社会空间与社会生产是辩证统一的，一方面，空间是社会活动的产物，在历史发展中产生的，并随历史的演变而重新结构与转化，每一个社会、每种生产模式都会将生产出与自身特征相匹配的独特空间，另一方面，空间也是一切社会活动产生发展的场所，其本身就是一种强大的社会生产要素，在社会再生产的延续中起决定性作用①。

法国哲学家、社会思想家福柯也是当代重要的空间理论思想先驱，他对当代空间理论的贡献主要在于在空间研究中引入了权力的概念，考察了空间的建构与权力之间的关系。福柯认为空间是一种权力秩序的场所，在传统社会，权力主要通过国家机器的惩戒来实现对人的统治，而现代社会的权力则主要通过意识形态等的规训，来实现对人的控制与监督，因此，空间也就是一种通过权力而建构的人为空间。

伴随着"空间转向"思潮的发展，学者们认识到"空间"是一种社会建构，是赋予了人类社会及其文化意义的自然—人文综合景观空间。场所不同，故事的发展也不同，空间不仅仅是历史行为发生的背景，更在历史的变化中充当重要的结果与决定性因素，空间包含了其内个人或群体发生的故事，且这些故事都与地理（空间）和历史（时间）有联系，更重要的是，它们反映了社会价值观和文化代码，空间或场所的隐喻性增强。学者们开始把以前给予时间、历史和社会的礼遇也转移到空间上来，以"空间"作为切入点重新思考历史与文化问题，成为介入许多研究问题的重要逻辑起点与研究策略。

2）地理信息系统与人文社科研究

20世纪60年代早期，GIS作为一种制图与分析软件出现，80年代后，随着计算机功能的提升和商业软件包ArcInfo的发明，快速应用于景观建筑、城乡规划、环境科学等相关领域。

早期，地理学界对GIS也存在争论，一些学者率先看到了GIS解决空间问题的潜力，而另一些学者却认为，GIS基于实证主义的认识论，依赖于定量、精确数据，偏好于官方对世界的表征，采用几何空间和布尔逻辑，排除了其他或非西方世界观的可能性，与传统人文学科中数据的不精确、空间概念的相对性以及惯用的分析方法等都存在着矛盾，这些争论影响了基于人文学科的地理信息系统和地理信息科学的建构，至21世纪早期，地理学内部的争论放缓，这一和解逐渐促进了学者对GIS及其应用于人文社科的局限性与优势的普遍认知。

尽管GIS表征世界的方式有自身的局限性，融入历史与人文研究也具有挑战性，实证主义科技与显著的人文主义传统相联系时，即便没有直接的冲突，也存在潜在张力，然而GIS集成不同来源、不同格式的数据，建立多种空间信息与属性信息并存的数据库与图形库，进行量化分析与其可视化展示的强大功能，以及GIS科学更广泛的本体论和认识论问题，都提供了历史与文化认识的新渠道，最终吸引了人文社会研究者的关注。考古与文化遗产学者较早使用了GIS技术，类似于"数字罗马古墟项目"，利用GIS对过去景观与环境进行再现，为学者们提供了一种传统方法难以实现的基于体验的理解与领悟。

---

① 姜楠. 空间研究的"文化转向"与文化研究的"空间转向"[J]. 社会科学家，2008（8）：138-140.

历史学研究也尝试引入GIS，早期的一些努力多集中在具有基础数据平台意义的国家或城市地理信息系统的开发，如，英国朴次茅斯大学开发的"Great Britain Historical Geographical Information System，GBHGIS）项目"、复旦大学历史地理研究中心与美国哈佛大学等合作的"中国历史地理信息系统（China Historical Geographic Information System，CHGIS）"项目等。除国家地理信息系统外，一些专题的历史地理信息系统也不断出现，如：美国布朗大学开发的非洲史动画地图集（Animated Atlas of African History 1879~2002），香港中文大学地球信息科学研究所开发的"民国时期北京都市文化历史地理信息数据库"等。这些项目多侧重于为其他学者创造框架性的数据，并不是解决研究问题。

伴随着各种基础历史地理信息系统的建设，Gregory、Kowles等学者开始运用GIS构建一个数据图景，讲述比用传统方法更复杂的故事，同时也向学术界推广GIS在历史研究中的优势、相关知识与技术。GIS依托其强大的空间分析能力，不再仅仅为研究者提供空间研究的技术支持，也开始协助研究者发现新的研究问题，GIS的历史研究从早期的"数据驱动"（Data-Driven）向"问题驱动"（Question-Driven）转变，如：Gregory等使用GIS的空间统计分析技术探讨了1841~1861年大饥荒期间爱尔兰的人口变化状况；国内学者也开始尝试将GIS运用于历史研究，如：吴俊范从近代上海城市空间扩展中的"填浜筑路"出发，利用GIS技术，复原了传统农田形态下的塘路系统向城市道路系统演变的具体过程，并分析了其驱动机制及环境效应。

近年来，在GIS的史学研究中，除了遵循量化的社会科学与社会史范式，以GIS的计算能力解答研究问题和发展新的历史叙事外，另一种研究取向则将GIS拓展至新的学术资源与知识，在传统意义上所认为的定性资源或不适合定量分析的情形下与更广阔的社会科学研究范式相结合，去解答或发现新的研究问题，这也进一步为"空间人文学"作为一个学术领域奠定了基础。

3）空间人文学的历史研究

传统人文社会科学受认识论与技术的局限，对现象本身的属性及其时间维度的描述较为重视，对空间特殊性的解码能力则往往忽视，在过去的几十年内，在"空间转向"思潮的影响下，"空间"的概念不再仅仅指地理空间，并被诸如阶级、资本、性别等词语修饰，成了一种理解不同历史与文化的探索框架，而充满人文色彩的GIS，以其独特的地理空间定位、信息管理、查询分析以及灵活的制图方式与可视化表达能力，为人文社科的"空间"研究提供了有力的技术支持，进一步促进了这种探索框架的形成。在这一系列的背景之下，强调空间思维、空间综合方法论、空间可视化的空间人文学研究产生，并受到越来越多的重视，相关的空间人文社科研究机构也逐步创建，如：2000年，美国加州大学圣巴巴拉分校空间综合社会科学研究中心（Center for Spatially Integrated Social Sciences，CSISS）创建，开展多学科交叉合作，促进地理信息技术在人文社科领域的研究应用；2005年，哈佛大学地理分析中心（Center for Geographic Analysis，CGA）成立，致力于扩展地理信息科学的基础设施服务，并将空间分析应用于哈佛大学的研究和教学之中；2012年，斯坦福大学空间与文本分析中心（Center for Spatial and Textual Analysis, CESTA）成立，以推广运用数字工具和方法进行跨学科研究，探索人文领域的新知识，改变人文对世界的理解；同时，英国伦敦大学学院高级空间分析中心（Center for Advanced Spatial Analysis, CASA）成立，研究社会经济系统时空演变中的客观规律，服务于城市的政策、规划与建设等。在国内，由香港中文大学太空与地球信息科学研究所林珲教授等学者发起了"空间综合人文学与社会科学国际论坛"，自2009年至今已有九届，先后在香港、台湾、武汉、广州、上海等地的多所高校举办，吸引着国内外历史学、地理学、人类学、社会学、城市学和GIS等领域的众多学者参加，旨在整合地理信息科学与人文社会科学的研究，推动空间综合人文社会科学领域的学术交流与研究合作。

在这些研究机构创办的同时，空间人文学的历史研究也在不断丰富，主题涵盖城市、交通、文化、文学、战争、人物行为、气候等多个领域。空间人文学的城市研究，如："城市图层：探索曼哈顿城市结构"（Urban Layers：Explore the structure of Manhattan's urban fabric）项目，学者们利用纽约市的开放建筑物信息数据PLUTO和建筑轮廓数据，可视化展示了自1765年至2013年的曼哈顿城市建设历史。空间人文学的交通研究，如："斯坦福罗马世界地理空间网络模型"（Stanford Geospatial Network Model of The Roman World）项目，利用史料构建了基于城市、道路、河流及海道的横跨古罗马帝国的交通框架，模拟不同城市、海岬、山口之间，不同月份、季节及交通方式的旅行时间成本和费用支出，对当时历史环境下罗马帝国的社会发展及其内部的连通性进行了阐释。空间人文学的文化研究，如：斯坦福大学的"幻化沙漠"（Enchanting the Desert）项目，利用1899～1930年间商业摄影师Henry G. Peabody 拍摄的大峡谷照片，基于 GIS 技术，以多媒体电子书形式，整合文字、音频、历史文献等资料，将旅行影像置于当时的社会文化与地域背景中，对大峡谷的文化历史进行了空间叙述。空间人文学的文学研究，如："但丁地图"（Mapping Dante）项目，将意大利诗人但丁的长诗《神曲》"地狱篇""炼狱篇"和"天堂篇"中提及的地点映射于对应的历史地图上，并通过热点图展现某一地点被描绘的次数以及文本叙事内容与空间的关系。空间人文学的战争研究，如：Anne Knowles教授著名的葛底斯堡（Gettysburg）战役研究，依据历史档案对美国南北战争军事转折点——葛底斯堡战役的景观环境进行重建，对这一战役的因果关系进行全新解读，她利用GIS可视域（viewshed）分析、VR全景影像复原等技术方法讨论了南军统帅罗伯特·李（Robert E. Lee）将军在进行一系列重大战役决策时，能否依靠葛底斯堡开阔的郊野环境，在其指挥部、军事行动位置以及联邦军多个防御工事等地点，仅以视觉观察洞悉整个战场的空间格局。空间人文学的行为研究，如：中南民族大学王兆鹏教授所主持的依托"搜韵"古诗词数据体系建构的"唐宋文学编年地图"项目，记录了151位唐宋著名诗人的诗文创作时间与生平轨迹，可视化互动展示了某一诗人一生的迁徙轨迹与某一历史地点多位诗人所创作的诗词佳句。空间人文学的气候研究，如：复旦大学满志敏教授以光绪三年（1877年）中国北方大旱中山西、直隶两省各县上报的重大自然灾害历史记录为基础，利用等密度空间插值等方法，展现了光绪时期晋、直两省在干旱程度上的空间差异，判断出当时三个干旱中心的位置及其持续的时间，并推导出其时降雨带在北方的推移过程与当年夏季风在华北地区的推进时间，指出此次大旱是在全球性特强 ENSO 事件影响下，亚洲地区季风明显减弱，季风雨带推进过程与降雨特征发生变异的结果等。

综上所述，空间人文学是在人文社会学科的"空间转向"以及空间研究的技术驱动下发展起来的综合性人文社科研究领域，其所强调的空间思维、空间认知、空间推理、空间分析与展示方法，为历史与文化事象的诠释提供了一个新的视角和方法，空间人文的研究逐渐吸引历史地理学、GIS、历史学、考古学、文学、艺术史、社会学、建筑学、人类学等多个学科的学者参与其中，研究主题涵盖城市、交通、文化、文学、战争、人物行为、气候等诸多领域的数字基础设施建设、制图、空间分析应用等多方面内容，其所主导的"空间叙事"（Spatial narratives），可以作为专家叙事的一部分，对传统的研究方法形成补充。

空间人文学的历史研究主题仍在不断扩展与深化，目前其基本技术范式仍多从属于科学实证主义，在以实证主义导向的空间人文研究，面对新的、复杂性的人文社会科学中实证主义倾向的研究问题时，仍需研发相应的新工具或新理论，以实现对空间的描述、展现、理解以及探问等基本目标，并对信息系统空间表示的可行性、有效性或真实性进行判断；对于非实证主义范式的空间研究，空间人文学更需要研发相应的对策，包括适用的空间概念表达模型、不同范式的空间展示、分析乃至互动技术等，以实现对人文现象涉及的空间问题的描述、理解、阐释或探索，空间人文学将朝着多种空间研究范式融合与相关支撑技术集成的方向发展。

1.2 工业遗产信息采集与管理研究综述[①]

1.2.1 国外综述

1）世界遗产的信息采集与管理

（1）世界遗产申报的信息采集要求

世界遗产的信息采集要求体现在申报材料当中。其具体的内容可见"《世界遗产操作指南》申报材料格式"。申报材料主要包括"执行摘要"和"申报列入《世界遗产名录》的遗产材料"（简称为"申报列入材料"）两部分。"执行摘要"是关于申报遗产的基本信息的描述性材料，其信息包括三部分：①申报遗产的地理位置以及空间范围：申报遗产的所在缔约国、省份或地区、名称、经纬度坐标、保护范围介绍、平面图（包括保护范围和缓冲区）；②申报遗产的突出普遍价值：列举遗产申报符合的"突出普遍价值"及其说明，包括综述、

---

① 本节执笔者：张家浩、青木信夫。

符合标准理由、完整性声明、真实性声明、保护和管理要求；③当地官方机构名称和联系方式：机构名称、地址、电话、传真、电子邮件、网站等（表1-2-1）。

"执行摘要"信息内容 表1-2-1

"执行摘要"内容	内容
申报遗产的地理位置及空间范围	申报遗产的所在缔约国、省份或地区、名称、经纬度坐标、保护范围介绍、平面图（包括保护范围和缓冲区）
申报遗产的突出普遍价值	列举遗产申报符合的"突出普遍价值"及其说明，包括综述、符合标准理由、完整性声明、真实性声明、保护和管理要求
当地官方机构名称和联系方式	机构名称、地址、电话、传真、电子邮件、网站等

"申报列入材料"是申报材料最重要、最详细的部分，主要包括：①遗产的辨认；②遗产描述；③申请列入理由；④保存情况和影响遗产的因素；⑤遗产的保护与管理；⑥监测；⑦文献清单；⑧负责机构及联系方式；⑨缔约国代表签名。

通过对"申报列入材料"内容的详细研究可知，世界文化遗产申报材料的准备是对该遗产的全面的信息采集工作。采集的内容以评估、保护遗产的"突出普遍价值"为主，所采集信息可分为以下四大类：①遗产基本情况：空间位置、历史沿革等；②以遗产物质本体为载体的信息：基于物质本体所进行的价值、真实性、完整性的阐述；③保护及管理情况：保护措施、面临危险、管理体系、旅游开发等；④文献资料汇编：文字、图像、影像、组织人员资料。前两者的信息主要以遗产本体及周边环境的物质要素为载体，后两者的信息来源更多的是现有法规、制度、规划文本、历史文献、图像、影像等。

"申报列入材料"所包含的信息有以下三个特点：①以陈述遗产的突出普遍价值以及真实性、完整性为前提，对这些信息的载体进行全面的信息采集。②"申报列入材料"对遗产信息的收集极为全面，世界遗产的申报要求缔约国不仅应阐明该遗产的价值，还应该证明它可以得到有效的、可持续发展的保护、监测与开发。因此，该"申报列入材料"除了包括对文化遗产本身的各类信息的全面采集之外，更包括了对该遗产保护、开发的规划、法律、规章制度、人员配备等信息，以确保遗产保护的顺利实施。③材料中对遗产的空间定位坐标数据有数字化的要求，以便录入地理信息系统（GIS）。

综上所述，"执行摘要"是申报遗产的基本信息的描述性材料，"申报列入材料"是对遗产信息的全面采集，专业性更强，这种在信息深度上的"两级式"分类对工业遗产的信息层级具有一定参考价值。

（2）世界遗产中的工业遗产：日本群马县富冈制丝场及相关遗迹群的信息采集

日本自1992年6月30日成为《保护世界文化与自然遗产公约》缔约国。截止于2018年1月，日本共有世界遗产21项，其中自然遗产4项，文化遗产17项，文化遗产中，近代工业遗产有"群马县富冈制丝场及相关遗迹群"（Tomioka Silk Mill and Related Sites，2014）和"日本明治工业革命的遗址：钢铁、造船和煤矿"（Sites of Japan's Meiji Industrial Revolution：Iron and Steel，Shipbuilding and Coal Mining，2015）。若算上古代的工业遗产"岛根县石见银山"（Iwami Ginzan Silver Mine and its Cultural Landscape，2007），共有3项。

　　日本富冈制丝场位于日本群马县的富冈，始建于1872年，是当时世界上最大的制丝工厂。富冈制丝场于1987年停业，2005年由富冈市政府管理，开发为当地著名的工业旅游点。富冈制丝场在2014年正式获准列入世界遗产名录，其建筑为日本19世纪特有的工业建筑风格（图1-2-1、图1-2-2），结合了国外和本地元素。工业技术的转移和传递是富冈制丝场的关键所在。2006年，富冈市教育委员会负责信息采集并编写了《旧富冈制丝场建筑物群调查报告书》（图1-2-3）。整个遗产群面积7.2公顷，调查前后分5次进行，时间总计为20天，每次出动15人左右。整部调查书共计600余页，内容翔实，具有极强的专业性，对于我国工业遗

图1-2-1　富冈制丝场缫丝车间

图1-2-3　《旧富冈制丝场建筑物群
调查报告书》封面

图1-2-2　缫丝车间内部屋架和早期设备

产申遗的信息采集与整理工作具有重要的参考价值。

《旧富冈制丝场建筑物群调查报告书》主要内容表   表1-2-2

主要内容	详情
旧富冈制丝场概况	1. 历史沿革：富冈制丝场建造之前的富冈，制丝场建造背景，建造经过，开业及经营状况，官营制丝所的成果，民间资本控制下的富冈制丝场 2. 价值：工厂制度的先进性，包括制丝机器的科技价值，劳工制度和福利等的先进性，历史价值，建筑价值
旧富冈制丝场的变迁	1. 生产工艺流程的变迁：概说，制丝工艺流程 2. 建筑物变迁
建筑物概说	1. 最初建筑物：设计施工、平面规划、尺寸、基础、木框架、砖、屋顶、门窗、其他 2. 旧建筑物
建筑物详说	1. 最初官营时代（1872～1893年） 2. 三井时代（1893～1902年） 3. 原时代（1902～1938年） 4. 片仓时代前期（1938～1945年） 5. 片仓时代后期（1944～1987年） 6. 其他
资料	1. 资料：参考文献、老照片、图画、图纸 2. 调查表 3. 现状照片 4. 测绘图纸

《旧富冈制丝场建筑物群调查报告书》的内容主要包括（表1-2-2）：①旧富冈制丝场概况：历史沿革研究，价值阐述；②旧富冈制丝场的变迁：生产工艺流程的变迁，建筑物的变迁；③建筑物概说：对富冈制丝场内建筑物的设计、建筑结构等进行说明；④建筑物详说：对各个发展时期的建筑物情况进行分时期说明；⑤资料，包括参考资料、老照片、老图纸以及现状调研表、现状照片以及测绘图纸等（图1-2-4）。

富冈制丝场所用调查表以建筑调查为主，主要登录信息包括：编号名称、建筑年代、规模、结构、机械设备、最初和残存状况、改建修建状况、破损程度描述、设计和技法特征、其他。具体如图1-2-5所示，因其每个建筑都有详细的测绘和照片调查，因此，调查表内

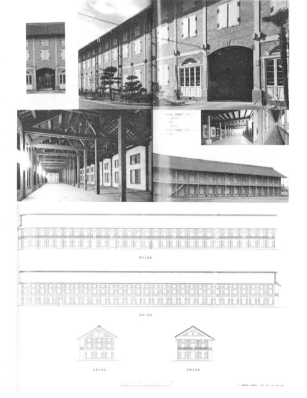

图1-2-4 《旧富冈制丝场建筑物群调查报告书》内容展示

48	台帳番号	名　称	建築年（根拠）	規　模		
				梁　間	桁　行	建築面積（下屋含む）
	71	社宅71	明治29年？	11.7m	14.2m	150.6㎡

構造形式	木造、2階建、寄棟造、栈瓦葺（一部波形鉄板葺、鉄板一文字葺） 正面車寄付属
機械設備	なし
当初の残存状況	一部改修の他は、ほぼ当初の形式をとどめている。 建具（襖・襖付建具）の多くは残存。天井も多くが当初のまま。
改修状況	1～2階の増築あり。壁を破って開口部に改修している模様。 東北隅便所、北面十畳間が一次増築。西北隅浴室は二次増築。 正面玄関車寄を増築。 廊下フローリングが新しい。
痕跡の概要	西北隅増築部痕跡として、西面丸桁切断、北面差鴨居切断している。 東北隅便所部は2本の柱を抱き合わせている。 2階窓部に手摺り、格子窓。 1階当初柱は表面に張板が多く、当初から中古材を使用している可能性あり。
意匠・技法上の特徴	2階は斜め板張りの両開き板戸が付くなど擬洋風的な意匠。外壁は大壁漆喰塗で内部も大壁。ただし部屋は畳敷き。 1階は階高が高い。
破損状況	軸部傾斜、横架材のたわみ、一部雨漏りあり。
その他	工場長の社宅。社宅群の中で一番古く、社宅74との比較から、同時期の明治29年かそれ以前の建築と思われる。（市台帳では明治30年とある。）

图1-2-5　调查表范例

容较为简单。

综上所述，日本群马县富冈制丝场及相关遗迹群的信息采集工作对我国工业遗产申遗具有重要的参考价值。其调查报告书对富冈制丝场的历史沿革、价值阐述、生产工艺流程及变迁、建构筑物信息和相关的文献、照片、图纸等进行了详细记录，对工业遗产的生产流程的科技价值予以了关注；但对工业遗产的厂区环境、景观及周边环境并未进行信息采集。这说明，当时的信息采集者认为工业遗产的主体是孤立于周边环境的建筑遗产，在这方面，我们应引以为戒。

（3）世界遗产中心网站的世界遗产名录信息系统

1992年，为了更好地支持世界遗产的保护工作，联合国教科文组织成立了世界遗产中心。1994年3月1日，世界遗产中心注册域名建立网站。网站内容包括世界遗产重要新闻、通知、历年相关文献、视频、音频等，其最主要的功能是世界遗产名录的信息管理和可视化展示。世界遗产名录（World Heritage List）信息系统所包含的功能主要有（图1-2-6）：①世界遗产名录（电子地图版），基于Google网络电子地图，将世界遗产"点"的空间信息在上面进行标注，通过对地图上遗产点的点击，可进入遗产介绍网页；②全球世界遗产简要统计，实时统计了全球世界遗产的总数、各分类数量、被除名数量等；③世界遗产名录（文字版），点击按钮可以链接到遗产介绍页面；④梗概目录（文字版）排序方式，包括国家、大洲、年份、名称等；⑤全球世界遗产数据统计分析，点击可进入分析统计数据页面，包括文化、自然、混合类型数量统计，各大洲数量统计，历年增加数量统计等可视化分析；⑥世界遗产分类图例，包括文化遗产、自然遗产、混合遗产、处在危险中的世界遗产等分类等。

World Heritage List

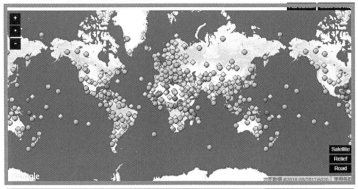

1. 世界遗产名录（电子地图版）

4. 梗概目录（文字版）排序方式

Order by

Country Region Year Property Name Synergy protec
A B C D E F G H I J K L M N
P Q R S T U V Y Z

Official World Heritage List in other formats

5. 全球世界遗产数据统计分析

Global Statistics
- Official World Heritage List Statistics

6. 世界遗产分类图例

Legend
Category of site
- Cultural site - Natural site - Mixed site

处在危险中的世界遗产

Site inscribed on the List of World Heritage in Danger
- Cultural site - Natural site - Mixed site

7. 纪念品购买网站链接

Wall Map
A large format full-colour map is available in **English, French and Spanish**. The dimensions of the map are **78cm by 50cm** (31 in. by 20 in.).

Order the Map

2. 全球世界遗产简要统计

Result	Views						
1073	37	2	54	832	206	35	167
总数	国际化	除名	有危险	文化	自然	混合	缔约国

3. 世界遗产名录（文字版）

Afghanistan
- Minaret and Archaeological Remains of Jam
- Cultural Landscape and Archaeological Remains of the Bamiyan Valley

Albania
- Butrint
- Historic Centres of Berat and Gjirokastra
- Ancient and Primeval Beech Forests of the Carpathians and Other Regions of Europe *

Algeria
- Al Qal'a of Beni Hammad
- Djémila
- M'Zab Valley
- Tassili n'Ajjer #
- Timgad
- Tipasa
- Kasbah of Algiers

Andorra
- Madriu-Perafita-Claror Valley

Angola

图1-2-6　世界遗产名录信息系统

　　关于遗产的介绍页面以我国著名的世界文化遗产——西藏拉萨的布达拉宫历史建筑群为例（图1-2-7），对页面内所包含的文化遗产信息进行研究，其主要内容包括：①简介，包括：空间位置信息，如国家，地区，省份，城市，经纬度坐标；遗产编号；提名时间，范围扩展时间；符合的突出的普遍价值；保护范围面积，缓冲区面积。简述，包括历史沿革，保护现状，突出普遍价值依据等。②地图，包括网络电子地图的坐标点信息，保护范围及缓冲区平面图信息等。③文件，包括与该遗产相关的评估报告、决议、保护状态报告等。④展示，多为以照片的形式展示文化遗产的保护现状。⑤趋势，通过对该文化遗产在世界遗产会议或文件中被提及的次数的统计，来说明该遗产的受关注度或存在问题的多寡，次数越高表明受关注度越高或存在问题越多，具体情况如表1-2-3所示。

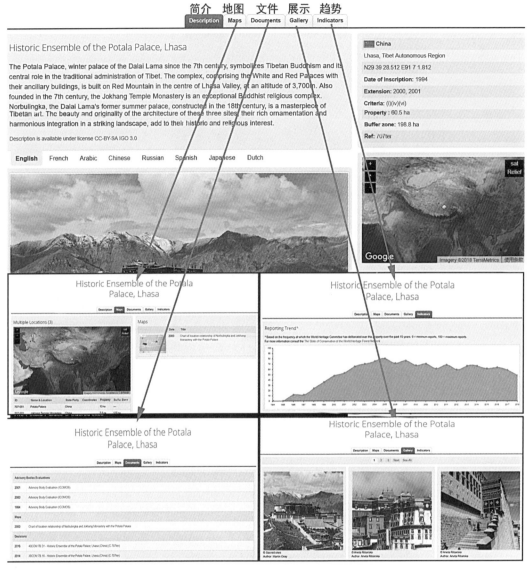

图1-2-7　世界遗产名录信息系统中所包含的世界文化遗产信息

世界遗产名录网络信息系统中所包含的世界文化遗产信息　　　　表1-2-3

简介	地图	文件	展示	趋势
空间位置信息：国家，地区，省份，城市，经纬度坐标，遗产编号；提名时间，范围扩展时间；该遗产符合的突出普遍价值；保护范围面积，缓冲区面积；简述，包括历史沿革，保护现状，突出普遍价值依据等	包括网络电子地图的坐标点信息；保护范围及缓冲区平面图信息	包括与该遗产相关的评估报告、决议、保护状态报告等	包括该遗产的现状展示，多为现状照片	包括该文化遗产在世界遗产会议或文件中被提及的次数，次数越高表明受关注度越高或存在问题越多

综上所述，世界遗产名录信息系统基于WebGIS信息化技术将世界遗产点标注在网络地图上，实现了遗产的信息化和分析统计的可视化。系统包含的信息较为简明概括，是对各个世界遗产的突出普遍价值、所在地、遗产范围、现状等情况的介绍性描述，旨在宣传、推广世界遗产保护理念。其信息的深度比前文提及的"执行摘要"的层级更浅，涉及的信息较基础，对我国的工业遗产基本信息管理系统的建构具有重要的借鉴意义。

（4）柬埔寨吴哥窟管理规划中GIS技术的应用

1992年，在文化遗产保护管理中对计算机辅助的应用迈出了具有重大价值的一步。柬埔寨吴哥窟遗址于1992年12月列入世界遗产名录，同时也被列入濒危状态的遗产名录中。为了保护该遗址，柬埔寨政府明确地划定了遗址的边界及其缓冲区域，并建立了立法行政管理部门。联合国教科文组织应邀协助柬埔寨政府采取措施，派遣专业人员编制《吴哥窟分区及环境管理规划》，（以下简称《吴哥窟分区规划》）。该规划的目标是描述和评估该地区的文化遗产资源和自然资源，并且提出分区和管理准则以改善该地区经济及社会状况，保护吴哥窟当地的地上以及地下文化遗产。

依据上述目的和要求，《吴哥窟分区规划》进行了相应的信息采集，其内容如表1-2-4所示。主要包括历史建筑和考古遗址信息（图1-2-8）、基础设施信息、土地利用性质和植被信息、水文信息、人口信息以及土壤、地质和地形信息等。

信息采集并录入GIS数据库之后，项目组基于数据库对吴哥窟的现状进行了评估，项目主要包括：遗址本体、水文情况、人口情况、土地利用性质和植被等（图1-2-9）。最后，对吴哥窟的GIS数据管理系统进行了建构，在本项目中，支撑了保护区的划定，提出了能够确保遗址内自然和文化资源得到恰当保护的边界，并被柬埔寨政府采纳（图1-2-10）。

《吴哥窟分区规划》信息采集内容   表1-2-4

信息名称	详情
历史建筑和考古遗址信息	将现存的遗址清单、航空照片的解读结果结合遗产现场调研，可获得一幅标明遗址位置的地图
基础设施信息	包括公路、铁路和小径，资料从当地1968年绘制的地形图中获得，将其数字化
土地利用性质和植被信息	从航拍照片上可以获得土地利用和植被覆盖图。因信息过于详细，难以在项目规定的时间内数字化，故对研究区的卫星影像信息进行截图，从中获得土地利用和植被覆盖图。土地利用图包含14个土地利用类别，植被覆盖图包含26种植被
水文信息	先从地形图上把包括河流、小溪、湖泊和不规则水道在内的水文特征数字化，然后应用航空照片更新水文特征信息
人口信息	根据航拍照片统计研究区内房屋的数目，将每个居住区和村庄的中心处标记为要素点，以便信息录入，并记录每个居住区内房屋数目。将每户的人口数与房屋数相乘，就可获得每个居住区的人口数目
土壤、地质和地形信息	从现存1∶50万比例尺的地图上获得土壤和地形图

图1-2-8　吴哥窟考古遗址图

图1-2-9　吴哥窟保护区划图

图1-2-10　吴哥窟考古价值评价图

综上所述，世界遗产中心专家在柬埔寨吴哥窟分区规划中对GIS技术的应用，针对吴哥窟及周边环境的特点，对区域内的已知遗址、潜在遗址、土地性质、水文、植被、生物多样性、人口分布、地形等条件进行了详细的信息采集和管理，贯穿了现场勘察、信息管理、后期评估，规划编制整个过程并获得政府肯定。虽然其中水文、植被等项目具有特殊性，但这次应用体现了GIS技术在遗产保护领域的适用性，其数据库整体框架对工业遗产文物保护单位的信息采集与管理系统建构具有一定的指导意义。

2）英国建筑遗产的信息采集与管理

（1）英国建筑遗产的信息采集层级划分

英国①建筑遗产的记录分为国家层面遗产保护体系（National Monuments Record，简称NMR）和地方层面遗产保护体系（Historic Environment Records，简称HERs）。为了指导建筑遗产的信息采集与管理，英国出版了一系列的相关著作和官方指南，目前最新的版本为2016年5月，由英国的文化产业主管机构"历史英国"（Historic England，简称HE）出版的《了解历史建筑——记录实践指南》（*Understanding Historic Buildings—A Guide to Good Recording*

---

① 本章节所涉及英国，以英格兰为主要研究对象。

Practice），如图1-2-11所示。该书中，将英国建筑遗产的记录工作按照信息的详细程度分了四个层级。

图1-2-11 《了解历史建筑——记录实践指南》

层级1（Level 1）：基本的"视觉记录"

该层级所包含的为肉眼可直接观测的信息，并以最基本的建筑位置、始建年代、类型信息作为补充。该等级的调查一般只在遗产外部进行，如果条件允许，可以绘制草图。层级1是最简单的信息采集，通常不是为了对历史建筑本身的研究，而是为了更宏观的研究。等级1内容如表1-2-5所示。

层级2（Level 2）："描述性记录"

该层级所适用的情况与等级1类似，也是在宏观研究中应用，但适用于需要更多信息的情况。层级2的信息如表1-2-6所示。

层级3（Level 3）："分析性记录"

第3层级包括上述的介绍性描述，然后对该建筑的历史沿革、功能等进行系统的分析描述。这个等级的信息包括测绘图纸和摄影记录，以说明建筑的外观和结构，并以此支持历史分析，总体而言，层级3的信息采集更关注建筑遗产本体的相关信息，对周边环境、相关人、非物质等信息关注较少。其信息采集的内容如表1-2-7所示。

层级1内容　　　　　　　　　　　　　　　　表1-2-5

分类	内容
文字	建筑名称、位置（最好是经纬度坐标）、类型、年代
照片	包括建筑周围环境或景观的建筑形象照片
草图	草图（若情况允许），平面，立面粗略草图

层级2内容　　　　　　　　　　　　　　　　表1-2-6

分类	内容
文字	建筑名称、位置（最好是经纬度坐标）、类型、年代；更详细的描述，比如建筑形式、功能、建筑师、施工公司、投资人、业主等
照片	包括建筑周围环境或景观的建筑形象照片；建筑室内典型房间和交通空间的照片
草图	建筑平面和高度尺寸；如需要，可测量建筑装饰细节；周边的地形地貌

分类	内容
文字	1. 建筑的精确位置，经纬度，建筑基址形态 2. 调查的日期，调查者的名称，档案文件的存放地 3. 建筑类型以及用途的摘要（包括历史上曾经的和当前的情况） 4. 对建筑本体进行检查而得到的建筑的材质和其年代，建筑的形式、功能以及发展脉络，建筑师、出资人、资助人、业主姓名等 5. 记录创建情况介绍——目标、方法、范围和局限性 6. 建筑及其设备的出版资料的总结 7. 对建筑本体的结构、材料、布局情况和各发展阶段进行全面描述 8. 对建筑本体以及局部的各历史阶段的使用情况进行描述 9. 对于早期曾经存在而现今已经被毁坏或被更改的结构与设备的情况进行描述 10. 所有参考资料名录（插图或图表的目录说明，可找到的专业报告的概要，建筑、设备的历史沿革，对于进一步调研、文献搜集、地下遗址的评估，历史性地图、图纸、照片，建筑的其他记录，各类文献资料中的信息，建筑术语等） 11. 参与人员介绍及致谢
照片	1. 包括建筑周围环境或景观的建筑形象照片 2. 最初的设计师或施工人员的设计意图 3. 建筑设计、结构、装饰细节 4. 典型房间和交通空间照片 5. 车间、设备早期情况描述，设备的日期标识，铭牌 6. 建筑附属设备 7. 各时期和建筑发展或场地环境有关的地图、图纸、照片等
测绘图	1. 以建筑各位置的剖截面来说明建筑内的垂直关系，建筑装饰的形式 2. 测绘平面图，按比例并详细标注 3. 立面图 4. 总平面图，用于识别照片的位置和记录内容的底图 5. 早期图纸 6. 三维轴测图 7. 改造图纸和各阶段性图纸 8. 用以说明材料（工艺流程）的运作等用途的图表

层级4（Level 4）："全面性记录"

层级4适用于对特别重要的建筑遗产的全面分析记录。鉴于层级3所采用的分析和解释是从结构本身推断出建筑物的历史，层级4的记录将利用关于建筑的所有其他来源的资料，并讨论其在建筑、社会、区域或经济历史方面的意义。附图的数量和范围也可能大于其他等级。具体成果如表1-2-8所示。总的来说，其信息采集的内容与层级3的差别主要有两点：一是对社会、经济背景及周边历史环境的信息采集；二是对与建筑相关的人、组织等进行访谈，对相关人承载的信息进行采集。

综上所述，《了解历史建筑——记录实践指南》一书对英国历史建筑的信息采集的层级和内容进行了详细的分级和描述。总体而言，该分类等级分为两个层面：一是宏观层面，包括层级1和层级2；二是个体层面，包括层级3和层级4。但经过笔者研究，4个层级的含义又不尽相同。层级1所采集的信息非常简单，包括名称、年代、地址等基本信息，如果条件允许可绘制草图或拍照。该等级适用于遗产基本信息管理系统的建设。层级2的信息量更大，适用于遗产的普查和信息管理系统的建设。层级3和层级4的主要区别在于对建筑周边历史环

分类	内容
文字	1～9项与表1-2-7层级3相同 10. 所有参考资料名录（插图或图表的目录说明，可找到的专业报告的概要，建筑、设备的历史沿革，对于进一步调研、文献搜集、地下遗址的评估，历史性地图、图纸、照片，建筑的其他记录，各类文献资料中的信息，对建筑历史环境脉络进行调查，对建筑师、业主、出资人和其他熟悉建筑的人员进行采访，建筑术语等）
照片	内容与表1-2-7层级3相同
测绘图	内容与表1-2-7层级3相同

境，社会、经济等背景以及相关的建筑师、业主等相关人的访谈等信息的采集方面。但近年来，随着人们文化遗产保护意识的增加，遗产的范围不断拓展，遗产将纳入更广阔的背景之下，已成为一种共识，这种背景不仅包括遗产周边的物质空间，也包括社会、经济等大环境。因此，对某重要的遗产进行详细调查时，层级3的意义越来越弱化。笔者建议在工业遗产的信息采集体系中对层级进行精简优化。优化后的体系中，包含3个层级：层级1为国家层级信息，包括工业遗产的名称、行业、地址、年代等基本信息，条件允许可加入照片或草图；层级2为城市层级信息，适用于工业遗产的普查工作，包括工业遗产基本信息以及生产工艺流程、重要建构筑物、设备、厂区环境、相关文献、负责人、联系人、测绘图、照片等信息；层级3为遗产本体层级信息，适用于重要工业遗产的遗产本体层级工作，需要对工业遗产的社会背景、遗产本体、周边环境、相关文献、相关人、组织、工艺流程的演化变迁等信息进行全面细致的采集，用于文物的建档、检测、保护等工作的实施（图1-2-12）。

（2）"英国国家遗产名录"信息管理系统

2011年，"历史英国"在NMR的数据基础上整合而成的英国国家遗产名录（The National Heritage List for England，简称NHLE），是目前英格兰惟一的官方文化遗产名录。基于该名录，"历史英国"在其官方网站上建立了"英国国家遗产名录"信息管理系统（其后简称"英国遗产系统"），并向公众免费开放。截止于2018年1月，名录中共有各项文化遗产超过45万

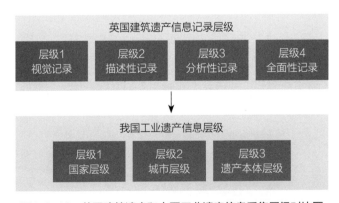

图1-2-12　英国建筑遗产和中国工业遗产信息采集层级对比图

项，其中有工业遗产45000项。该数据库仍处于不断更新中。

英国遗产系统的数据库包含两大部分：一是供大众进行网页浏览的网络地图，二是可供研究者及城市规划、文化遗产保护相关从业人员下载的NHLE Database数据库，提供各类遗产数据的ArcGIS软件的.shp类型的文件下载。

网络地图（图1-2-13）功能包括电子地图检索、文化遗产相关介绍、新闻发布、丰富遗产名录（enrich the list）等主要功能。其电子地图检索功能由美国Esri公司和诺基亚开发的HERE网络电子地图提供技术支持。美国Esri公司是世界上最大的地理信息系统技术提供商，目前应用最普遍的地理信息系统软件ArcGIS就是其产品。该网络数据库可供大众方便地查询遗产的相关信息，并通过"丰富遗产名录"功能，面向大众收集遗产信息，充分调动公众的参与性。但也存在较明显的缺点：一是公开信息极少，只有文化遗产位置点、名称、保护级别（Grand I II[※] II三类）、遗产编号（List UID）和英国国家地质数据库编码（NGR，National Geological Repository）以及部分文化遗产照片。二是分类不清，在该网络地图中，各遗产类型没有清楚的标识，无法分辨。

NHLE Database数据库（图1-2-14），下载的文件格式为GIS软件通用的.shp格式，提供的空间要素类型以点要素和面要素为主。与网络地图相比，该数据库将遗产类型进行了分类，供使用者分别下载。其数据主要包括：古战场（面要素）、登录建筑（点要素）、在册古迹（面要素）、受保护残骸（面要素）、世界遗产（面要素）、公园和文化景观（面要素）、2017年处于危险的文化遗产（点要素）等。但其属性表所包含的信息要少于网络地图，仅包括坐标点、名称、保护级别、遗产编号和英国国家地质数据库编码（图1-2-15）。英国国家地质数据库编码是英国特有的地理空间位置标识系统，与全球通用的W1984坐标系不同。

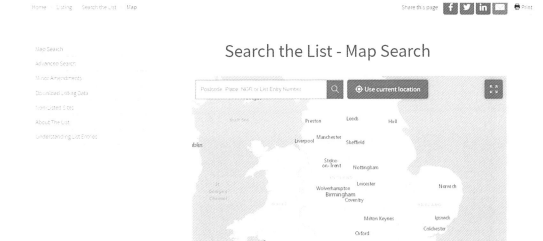

图1-2-13　NHLE网络电子地图数据库包含信息

图1-2-14 英国国家遗产名录GIS Data下载系统

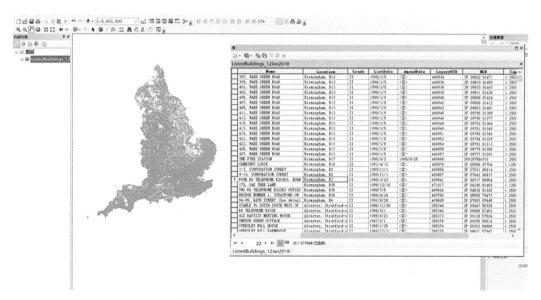

图1-2-15 下载后在ArcGIS软件中的英国国家遗产名录GIS Data

综上所述，英国遗产系统集合了信息发布、基于网络地图的遗产可视化展示等功能，并建立了相应的公众参与系统等，大大增加了公众对文化遗产的了解，也极大地扩展了文化遗产信息采集的途径，虽然公开的信息较少，但瑕不掩瑜。这对我国工业遗产乃至文化遗产的信息公开服务方面而言，具有极高的借鉴价值。

（3）BIM技术在英国建筑遗产管理中的应用

2017年，"历史英格兰"出版了《遗产BIM：如何建构历史建筑BIM信息模型》（*BIM for Heritage: Developing a Historic Building Information Model*，以下简称《遗产BIM》），对BIM技术的概念、在建筑遗产方面的应用进行了阐述，提出了"三维扫描到BIM模型"（Scans to

BIM）的工作流程概念。书中对建筑遗产的BIM信息模型的建模深度的标准进行了探讨（表1-2-9），并列举了英国建筑、工程、结构行业BIM技术标准对细节等级（Level of Detail，LOD）的6种分类，包括象征（Symbolic）、概念（Conceptual）、通用（Generic）、特殊（Specific）、用于建造和渲染（For Construction/Rendering）、拟建筑（As Built）以及《文化遗产测量规范》（Metric Survey Specifications for Cultural Heritage）中的四种细节等级分类。

《遗产BIM》中对BIM信息模型标准的讨论 表1-2-9

英国建筑、工程结构行业的细节等级分类	《文化遗产测量规范》细节等级分类
LOD1：象征，象征的体块	
LOD2：概念，表征模型的类别和外轮廓尺寸	Level1：调查建（构）筑物的基本轮廓，无需建筑细节
LOD3：通用，大致的尺寸，2D建筑细节	Level2：调查建（构）筑物的主体结构
LOD4：特别，准确尺寸，充分表现建筑的构件和材料	Level3：调查建（构）筑物的结构、构件的特征
LOD5：用于建造和渲染，准确地表达建筑的设计和构件要求，包含专业信息，3D的细节	
LOD6：拟建筑，依照建筑实际情况建模，反映建筑的实际情况，如柱子的偏移等	Level4：对建筑物（构）筑物的所有细节的调查，包括所有的建筑细节、附属构件的材料类型等

书中也指出，对于建筑遗产，所面临的信息量要远大于新建项目，要做到包含建筑遗产全部信息的BIM信息模型几乎是不可能的。因此，要针对项目制定BIM信息模型标准。

（4）英国工业遗产普查与信息管理

①英国工业考古协会《工业遗址记录索引：工业遗产记录手册》研究

对于工业遗产的关注，最早起源于第二次世界大战结束后的英国，1973年，英国成立了工业考古协会（Association for Industrial Archaeology，简称AIA），继续推进英国工业考古学的研究。工业考古协会在1993年出版《工业遗址记录索引：工业遗产记录手册》（简称《工业遗址记录索引》）（Index Record for Industrial Sites，Recording the Industrial Heritage，A Handbook，简称IRIS。作者Michael Trueman，Julie Williams）。《工业遗址记录索引》出版的目的是为"提高当时工业遗产在英国，英国地方层面遗产保护体系和英国国家层面遗产保护体系中的记录水平"。《工业遗址记录索引》普查表主要记录的信息为"工业时代遗存下来的建（构）筑物、纪念物、环境等要素的实体信息与内在信息，那些处在危险中的工业遗存尤为重要"。1998年，英国工业考古协会建立了工业考古数据库，使用《工业遗址记录索引》的标准将其成果统一进行了数字化处理，其成果直接对接现在的英国国家遗产名录。但该数据库不对外公开，其体系结构不得而知。

《工业遗址记录索引》是工业考古协会在英格兰古迹学会（RCHME）的建议下编制的，其主要原因是在当时的英国，各地文物保护机构对工业遗产的认知不统一，造成普查中信息采集所采用的标准差异很大。工业考古协会在英国工业遗产的调查和保护中起着重要的作用，因此希望通过这次《工业遗址记录索引》的编写，为全国工业遗产的普查提供统一的标准，将普查成果录入统一的计算机系统中，并允许公众方便地在电脑上查阅这些信息。工业考古协会也试图将这些数据用于工业遗产的评估与保护当中。某种程度上，1993年英国的这种情况与我国目前在工业遗产信息采集与管理方面遇到的困难极为相似。

《工业遗址记录索引》是一本指导工业遗产普查的操作性手册，其主要部分包括：表格及填写说明、附录。

a. 表格及填写说明

《工业遗址记录索引》在表格的设计中，运用了厂区（site）、要素（component）的分类方式。举例说明：核电站为厂区，而其中如反应炉、大坝等为要素。可以说，厂区指的是工业遗产的物质边界内的整体，而要素指的是其中的建（构）筑物、设备等。

填写说明中指出，《工业遗址记录索引》的表格中并非所有内容都必须填满，必填的内容为具有下划线的项目，而没有下划线的项目可以不必填写。

如图1-2-16所示，表格内容包含表格和照片（草图）两部分。表格部分共包含两页，7个子项（Box），其内容可分为厂区基本信息（Box1，Box2，Box3和Box5）、要素基本信息（Box4，Box6）以及补充信息（Box7）。笔者对各子项的内容进行了翻译，具体如下：

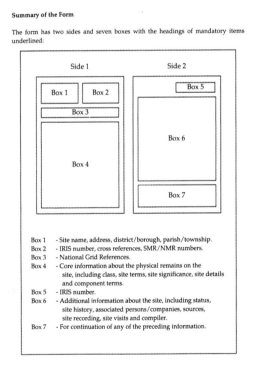
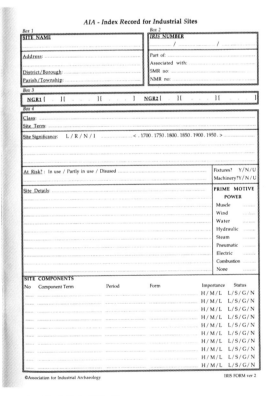

图1-2-16 《工业遗址记录索引》表格扫描图片

Box1：包含工业遗产名称、地址、区、镇，此项为必填项目。

Box2：包括工业遗产编号，共包含三部分，由郡名缩写-调查组织缩写（如AIA）-加三位遗产代码，此项为必填项目。

Box3：包括工业遗产的中心坐标点。这里可以标明两个坐标点，因为考虑到例如铁路、运河等线性工业遗产的存在，应标明两端端点的坐标。采用的坐标体系为英国国家坐标系。此项为必填项目。

Box4：必填项目有行业类型、始建年代、重要性评价（地方、区域、国家、国际四个层级）、是否在危险中、工业遗产介绍（主要特征、使用能源等）等。可不填的项目为工业遗产要素情况，包括工业遗产中的重要建筑、机械设备的编号，记录名称、功能，重要性评价（高、中、低），保护等级（登录建筑、在册古迹、监护古迹、不是保护单位）等。

Box5：工业遗产编号，因它是第二页的开头，因此又对编号进行了填写。

Box6：其他重要信息，包括工业遗产历史，工业遗产相关联系人。

Box7：填表人姓名及时间。

总体而言，《工业遗址记录索引》表格的内容对工业遗产的基本信息、建（构）筑物和设备遗产的信息进行了采集，对工业环境、生产工艺流程、相关文献等关注度较低。

b. 附录

附录中最重要的内容是英国工业遗产行业分类，该分类根据英国的工业发展情况，采用了两级分类的模式，共包含能源、食品、包装、金属冶炼、采矿、机械加工等17个大类，每个大类共有若干小类，合计104个小类。

该行业分类在编排结构上对我国工业遗产的行业分类具有一定的指导意义，但是由于两国国情不同，工业发展的道路不同，又有很多不适宜的地方，例如烟草生产在我国近现代是较为发达的产业，英国的分类中就没有，再如中华人民共和国成立之后大力发展的航天、军工、电子等类型的工业遗产在其中没有体现。

c.《工业遗址记录索引》经验总结

综上所述，《工业遗址记录索引》该书为1990年代英国进行普查时出版，为了统一英国各地工业遗产普查标准而制定的。其目的是为了实现标准化与数字化，内容翔实，逻辑清晰，对我国工业遗产普查表的编制具有重要的借鉴价值，但也存在很多的问题。

首先，主要可借鉴之处：一是表格的主体结构，工业遗产厂区、要素的两级式设置等内容设置等具有合理性，套用在本研究中，厂区即为工业遗产整体，要素即为工业建（构）筑物、设备等，可以进行借鉴；二是英国是工业革命的发祥地，其工业历史悠久，该表中行业分类的结构和部分内容可以进行借鉴，但应该结合我国的具体工业分类情况；三是表格内尽量避免使用者填写内容，在始建年代、重要性、价值、保护等级等多处采用勾选的方式，可大大提高工作效率和准确度。

其次，是其存在问题之处：一是表格在综述中提出使用人是各地社区、遗产保护团体的志愿者，并非都是相关专业的专家学者，但在表格中设置了大量价值评估的内容，由于志愿者们不一定都具有相关的学术背景，这种背景也不可能通过短期培训获得，因此，在普查表中设立评估机制，有可能造成错误的判断，笔者认为这是有待商榷的做法。二是表格的内容未对工业环境以及生产流程、组织等非物质信息进行关注，在我国工业遗产普查表中应加以补充。

②英国北方矿业研究学会网络信息系统研究

英国北方矿业研究学会是英国国家矿业历史协会（National Association of Mining History）的创始机构，成立于1960年，原名北方矿洞及矿山学会（the Northern Cavern & Mine Research Society），1975年更名为英国北方矿业研究学会。目前，该学会是英国最大的矿业历史学会，研究对象包括英格兰、苏格兰、威尔士、北爱尔兰的所有煤炭、有色金属、铁矿、石油、天然气、采石等的矿业遗址。该学会基于谷歌网络地图服务，建构了英国北方矿业研究学会网络信息系统。

英国北方矿业研究学会自1960年成立起就开始了英国矿业遗产数据库的编制工作。数据库最初以各遗产的纸质"索引"（a paper index of sites）的形式存在。20世纪80年代后期开始，该数据库被录入计算机，开始了数字化过程，2003年，又基于GIS技术完成了信息化。经过50多年的发展，该数据库几乎包含了英国所有的矿业遗产，如图1-2-17所示。

该网络数据库基于谷歌网络电子地图，包含了整个不列颠群岛（包括英国和爱尔兰）的36500个矿场，其中煤矿矿场的数量最多，达到了23000多个，包含信息有名称、类型、开始开采时间、终止开采时间、经纬度坐标（英国国家坐标系NGR）、矿场历任所有者等。

综上所述，英国北方矿业研究学会网络信息系统数据较完善，考虑到了矿业遗产的特性，分类明确，对我国工业遗产信息采集与管理，特别是矿业遗产的实践具有一定的指导意义。另一个方面，以煤矿为例，我国国土面积大约是英国面积的38倍，储煤量约为英国的5倍，煤炭开采的历史可追溯到公元前500年的春秋战国时期，17世纪《天工开物》一书中就系统地记载了我国古代煤炭的开采技术，包括地质、开拓、采煤、支护、通风、提升以及瓦斯排放等，说明我国古代时期煤矿的开采已成规模。但是，我国目前已知各类矿业遗产只有126处，仅占英国的0.3%，说明我国矿业遗产研究极其薄弱，建立工业遗产信息采集与管理体系，进行全国的工业遗产专项普查势在必行。

3）美国文化遗产信息采集与管理

（1）HABS、HAER的信息采集内容

美国文化遗产的信息采集与管理起源于1933年美国国家公园管理局启动的"美国历史建筑测绘"（Historic American Buildings Survey，简称HABS）。1969年，美国国家公园管理局又启动了"美国历史工程记录"（Historic American Engineering Record，简称HAER），对有价值的历史工程和工业遗址等进行信息采集与管理。美国历史建筑测绘和美国历史工程记录的主管部门都是美国国家公园管理局；采集的执行机构分别是美国建筑师协会和土木工程师协会，采集以分区为单位进行，依据建筑密度等前提将全美划分为39个分区；信息管理统一由美国国会图书馆负责（Library of Congress）（图1-2-18）。

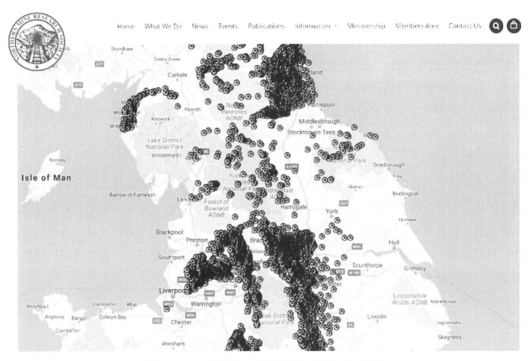

图1-2-17　英国北方矿业研究学会网络信息系统

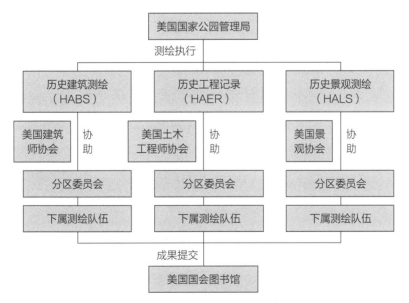

图1-2-18　美国文化及自然遗产测绘流程图

《美国历史建筑测绘记录指南》是美国国家公园管理局针对美国历史建筑调查所发布的指导性文件，最早颁布于1993年，目前最新的版本为2007年版。《美国历史工程测绘记录指南》是美国国家公园管理局针对美国具有重要价值的工程遗产调查所发布的指导性文件，最早颁布于2008年，目前最新的版本为2017年版。美国历史建筑测绘与美国历史工程记录的记录表格格式、内容有诸多相同之处，因此，本部分研究以美国历史建筑测绘为主，再对美国历史建筑测绘和美国历史工程记录进行对比。

美国历史建筑测绘所制定的历史建筑调查表有两种模式：一是简要调查表，二是大纲调查表。一个调查项目选择简要调查表还是大纲调查表具体取决于调查目标的重要性、复杂程度、已知的可用信息的详细程度以及分配给该项目的时间。但美国历史建筑测绘也要求，每一处被调查的历史建筑必须完成简要调查表内的内容，并附以测绘图纸、照片。

a. 简要调查表

美国历史建筑测绘简要调查表以条目的形式存在，各地使用者可根据实际情况，在符合内容的前提下，作出适当调整，未形成标准化表格形式。该调查表可以在实地调查中使用。调查表的内容如表1-2-10所示。

美国历史工程记录简要调查表所包含信息与美国历史建筑测绘基本一致，惟一不同的是增加了"最初业主"和"目前业主"的信息采集内容，更加关注工程项目的权属问题。简要调查表包含了基本的普查信息。

美国历史建筑测绘简要调查表的内容　　　　　表1-2-10

信息名称	详情
名称	名称本质是该表格的标题，一般包括全名和该建筑的美国历史建筑测绘编号（如果有，编号一般为××-###的形式，××为州缩写，###为该建筑编号）
地址	城市或镇、郡和州
重要意义	列举其在国家或地方的历史重要性或其建筑方面的特色
描述	简要描述建筑的物理特征，如建筑风格、平面尺寸及门、窗、屋顶形式
历史	包括始建年代、设计者、建造者、各时期的产权信息和使用者信息
信息来源	列举信息的来源
调查者	包括作者姓名、身份，完成报告的时间
项目信息	调查的总结，包括测绘图、照片和历史报告以及赞助商和合作组织的信息

b. 大纲调查表

美国历史建筑测绘大纲调查表的内容包括：抬头，历史信息，建筑信息，信息来源4部分，主要内容详见表1-2-11。

信息名称	详情
抬头	名称、地点、所有者/居住者、用途、重要意义、调查者、项目信息
历史信息	a. 物质历史 包括：建造时间，设计师，历代所有者、使用者和功能，建筑商、承包商、供应商信息，原始平面图和施工图，应描述原始图纸、照片，可借助过去使用者的访谈来对其原貌进行描述。改建或扩建，应包括改建或扩建的时间以及对当时建造所使用的材料、负责人的描述，可尽量收集旧照片、图纸来说明问题。 b. 历史背景 本节扩展了报告开头的言简意赅的历史陈述，在国家、区域和地方历史以及建筑历史的大背景下判断该建筑遗产的历史价值
建筑信息	a. 一般概述 建筑特色，这是对建筑价值和建筑特色的描述，特别强调不寻常或罕见的特征；结构状况，是对建筑物结构情况进行描述和评估，更确切地说，这部分要求在研究时对建筑物的整体状况进行全面的评估。关于具体特征的信息，可以在适当的标题下列举。 b. 外观描述 整体尺寸，对整体布局和形状进行描述，尺寸精确到英寸。 基础，包括材料、厚度、防水。 墙，包括整体装修材料和立面的装饰性特征，如墙角、隅石、壁柱等，应当注意建筑的粉刷材料、石材类型、产地等。 结构系统框架，对结构体系的全面描述是很重要的，因为这些信息往往不是很明显。注意墙壁类型，如承重墙或幕墙，地板系统和屋顶框架。 门廊、阳台、隔板，描述这些细节位置，在每个主要门廊处选取一段进行描述。 烟囱，包括材料、数量、性状及位置。 开口，包括门、窗户、百叶窗，描述其位置、装饰、类型。 屋顶，包括其材料、形状、屋檐的材料、形式、排水系统，天窗、塔楼的位置、数量和其他描述。 c. 室内描述 平面图，如果有测量图纸或草图，请简要描述总体布局。如果没有图纸，文字描述应更具体些。从最低楼层开始一直到顶层，如果两个或多个楼层相同，请结合说明。如没有测绘图纸，请附草图。 楼梯，包括位置、扶手、栏杆、装饰特征。 地板，包括材料、抛光和颜色，描述地板砖的宽度和方向。 墙面及顶棚表面处理，包括材料、镶板、颜色、壁纸，并注意装饰细节。 开口，包括门，描述特征类型。 窗户，包括任何显著的内部窗户装饰，讨论自然光的特点和借用其他内部空间光线的情况。 （室内）装饰特点，包括上面没有提到的木制品、橱柜、内部装潢、壁炉处理以及显著的装饰特征，并描述它们的特定材料和位置。 五金零件，描述原始的或显著的铰链、旋钮、锁、插销、窗户五金和壁炉五金，并标明位置。 机械设备：散热器、空调、通风，描述原系统和现有系统以及其他感兴趣的设备；照明，描述原有的灯具和感兴趣的灯具，标明其位置；管道，描述原始系统和任何感兴趣的系统。 原来的家具，描述该建筑历史上的样子，如家具、窗帘、地毯、原始的结构等。 d. 场地 历史景观设计，包括布局、特色、植被、步行道等历史景观，应描述其历史信息，如某些特征的年代。一般来说，本节是分析建（构）筑物与其周围环境的关系。 附属建筑，包括对其附属建筑（如仓库等）各结构的位置和功能、历史信息的描述
信息来源	建筑图纸，应注明图纸的时间和地点，如未按原图纸进行建造，也应注明，各时期的修复、改造图纸也要注明。 历史图片，包括照片、版画和其他图像，请注明媒体、艺术家、日期、出版商和画幅大小，并给出照片所在位置以及购买信息等重要性的说明。如历史照片和现存不同，请注明。 采访，包括被采访人的姓名、日期和地点。 参考文献：如果书面来源广泛，将它们分为主要和次要的。未出版的材料应该标注他们的档案位置，包括契据、存货等项目，以及人口普查、纳税记录、保险记录、手稿、信件、文件和其他历史社会信息。 尚未调查的可能来源：此处列出本报告未提及的内容。 补充材料：补充材料可以以图形或书面的形式出现，通常是放在报告的最后（如版权许可）或在现场记录中

根据表1-2-11内容可知，美国历史建筑测绘的大纲调查表内容非常详细，涵盖了建筑遗产的历史、本体、环境、相关人，物质和非物质的详细信息。应该说，在目前的研究视野下，美国历史建筑测绘大纲调查表已经涵盖了所有与建筑遗产相关的内容。对于建筑遗产而言，是真正的"全面采集"。

美国历史工程记录的大纲调查表的内容和美国历史建筑测绘基本相同，惟一不同的地方体现在第三部分，其名称为"结构/设计/设备信息"，内容的变化有两点：一是在建筑物信息中增加了大型烟囱、天窗等工业构筑物的信息采集内容，二是增加了对现有工业生产设备、生产工艺流程的信息采集内容。

相对于美国历史建筑测绘而言，美国历史工程记录大纲调查表存在着诸多问题：一是美国历史工程记录在内容上基本"照搬"美国历史建筑测绘的内容，忽视了大量工业遗产自身的特点，例如照搬美国历史建筑测绘大纲调查表内对"阳台、门廊"等在工业遗产中并不常见的建筑构件的描述，而对工业遗产中所常见的一些构造形式，如"牛腿柱""吊梁"等没有提及；二是对于生产工艺流程的信息采集，只着眼于"当下"，而没有提出对生产工艺历史变迁进行信息采集，这不利于对工业遗产科技价值的把握与评估。

（2）美国历史建筑测绘、美国历史工程记录的信息管理

美国历史建筑测绘和美国历史工程记录项目对遗产进行信息采集、整理之后，将所有信息交于美国国会图书馆统一储存管理，国会图书馆负责登记、保存测绘图纸及各项档案，并负责向公众提供借阅、拷贝服务。目前，由于信息化的高速发展，这些信息可进入美国国会图书馆官方网站进行查询，截止于2018年1月，共包含43992个遗产的信息。每个遗产的调查表、照片、测绘图等全部的信息采集成果均可在这个网站上进行浏览（图1-2-19）。

美国历史建筑测绘和美国历史工程记录项目的信息管理系统最大的优点是完全公开，所有的信息采集成果都可以免费获取。然而，其缺点也是明显的，那就是仍采用数字化时代传统的网页链接形式对遗产信息进行组织，没有进行信息化处理。当然，由于美国对建筑遗产的信息采集活动始于1933年，很多成果年代久远，缺失对空间信息的采集，因此，美国若想将遗产进行信息化管理，可能将投入十分巨大的成本。

4）法国工业遗产普查与信息管理

1789年法国大革命期间，为了防止重要的艺术品遭到破坏，法国成立了"古迹委员会"。1887年，法国的文物建筑委员会颁布了法国第一部《历史纪念物法》，国家层面的遗产保护事业发展开来。法国文化遗产保护由中央政府的文化部下属的建筑与遗产司负责，在大区、省设立相关的事务厅。

19世纪20～60年代，法国开始了工业革命。法国工业革命在时间上稍晚于英国。对于工业遗产的关注，法国也稍晚于英国。1986～2011年间，法国开始了全国工业遗产普查行动，该活动由政府主导，大区负责指导，以省为单位进行普查和信息的收集。目前已有22个省的

Historic American Buildings Survey/Historic American Engineering Record/Historic American Landscapes Survey: Search Results

Print   Subscribe   Share/Save

PRINTS & PHOTOGRAPHS ONLINE CATALOG (PPOC)

Search All   Search This Collection

GO   Advanced | Help

Results 1 - 20 of 437208   ← 1 2 3 4 5 ... 21861 →

View: List | Gallery | Grid | Slide

437208 results containing ""

☐ Larger image available anywhere (394600) | ☐ Larger image available only at the Library of Congress | ☐ Not Digitized (42608) |

☐ Surveys only (44608)

1. __Dalton Trail Post, Mile 40, Haines Highway, Haines, Haines Borough, AK__
Documentation compiled after 1933 | Photo(s): 34, Data Page(s): 7, Photo Caption Page(s): 2 | Historic American Buildings Survey
HABS AK,7-HAIN.V,1-

2. __1. GARAGE (BUILDING A) NORTH WALL, DETAIL OF NORTHWEST CORNER - Dalton Trail Post, Mile 40, Haines Highway, Haines, Haines Borough, AK__
4 x 5 in.
HABS AK,7-HAIN.V,1--1 | HABS AK,7-HAIN.V,1--1

3. __2. GARAGE (BUILDING A) NORTH WALL - Dalton Trail Post, Mile 40, Haines Highway, Haines, Haines Borough, AK__
4 x 5 in.
HABS AK,7-HAIN.V,1--2 | HABS AK,7-HAIN.V,1--2

图1-2-19　美国国会图书馆官方网站美国历史建筑测绘和美国历史工程记录信息管理系统网页

工业遗产名录完成，21个省的名单正在编制当中。最终将所采集的工业遗产名录上交文化部。依靠这些数据，法国建立了工业遗产网络信息管理系统，并将其向公众公开。

如图1-2-20所示，法国工业遗产网络信息管理系统的主页以法国本土地图表示，以省为单位对法国工业遗产的普查成果进行展示。图中，灰色的省份为工业遗产名录信息已上传的省份，标为灰色散点图的是工业遗产名录正在编制的省份，白色的是工业遗产普查未开始进行的省份，黑色的点是已进行过工业遗产普查的工业区。系统中将工业遗产分为工业建筑/遗址类遗产和设备遗产，目前，法国已知的工业建筑/遗址类遗产有6669项，设备遗产有992项。管理系统中包含所有遗产的普查信息，公众可直接查阅。

工业建筑/遗址的普查信息有：建筑或遗址名称；地址，精确到所在大区、省，区和公路门牌号；始建年份；建筑师；历史沿革；现状描述；保存状态；产权所有；遗产类型，该属性均为工业遗产；遗产编号；照片和测绘图等，如图1-2-21所示。

设备遗产所包含的信息：行业类型；名称；地址；工厂名称；功能；产品；说明；尺寸；原真性，是否被修理、翻新过；铭牌信息；设计者；产地；年代；历史沿革；所有者；遗产类型（此处均为工业遗产）；调查时间；交付时间；编号；设备照片，照片版权，如图1-2-22所示。

就法国工业遗产普查的信息采集内容而言，将工业遗产分为了工业建筑/遗址、设备遗产两大类，并分别进行了普查，其中的设备遗产的普查内容对《中国工业遗产普查表》的相关内容有较大启发。对其普查内容进行分析，可发现存在以下几点问题：首先，直接在普查中将工业遗产分为建筑/遗址和设备遗产，而没有从"厂区"的层面去认知工业遗产，人为

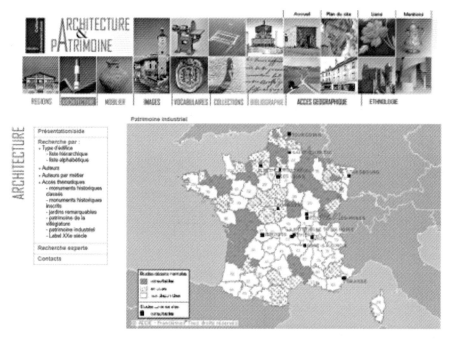

图1-2-20　法国工业遗产网络信息管理系统

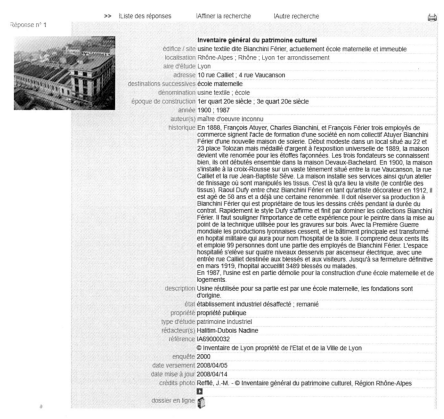

图1-2-21　法国工业建筑/遗址类遗产普查信息示例——里昂比安奇尼纺织厂页面

图1-2-22　法国工业设备遗产普查信息示例——揉面机

地割裂了建筑与环境、建筑与建筑、设备与设备的关系，将不利于工业遗产（特别是工艺流程）完整性的保护，进而破坏了工业遗产的科技价值；其次，对工业遗产相关的组织、人所承载的非物质遗产的关注较少；最后，普查中没有采集工业遗产的空间数据，不利于今后的遗产信息化管理的建立。

法国管理系统的优缺点与美国管理系统几乎一样，所有的普查信息都公开给大众查阅，也是采用了传统的网页链接的形式进行组织，不过法国管理系统将所有数据链接在一张法国地图之上（图1-2-20），通过点击图片上的省份进入各省的网页（图1-2-23），达到了一种"仿地理信息系统"的效果。但由于法国的普查中也没有采集空间数据，所以未来若想将遗产管理信息化，还需进行一轮新的信息采集。

5）国外相关学术研究成果

通过Web of Science网站，利用"Industrial Heritage""Industrial Site""Industrial Historical""Information Collection and Management""GIS""BIM"等关键词进行检索，所得的相关成果极少，可知在世界范围内工业遗产信息采集与管理方面的研究也是极度匮乏的。目前，国外对工业遗产的相关研究主要集中在管理模式的探讨上，如2009年，澳大利亚昆士兰大学学者Landorf Chri在遗产管理层面对英国的6个具有世界遗产身份的工业遗产的管理规划进行了

	dpt	commune	adresse 1	titre courant	siècle(s)
	69	Lyon 1er arrondissement	Calliet (rue) 10 ; Vaucanson (rue) 4	usine textile dite Bianchini Férier, actuellement école maternelle et immeuble	20e s. ; 20e
	69	Lyon 1er arrondissement	Chartreux (place des) 4	Usine de dentelle mécanique dit Ets Raffard fabrique de tulle puis Goutarel	20e s. ; 20e
	69	Lyon 1er arrondissement	Croix-Paquet (place) 11 ; Calas (rue) 13 ; Gruber (montée) 5 ; Coste (rue) 43	usine textile dit fabricant de soieries Tassinari et Chatel puis fabrique de soieries Baumann Ainé et Cie SA	19e s.
	69	Lyon 1er arrondissement	Croix-Rousse (boulevard de la) 154 ; Pierres-Plantées (rue des) 2	Usine de parapluies et cannes Goyet puis Guiard	19e s.
	69	Lyon 1er arrondissement	Flesselles (impasse) 4 ; Prenelle (rue) ; Ornano (rue)	Lavoir municipal, bains douches, blanchisserie industrielle actuellement bains douches	20e s.
	69	Lyon 1er arrondissement	Flesselles (rue) 26 ; Ravier (rue) 19	usine textile dit fabrique de tulle Minet et Bérard	19e s.
	69	Lyon 1er arrondissement	Général-Giraud (cours du) 41, 43, 49	École de tissage de Lyon dite Ecole supérieure du Textile puis Lycée Diderot	20e s. ; 20e s.
	69	Lyon 1er arrondissement	Magnéval (rue) 5, 7	filature Hassebroucq (E. et G.) et Cie puis usine de teinturerie dite Ets Iyard, puis laboratoires Vétérilis produits vétérinaires, actuellement usine textile dite Patt S.A.	20e s.
	69	Lyon 1er arrondissement	Romarin (rue) 33	Usine textile dit fabricant de soierie J. Brochier et Fils	19e s.
	69	Lyon 1er arrondissement	Royale (rue) 31, 33	Tissage Aimé Baboin et Cie	19e s.
	69	Lyon 1er arrondissement	Saint-Polycarpe (rue) 7	Établissement administratif dit Condition Publique des Soies, actuellement bibliothèque et maison de la culture	19e s.
	69	Lyon 1er arrondissement	Saint-Vincent (quai) 6	grenier public dit grenier d'abondance puis gendarmerie nationale, actuellement direction des affaires culturelles de Rhône-Alpes	18e s.
	69	Lyon 1er arrondissement	Saint-Vincent (quai) 6, 8	Fonderie de cloches Gédéon Morel	19e s.
	69	Lyon 1er arrondissement	Sainte-Marie-des-Terreaux (rue) 3	Usine de produits pharmaceutiques dite Pharmacie Centrale de France puis gare centrale puis usine de confection puis théâtre, actuellement établissement de bains	19e s.
	69	Lyon 1er arrondissement	Tables-Claudiennes (rue des) 14	Usine de construction électrique dite la Rayonnante, puis cartonnerie dite Société anonyme de lisage de dessins, puis société de Véron de la Combe et Cie cartons perforés pour métier à tisser, actuellement immeuble de bureaux d'architecte	20e s.
	69	Lyon 2e arrondissement	Bichat (rue) 5 ; Rambaud (cours) 15	Arsenal dit ateliers de construction de Lyon, actuellement Gendarmerie et édifice logistique de la Police Nationale	19e s. ; 20e s. ; 20e s.
	69	Lyon 2e arrondissement	Charlemagne (cours) 90, 102 à 120	Usine de préparation de produit minéral Streichenberger, actuellement Maison de la Culture de Perrache	19e s.
	69	Lyon 2e arrondissement	Condé (rue de) 35, 35bis	usine de matériel d'équipement industriel Mounier-Leglène puis usine de confection dite Bella bonneterie, actuellement usine de serrurerie Como-Ronis	19e s.
	69	Lyon 2e	Delandine (rue) 70, 72	Usine de produits ... alimentaires dite Sud Est ... actuellement CI Tissip	20e s.

图1-2-23　里昂工业遗产普查成果网页

研究。2012年，法国里昂大学学者Rautenberg Michel对英国与法国工业遗产保护及再利用的政策进行了对比研究，得出英国倾向于旅游，法国倾向于文化的结论。

将对既往研究成果的关注范围扩展到整个文化遗产领域。在GIS方面，国际上较为通用的概念为文化遗产资源管理（Cultural Resource Management，即CRM），如1999年，P. BOX对GIS在文物考古资源管理中的应用进行了研究。2014年，W.B. Yang等学者对GIS技术在我国台湾海峡金门岛地区的文化遗产管理中的应用进行研究，通过GIS技术的应用在管理规划中实现了世界遗产准则和当地文物法规的结合。2016年，A. Agapiou等学者基于层次分析法，利用GIS技术对塞浦路斯帕福斯地区的文化遗产的风险评估进行了研究，依据遗产周边的环境参数，更准确地反映遗产的情况。在BIM方面，与文化遗产相结合的研究在国际上处于起步阶段。2009年，M. Murphy等学者第一次提出了HBIM的概念，将HBIM定义为"基于三维点云和摄影测量数据，建构建筑遗产的参数化构件库的跨平台操作流程"。2012年，M. Murphy、C. Dore又提出将HBIM和GIS技术相结合。2018年，Jordan-Palomar等对基于BIM技术的文化遗产管理模式进行了探讨，将该管理模式命名为BIMlegacy，模式分为"登记，确定修缮方案，编制修缮设计，规划修缮手段，进行修缮工程，审查和交付以及文化宣传"。

综上所述，在世界范围内，工业遗产领域的学者对信息采集与管理的研究关注度极低。文化遗产领域对于GIS、BIM在遗产管理中的应用也处于起步探索阶段。

1.2.2　国内综述

1）第三次全国文物普查

2007年，国务院根据《国家"十一五"时期文化发展规划纲要》，决定开展第三次全国文物普查。工业遗产首次纳入国家文物普查的调查范围，并且受到特别关注。原国家文物局局长单霁翔曾指出："全国第三次文物普查工作正式启动，工业遗产作为新型遗产受到特别重视，以各省为单位，全国性的普查活动拉开序幕，数百项工业遗产列入到三普名单中。"①

第三次全国文物普查于2007年4月开始，到2011年12月结束，历时4年8个月。为实现普查中信息采集的标准化，本次普查中还制定了《第三次全国文物普查不可移动文物登记表》和《第三次全国文物普查消失文物登记表》以及相应的记录说明。前者针对存在的不可移动文物，后者针对已经灭失的不可移动文物，其内容仅有序号、名称、年代、级别、类别、消失时间、消失原因、地址、原登记文件、调查人等简要信息。因此，笔者主要对《第三次全国文物普查不可移动文物登记表》的信息采集内容进行研究。

《第三次全国文物普查不可移动文物登记表》的内容主要包括抬头、基本信息、文物本体及环境信息、普查建议、基础资料登记表。具体的采集内容如表1-2-12所示。

《第三次全国文物普查不可移动文物登记表》主要内容　　　　表1-2-12

分类	详情
抬头	编号；是否新发现；名称；地理位置（省、市、区县）；调查人、审定人、抽查人签字及日期
基本信息	名称；编号；位置及地址；GPS坐标（经纬度，海拔，测点说明）；保护级别；面积（保护范围，建筑占地，建控地带等）；年代；文物类别；所有权；使用情况（使用者，功能等）
文物本体及环境信息	单体文物：数量，说明，简介 保存状况：现状评估（好，较好，一般，较差，差）；现状描述 损毁原因：自然因素（地震，水灾，火灾，生物破坏，污染，雷电，风灾）；人为因素（战争，生产生活活动，盗掘盗窃，不合理利用，违规发掘修缮，年久失修，其他） 描述：环境状况描述（自然环境，人文环境）
普查建议	普查组建议，审核意见，抽查结论等
基础资料登记表	GPS测点登记表：编号、经度、纬度、海拔、测点说明等 标本登记表：序号、名称、编号、质地、年代、保存地点等 其他资料登记表：序号、名称、编号、类别、数量、保存地点等 测绘图：名称、图号、比例、绘制人、时间 照片：名称、拍摄者、时间、方位、说明

对表1-2-12的内容进行分析，在第三次全国文物普查中，不可移动文物的信息采集内

---

① 此为2014年5月29日单霁翔在中国文物学会工业遗产委员会成立大会上的发言。大会地点为北京莱锦文化创意产业园。

容可以分为基本信息、文物本体及环境信息、普查建议和基础资料登记表。按照信息采集的物质对象来说，可分为两个层级：一是作为"整体"的不可移动文物；二是不可移动文物内各组成部分，包括单体文物、文物环境以及可移动文物。

第三次全国文物普查调查表的信息采集内容面向的是所有"不可移动文物"，对于工业遗产的特性，在普查工作中缺乏针对性，因此，在第三次全国文物普查中，一些重点城市都制定了工业遗产的专项调查表。但第三次全国文物普查调查表在设计结构上采用了从"整体"到"个体"的方式，与英国《工业遗址记录索引》普查表的从"厂区"到"要素"的结构不谋而合，并且在信息采集的内容中关注了遗产环境，这一点较之英国的《工业遗址记录索引》和法国的工业遗产普查都是一大进步。此外，表格的填写多以勾选的方式进行，可以大大节约培训和普查的时间成本，对于《中国工业遗产普查表》的制定具有较高的借鉴价值。

2）我国重点城市工业遗产普查研究

我国目前并没有进行全国层面的工业遗产专项普查，但从2006年开始，北京、上海、天津、南京、济南等重点城市先后自行开展了工业遗产的专项普查工作。因此，在本章节，笔者将以这5个城市为典型案例，对各城市开展普查工作的背景、普查表内容标准制定等方面进行研究。

（1）北京

自2006年开始，北京城市用地更新，大量工厂面临拆迁，在相关专家、学者和公众媒体的共同呼吁下，北京开始了针对辖区内重点工业遗产资源的普查工作。北京重点工业遗产资源的调查包括工业企业调查和建（构）筑物、设施设备调查等，整个调查表格的内容包括：编号、厂名、厂址、所属关系、建厂时间、占地面积、总建筑面积、厂房类面积、办公类面积、工人数、产值产量、搬迁计划、发展过程、产品工艺。"北京普查表"所调查的内容较为概括，未涉及工厂相关文献、相关人物访谈等的非物质信息采集。

（2）上海

在全国第三次文物普查的过程中，上海市根据当地工业遗产的特点，制定了《上海市第三次全国文物普查工业遗产补充登记表》，用于上海市辖区内工业遗产的补充调查。"上海登记表"的信息采集内容包括基本情况、工业厂区登记表、建筑单体登记表以及图纸册页等，具体情况如表1-2-13所示。总体而言，"上海登记表"主要关注了厂区环境和建筑物。但对其进行深入研究，可发现该调查表所采集的内容中，对工业遗产的特殊性关注较少，例如行业类型、生产产品、工艺流程、设备遗产、环境污染等问题没有列入采集内容。

（3）天津

2010年，天津大学建筑学院"中国文化遗产保护国际研究中心"开始了对天津滨海新区工业遗产的普查工作。2011年初，以天津市规划局牵头的全市范围工业遗产普查活动开展起来。普查使用统一的《工业遗产调查表》，包括"厂区基本情况"及"建筑/构筑物基本情况"，其内容在工业遗产厂区及建（构）筑物基本信息外还涉及对工业遗产保留策略的建议，如表1-2-14所示。总体而言，天津普查表所存在的问题与上海的情况类似，内容对厂区、建（构）筑物层面的信息采集较多，但对涉及工业遗产科技价值核心问题的生产产品、工艺流程、设备遗产、环境污染等问题没有关注。

上海市第三次全国文物普查工业遗产补充登记表内容　　　　　　　表1-2-13

分类	详情
基本情况	名称（中英文）：现有名称，原名称； 详细地址（中英文）：现在地址，过去地址； 公布日期，建筑面积，始建年代，地下构筑物，原建筑物主或使用者，原使用功能，设计者，施工单位，现产权单位，联系人电话，邮编，档案保存，档案编号； 修缮情况：时间，方式（重建、迁建、修缮、加固、改扩建），经费（市补贴、区补贴、自筹）
工业厂区登记表	厂区范围界定（各个方位分界线）； 类目：建筑，小品，构筑物，码头，原始围墙，雕塑，水池，重要设备/设施等附属物件，古树名木，其他； 上述类目的位置、名称、尺寸、简介、损毁情况
建筑单体登记表	单体名称，单体建筑面积，单体建筑占地面积，建筑年代，GPS坐标，建筑类型，跨度（数量、长度），高度（层数、高度），损毁情况； 结构：结构形式，柱，吊车梁等，损毁情况； 外墙：颜色，材质，损毁情况； 主出入口：材质，形状； 主立面窗：材质，形状； 屋顶：形式，屋架（形状、材质），瓦（颜色、形式）； 室内：颜色，材质
测绘图纸	CAD图纸
照片	数码照片

天津《工业遗产调查表》内容　　　　　　　表1-2-14

分类	详情
厂区基本情况	原名称，现名称，设计人，地址，厂区范围界定，始建年代，遗存位置，历史建筑面积，厂区面积，产权单位，原使用功能，现使用者，现状使用类型，历史沿革，是否正处在地块策划中，保护再利用模式，环境要素（小品、雕塑、原始围墙、古树名木），其他
建构筑物基本情况	建筑编号，建筑名称，单体建筑面积，层数，建筑高度，始建年代，原使用功能及变迁情况，修缮及改造情况（年代/内容），现状照片编号（包括外立面、内部、细节），建筑质量，设备情况，建筑价值，保留策略

（4）南京

2010年，在南京历史文化名城研究会的组织下，调动南京市规划设计院、南京工业大学建筑学院和南京市规划编制研究中心的力量，共同开始了对南京市范围内工业遗产的专项调查，调查使用的《南京工业遗产资源登录表》的主要内容包括厂区名称、年代、地址、行业等基础信息，厂区风貌、生产流程、单体建（构）筑物保存现状等较详细信息，并对其是否可列入历史文化名城街区与保护利用方法提出了建议，如表1-2-15所示。南京调查表相比于北京、上海、天津的调查表，有多个创新之处，主要包括工业类型的调查，环境中工业风貌的调查，生产流程的调查，体现出南京表格制定者对于工业遗产特点的理解更加全面、深刻。

南京工业遗产资源登录表内容   表1-2-15

分类	详情
基本信息	原名称，现名称，始建年代，调查面积，调查时间，历史沿革，原工业类型
位置	行政辖区，具体地址，范围
现状	现使用功能（生产，都市产业园，办公，商业，居住，闲置，其他） 完整程度（工业内涵完整，工业内涵较丰富，工业内涵一般） 保存状况（风貌格局，建构筑物，工艺流程，生产配套，生活配套） 目前权属（国有，集体，部队，股份制，私有，其他）
现状主要资源	环境要素，工业建（构）筑物，工业设备及流程，生产配套设施，生活配套设施
单体资源点统计	序号，年代，风貌，原功能，现功能，法定保护资源
其他	资源评估，综述，保护再利用建议，照片及总平面图

（5）济南

2016年，在济南市政府及规划局的支持下，济南开展了《济南工业遗产保护总体规划》的编制，期间，济南市勘察设计院对全市范围内的工业遗产进行了普查。普查内容包括"工业遗产厂区调查表"和"工业建筑介绍"两大部分。二者主要内容如表1-2-16所示。济南的调查表参考了天津的《工业遗产调查表》，但进行了改良，增加了一些工业遗产特有的信息采集内容，如创始人、工业类别等。

济南市工业遗产普查内容   表1-2-16

分类	详情
工业遗产厂区调查表	调查人，调查时间，调查对象（名称），始建年代，创始人，地址，曾用名，现用名，工业类别，占地面积，历史沿革，现状权属，使用功能，保存状况，遗留建筑物数量，周边环境
工业建筑介绍	位置，始建年代，功能，保存情况

综上所述，在对我国北京、上海、天津、南京、济南等重点城市的工业遗产普查表内容的研究中，可以发现很多现实问题：首先，由于工业遗产属于新型遗产，所以在早期的普查中对工业遗产缺乏科学的认识，表格内容对工业遗产的特性强调得不充分；其次，由于我国目前没有统一的工业遗产信息采集与管理体系，因此并没有标准的《中国工业遗产普查表》对全国各地的工业遗产普查活动进行约束。各城市工业遗产普查表的表格结构和所用名词差异很大，信息采集对象、深度参差不一，不利于我国统一的工业遗产信息化管理系统的建构。

3）全国重点文物保护单位保护规划的信息采集内容研究

全国重点文物保护单位保护规划的信息采集内容体现在《全国重点文物保护单位保护规划编制要求》对基础资料的要求中。目前该编制要求有2005年版本和2018年修订版。

2005年版的《全国重点文物保护单位保护规划编制要求》中的主要内容包括总则、规划文本、规划图纸以及规划说明、基础资料几个部分，总体上对全国重点文物保护单位保护规划的内容和标准进行了描述，其基础资料的具体内容如表1-2-17所示。

全国重点文物保护单位保护规划编制要求中基础资料的要求
（2005年版）

表1-2-17

名称	详情
基础资料 （2003年版）	符合国家勘察、测量规定的测绘图；历史文献资料；相关的地理、地震、气候、环境、水文等资料；文物调查、勘探、发掘的相关资料和报告；历年保护措施的实施情况与监测记录；文保单位及其周边环境的现状图文资料；文保单位所在地政治、经济、气候等情况的相关资料；城乡建设发展的相关规划文件；文物展示、服务设施情况，历年游客人数与收费统计等；机构、经费、人员编制、政府管理文件等；其他相关资料

2018年的修订版中的内容在2005年的版本上作了修订，内容更加翔实，可以看出国家文物局在文物保护中的思路，其中，基础资料的内容如表1-2-18所示。

全国重点文物保护单位保护规划编制要求中基础资料的要求
（2018年修订版）

表1-2-18

名称	详情
基础资料 （2018年 修订稿）	1. 符合国家勘察、测量规定的规划范围的地形图（使用缩略图方式显示规划使用的地形测绘图、卫星影像图、航空影像图等，并标注说明测绘时间与图纸比例）。 2. 全国重点文物保护单位所在地当前的社会、文化、经济、交通、人口、地理、气候、环境、水文、地质、自然灾害等基础资料；必要时，应由专业部门提供专项评估报告。 3. 文物遗存的现状实测图、历史文献与图片及相关影像资料。 4. 文物调查、勘探、发掘的相关资料和报告以及与全国重点文物保护单位相关的重要历史文献。 5. 文物遗存及环境的现状调查报告，可含文字、照片、表格等形式。 6. 全国重点文物保护单位历年保护措施的实施情况与监测记录。 7. 管理机构的人员编制、经费来源，重要的政府管理文件等。 8. 全国重点文物保护单位的展示、服务设施情况，历年游客人数与收费统计等。 9. 城乡建设发展的相关规划文件。 10. 参考文献，包括规划涉及的历史文献、著作、学术论文等。 11. 其他相关资料。 12. 历次的利益相关者规划协调会会议纪要及相应的规划调整说明。 13. 各级规划评审会的会议纪要或评审意见以及规划的历次修改说明。 14. 规划的政府公布文件

对2003年版与2018年修订版进行比较，其中对文物保护规划的信息采集要求变得更为具体和翔实，增加了大量新的内容，包括：保护单位所在地的社会、文化、经济、交通、人

口、地理、气候、环境、水文、地质、自然灾害等基础资料，文物遗存的现状实测图，利益相关者规划协调会会议纪要，相应的规划调整、评审会议以及历次修改说明等内容。一方面说明了我国文物保护规划的详细程度在不断加强，另一方面也说明我国文化遗产领域对文化遗产的认识程度在不断更新与进步，从开始的对遗产本体的关注，到现在对遗产周边环境、所在地以及相关的人和团体的关注。

综上所述，全国重点文物保护单位保护规划的信息采集要求基本做到了对文化遗产相关信息的较为全面的信息采集，但由于规划的编制涉及的范围很广，因此对保护单位中的"单体文物"的信息采集没有详细的要求。总体而言，该编制要求对我国工业遗产文物保护单位的遗产本体层级和保护规划编制的信息采集具有一定的指导意义，但具体的内容还应结合工业遗产自身的特殊性进行讨论。

4)《近现代文物建筑保护工程设计文件编制规范》中的信息采集内容研究

根据本研究的定义，工业遗产由工业建（构）筑物遗产、工业设备遗产、工业历史环境等要素构成，工业建（构）筑物遗产是近现代文物建筑的一种特殊类型。《近现代文物建筑保护工程设计文件编制规范》于2017年7月19日由国家文物局发布。该规范中将近现代文物建筑的信息采集工作分为收集资料、现状勘察、现状照片三部分。这三部分又可归纳为文献资料信息和现状勘察信息（包括现状勘察和现状照片），其主要内容如表1-2-19所示。

《近现代文物建筑保护工程设计文件编制规范》信息采集内容   表1-2-19

分类	详情
收集资料	1. 历史沿革资料、建筑原名称、设计师、营造商、结构形式、建（构）筑物和附属物的始建年代、设计使用年限、原始业主等；不同时期的地形图、设计图纸及照片。 2. 人文历史资料，包括历史人物、重大历史时间及痕迹。 3. 建筑使用、管理及规划资料，包括已划定的保护范围与建设控制地带，已经颁行的文物保护规划，文物行政部门的批文批复，业主或房产所有人、所有权、使用功能等方面变更的文献和图像资料。 4. 建筑研究成果及资料，包括对建筑环境、建筑性质、风格流派、地域特征、原始材料及工艺做法以及主要建筑装饰如柱式、山花、线脚、屋顶等的描述或研究资料，相关研究成果及出版物。 5. 工程档案资料，包括：历次修缮工程的性质、内容、范围、规模；历次修缮及新扩建设计图纸等文件资料，施工技术资料等；岩土勘察、结构检测鉴定等勘察、检测资料。 6. 设备设施资料，包括给水排水、暖通、电气、空调、电梯设施设备的图纸资料及运转情况。 7. 建筑周边市政管网及道路资料，包括供电、雨水、污水、给水、消防、燃气、通信、小区智能化管道等资料，其他相关设备设施设计资料
现状勘察	建筑勘察： 1. 对建筑的形制、材料及做法、室内装饰、有价值的使用功能以及保存状态进行勘察，准确记录勘察所得一手资料，应特别注意详细记录各个部位的原始材料、工程做法及细部构造。 2. 对各种损伤、病害、现象进行仔细评估，对重要历史时间及重大自然灾害遗留的痕迹、人类活动造成的破坏痕迹、历史上不当维修所造成的危害等应仔细分类，记录准确。 3. 完成建筑整体损伤、变形的记录。 4. 对建筑局部损伤、变形等现状进行表观判断和仪器检测；准确记录损伤方位，定量记录损伤程度。 5. 拍摄保护工程本体及现场的现状照片，必要时进行三维影像的采集，包括录像或三维点云采集

分类	详情
现状勘察	**结构勘察：** 1. 对建筑结构使用环境的调查。 2. 对结构外观损伤部位的勘察。 3. 对基础整体沉降、相邻基础间沉降差、建筑物整体倾斜和结构构件变形的勘察。 4. 必要时进行结构抗震评估、结构检测鉴定、岩土工程勘察 **电气设施勘察：** 1. 调查使用情况。 2. 调查现有电气结构组成，包括强弱电、消防、安防、防雷等设施是否规范 **专项检测及鉴定：**普通探查不能满足设计要求时，应进行专项检测及评估，如房屋建筑结构检测、建筑材料检测、建筑结构安全性评估及鉴定、工程地质和水文地质勘察等
现状照片	**一般要求：** 1. 现状照片与现状图和其他表述现状的文件互为补充、补正，应真实、准确、全面，并与勘察报告、现状测绘图纸有对应性。 2. 所表述的内容，应与现状图、文字说明顺序相符。 3. 画面应清晰，数码照片的分辨率不低于300dpi。 4. 照片应有编号或索引号，一般标注拍摄时间、拍摄角度。 5. 应有拍摄部位及病害情况的说明。 6. 应编制现状照片页，可单独成册，或和现状勘察报告装订成一册 **照片内容要求：** 1. 反映建筑周边环境、建筑各外立面的全景照片。 2. 反映建筑典型部位残损及整体和残损病害部位的关系的照片。 3. 反映结构、水电、设备设施现状的照片。 4. 反映拟重点修缮、修复或加固部位现状的照片。 5. 反映工程对象的时代特征、突出的价值点、损伤、病害现状及程度的照片

《近现代文物建筑保护工程设计文件编制规范》的信息采集的目的是为某一特定的"建筑遗产单体"的保护工程设计提供基础数据，其要求是针对该建筑的全面的信息采集，包括所有的相关文献资料和建筑遗产的本体信息。其信息采集的空间范围小于文物保护单位保护规划，但更加全面。对于文物保护单位而言，基于保护规划和保护工程的要求进行信息采集，基本可保证对其相关信息的全面覆盖。而对于工业遗产，应充分考虑到工业建（构）筑物的特性：首先，在艺术价值上，通常低于其他建筑类型；其次，在结构形式上，多采用桁架结构，具有较大的空间尺度；最后，空间和构件与其承载的生产活动、工艺流程紧密相关。这些都是我们在工业建（构）筑物遗产的全面信息采集中应充分考虑的内容。

综上所述，对工业建（构）筑物遗产进行信息采集时，应同时兼顾保护规划和保护工程的信息采集要求，结合工业遗产的特殊性，对信息采集的内容提出更为具体的要求。

5）全国重点文物保护单位保护档案管理研究

《全国重点文物保护单位记录档案工作规范（试行）》发布于2003年。其中规定，全国重点文物保护单位的档案主要包括主卷、副卷、法律文书卷和备考卷。主卷以保护管理工作记录和科学资料为主。副卷用于保存有关行政管理文件及日常工作情况的信息。备考卷则是与本文物保护单位有关的可供参考的论著及资料。具体内容如表1-2-20所示。

《全国重点文物保护单位记录档案工作规范（试行）》的内容　　表1-2-20

大类别	小类别
主卷	文字卷，图纸卷，照片卷，拓片及摹本卷，保护规划及保护工程方案卷，文物调查及考古发掘资料卷，文物保护工程及防治监测卷，其他
副卷	既往的旧档案
法律文书卷	相关法律文书
备考卷	参考资料卷，论文卷，图书卷，续补卷

《全国重点文物保护单位记录档案工作规范（试行）》的档案管理中，不仅关注了文物保护单位的现状信息，也对未来信息的补充留出了余地。但由于年代已非常久远，该规范中所采用的信息管理技术仍是传统的纸质档案结合光盘储存数字化信息的方式，没有达到信息化的要求。截止于2018年9月，我国仍没有新的文物保护单位的信息管理规范发布，现状情况仍以传统档案管理方式为主，信息化程度较为落后。我国并没有建立起统一的、科学的文化遗产信息采集与管理体系。

6）我国遗产信息公开系统现状研究

近年来，随着网络技术的发展，我国各级文物管理保护部门开始关注官方网络信息系统的建设。这为管理部门的政策宣传、教育引导等提供了一个更有效的途径，也使公众可以有更多的机会去接触文化遗产保护相关的信息，了解自己身边乃至全国的文化遗产情况。近几年，由于我国政府机构改革，不少省、城市将文化、文物、广播、新闻部门合并为"文广新局"，大部分"文广新局"官方网站上文化遗产信息是缺失的。下面笔者将以比较完善的国家文物局和北京文物局网站作为典型案例进行研究。

国家文物局官方网站中的"公共信息服务"系统中包含了我国的世界遗产、全国重点文物保护单位、历史文化名城、历史文化名村（镇）、中国历史文化街区等文化遗产的信息。其中，世界遗产的信息仅公开了各世界遗产的名称，全国重点文物保护单位的信息内容包括名称、编号、年代、地址、分类以及批次。历史文化名城、名村（镇）和街区的信息内容包括名称、所在省份、批次等。系统采用网页表格的形式进行管理（图1-2-24）。

北京市文物局官方网站"文博数据"一栏中包括北京市市域范围内的世界遗产、全国重点文物保护单位、北京市级文物保护单位、北京市规划保护范围及建控地带和地下文物埋藏区的信息。文物保护单位的信息包括：名称、年代、地址、说明；保护范围及建控地带的信息包括：名称、批次、保护范围、建控地带等。地下文物埋藏区的信息包括：名称、批次、所在地区、面积、地点、埋藏范围和说明（图1-2-25）。

北京"文博数据"的信息管理采用网络链接的方式，在信息的表达方面均采用文字描述的方式，但在保护范围和建控地带、地下文物埋藏区的表述中，文字描述的方式不够直观。

图1-2-24　国家文物局公共信息服务系统

图1-2-25　北京市文物局公共信息服务系统

　　综上所述，实事求是地说，目前，我国的遗产信息公开系统在公开的内容上要优于英国的网络平台，但与世界遗产中心、法国、美国等组织或国家的平台比起来还是有一定差距的，而且我国遗产信息公开系统多采用传统的网络链接的形式进行管理，信息化程度较低，没有形成统一的标准和体系。

7）国内相关学术研究成果

信息采集与管理体系的建立是我国工业遗产科学保护、合理利用的重要前提。目前，我国工业遗产信息采集与管理的相关研究在业界极少。扩展至文化遗产范畴，天津大学在建筑遗产信息管理方面的研究起步较早。

《中国建筑遗产信息管理相关问题初探》（梁哲，2007）中，通过对国内外建筑遗产界GIS应用案例的梳理，提出了基于GIS技术的中国建筑遗产信息管理系统的体系框架，在框架中将建筑遗产信息分为"测绘信息"和"资料信息"两大类，并以北海建筑群和颐和园建筑群为案例进行了实操研究，对工业遗产领域的信息管理系统的建构研究具有重要的参考价值。

《中国建筑遗产记录规范化初探》（狄雅静，2009）中，通过对英、美、法、意、日等国的建筑遗产记录体系的充分研究与总结，结合我国实际情况，从组织机构、管理部门、运作流程等角度对"中国建筑遗产记录的规范化体系"的建构进行了探讨，并对"建筑遗产记录"实际操作中所存在的问题进行了讨论。该论文内容翔实，基础资料充分，对本研究具有一定的基础性支撑意义。

GIS及BIM等技术是工业遗产信息管理阶段的重要的技术支撑。文化遗产领域的GIS应用在我国较早的是东南大学建筑学院在历史街区规划和保护中的应用（2000）；清华大学在介休后土庙（2008）等保护规划中也应用到了GIS技术，2011年对山西五台山佛光寺东大殿进行了三维激光扫描和详细的勘察测量、材分分析、残损情况分析等，并以ArcGIS作为技术平台构建了佛光寺东大殿"综合文物信息数据库"CHIS（Culture Heritage Information System）；同济大学国家历史文化名城研究中心也对地理信息系统在历史街区、文化遗产的管理方面的应用进行了实践。2015年和2017年，北京交通大学计算机学院宋巍和西安建筑科技大学高宋铮对基于GIS的文物管理系统建构的技术方法进行了探索，这两篇论文均是从计算机开发的角度进行研究。文化遗产领域，对于BIM技术的探讨主要在古代木构建筑的信息模型建构方面，如天津大学对颐和园德和园大戏台BIM信息模型的探索（2012）以及对嘉峪关信息化测绘与管理的应用（2016），太原理工大学对佛光寺东大殿BIM参数化建模的研究（2018）等。

目前，这两方面的研究在工业遗产领域处于起步阶段，关注的学者较少，除笔者外，主要有田燕、杜欣、朱宁、刘抚英、石越这5位学者。田燕（2008）对GIS技术在工业遗产领域的应用从"建立资源清单、制定保护规划、开发控制管理、公共事业管理"四个方面进行了介绍。朱宁（2013）对BIM技术应用于工业遗产的保护与再利用进行了一定的介绍和讨论。杜欣（2013）以北洋水师大沽船坞的轮机车间为案例，对BIM技术应用于工业遗产的"适应性"进行了研究，轮机车间是我国第一个建立BIM信息模型的工业建筑遗产，具有一定的开创意义。刘抚英等（2013）对杭州市工业遗产的"名称、地理位置、工业遗产类型、规模、工业遗产概况、保护类别、再利用模式"等7个方面进行了信息采集，并基于GIS技术建立了数据库，是GIS技术在我国工业遗产领域的第一次实践。石越（2014）以黄海化学社和轮机车间为例，在杜欣的研究基础上，对工业遗产BIM信息模型的建构、信息管理等应用进行了研究，具有一定的借鉴价值。笔者自2013年开始进行工业遗产信息采集与管理方面的研究，先后从全国、城市（天津）、案例（北洋水师大沽船坞）三个层面对GIS技术在工业遗产领域的数据库建构、信息管理、数据分析、历史研究、保护规划等多个方面的应用进行了研究，是本书的重要基础。

大沽船坞轮机车间和黄海化学社BIM信息模型的建构研究，验证了BIM技术更适用于工业建构筑物遗产的信息管理。因为BIM技术的发展，其主要初衷是应用于新建建筑的设计、施工、运营的"全生命周期"当中，工业建（构）筑物遗产由于结构形式、构件、材料等与目前的建造技术相仿，且建筑装饰细节少，因此利用BIM技术建立信息模型更为便捷，而我国传统木构建筑遗产，由于其结构形式、建筑风格迥异，建筑装饰细节很多，非常不利于BIM技术的应用。

笔者先后采集了全国、天津市以及北洋水师大沽船坞的信息，并分别建立了GIS数据库和BIM信息模型。基于笔者对我国工业遗产研究背景和既往相关研究的梳理，结合自身实践，决定利用三个层级的数据库和信息模型，分别解决以下三个实际问题：

（1）我国工业遗产的总体面貌是怎样的？

利用全国工业遗产GIS数据库中的近1540个工业遗产，对目前我国工业遗产的时空、行政区、行业类型、保护与再利用等情况进行了全面的分析，以此解答这一问题。

（2）如何基于GIS对某城市的工业遗产的保护再利用进行科学规划？

利用天津工业遗产数据库，首先对天津工业遗产的年代、空间分布、行业类型、保护与再利用等基本情况进行了分析；然后利用GIS技术对天津市工业遗产廊道体系进行了科学的建构，并对天津工业遗产的再利用潜力进行了研究；以此指导天津市工业遗产总体规划的编制。

（3）如何基于GIS、BIM技术完成工业遗产文保单位的保护？

利用北洋水师大沽船坞数据库，对大沽船坞的历史沿革进行研究，确定其保护范围和潜在的地下遗址区；然后利用GIS技术和加权分析法，对大沽船坞内的建构筑物遗产的遗产价值和非遗产建构筑物的再利用价值进行了评估，以此指导保护规划的编制工作。

1.3 研究目的及意义[①]

1.3.1 研究目的

1）研究历史上曾经有过的工业信息的目的

从空间人文学视角切入，结合中国近代工业化的历史进程与过往的近代工业史研究中对

[①] 本节执笔者：张家浩、青木信夫。

工业空间的理解与表述诉求，从近代工业的时空演化、整体分布模式，产业特征的空间分布等方面解读宏观尺度上中国近代历史工业空间的基本特征。

2）研究现存工业遗产的目的

（1）建立我国"工业遗产信息采集与管理体系"。总结国内外文化遗产及工业遗产信息采集与管理经验，结合我国文物保护的基本国情，采用信息化技术，建构我国工业遗产信息采集与管理体系。该体系包括"国家层级""城市层级""遗产本体层级"三个层级。

（2）为实现我国工业遗产信息采集与管理的标准化，对三个层级的信息采集内容提出了要求：结合世界遗产中心、英国等组织或国家公开的基本信息，依据我国国情，对"国家层级"的信息采集标准进行了标准化制定；结合中国工业遗产定义和国内外普查表，对"城市层级"的《中国工业遗产普查表》进行了标准化制定；结合国内外遗产本体层级的调查表和我国的保护规划和保护工程要求，对"遗产本体层级"的一系列调查表的内容进行了标准化制定。

（3）对各个层级的信息管理系统的GIS数据库框架、文件数据库框架和管理系统功能要求进行了标准化研究；对遗产本体层级的BIM信息模型的标准化族库进行了研究，基于Revit，初步探索性地制定了我国的"工业遗产BIM标准化构件族库"，并实现了大部分构件的参数化，使其在形成标准化的同时，又具有很强的适用性；最后对构件族库和设备的属性表内容进行了标准化设计。

（4）以"全国工业遗产信息管理系统"为例，全面收集目前全国已知的工业遗产信息，基于标准框架，建立"全国工业遗产GIS数据库"，探索了"国家层级"工业遗产信息公开管理系统建构的技术路线，并结合我国近现代工业史，从时空分布、行政区分布、行业分布、保护情况、再利用情况等不同角度对目前我国工业遗产的研究现状进行了系统科学的总结性研究，并进行了可视化表达。

（5）以天津为例，对"城市层级信息管理体系"中的"普查管理系统"的建构进行技术路线的探索研究。结合天津近现代工业发展、城市发展历史，从时间分布、空间分布、行业分布、保护及再利用情况等角度对天津市工业遗产的现状进行全方位解读，并利用GIS技术对天津市工业遗产廊道体系进行建构，探索了建构城市工业遗产廊道体系的科学技术路线，并对天津市工业遗产的再利用潜力进行了科学研究，指导天津市工业遗产廊道体系的规划。

（6）以滨海新区工业遗产为例，对"遗产本体层级"的"遗产本体层级管理系统"和BIM信息模型的建构进行技术路线的探索性研究。结合GIS技术，对北洋水师大沽船坞、天津碱厂的黄海学社、新港船厂等的历史沿革进行研究，对其厂区内遗产环境、工业建构筑物遗产、设备遗产、普通建构筑物等要素的信息进行管理，并利用专家打分加权法对大沽船坞进行遗产价值评估和再利用价值评估，对其保护规划进行指导，并将GIS技术应用于保护规划的绘制工作当中；结合BIM技术，研究其工作流程，建构轮机车间、甲坞的信息模型，基于自主开发的软件，对轮机车间的残损信息进行管理，应用于其修缮保护工程的信息管理当中。

1.3.2　研究意义

1）研究历史上曾经有过的工业信息的意义

（1）发展传统理论，对中国近代历史工业空间的宏观特征进行探索

中国近代工业史的研究已经取得了不少的研究成果，然而在过往研究中，近代工业空间的研究较为薄弱，不足以还原近代工业完整的时空语义精髓。本书引入空间人文学视角与方法，分析中国近代工业宏观尺度的典型空间特征，对我国近代工业空间形态历史与理论的研究缺环进行探索。

（2）补充传统研究方法的局限，提升研究的科学性、准确性与直观性

本书运用空间人文学的视角与方法，基于过往近代工业史研究中对近代工业空间的理解及表达，融合大数据思维以及GIS、地理学、城乡规划、历史学、统计学等相关理论与方法，从多个尺度、多个维度揭示近代工业空间的内涵与特质，并最终形成可视化的图史成果，有效解决单一学科与传统以人文为主导的研究方法不易解决的一些科学问题，提升中国近代工业史研究的科学性、准确性与直观性。

（3）增强对中国近代工业化进程的整体性认知，加深对近代经济、城市空间的理解，并为工业遗产价值评估与保护提供参考背景

本书结合近代中国的自然、社会、经济环境的各种变项，探讨这一历史时段工业空间的群体属性，可以增强对中国近代工业文化的整体性认知。

2）研究现存工业遗产的意义

（1）通过对世界范围内工业遗产、文化遗产相关的信息采集与先进经验进行总结，并结合我国的实际国情，建立我国工业遗产信息采集与管理体系，具有重要的开创意义。

（2）基于信息化技术，对工业遗产的信息采集与管理体系进行了整体建构和实例研究，对推动我国工业遗产乃至文化遗产领域的信息化进程具有重要的意义。

（3）对我国工业遗产普查的内容、《中国工业遗产普查表》的制定、填表说明、遗产编号、行业类型编号等内容进行了论述，对以城市为单位的工业遗产普查的具体实施具有重要的指导意义。

（4）根据中国工业遗产定义，对工业遗产文物保护单位的要素构成进行了研究，针对文物环境、建（构）筑物遗产、设备遗产以及非文物要素的信息采集内容等进行了阐述，并制定了一系列经实践验证过的信息采集表，对我国工业遗产类的文物保护单位的信息采集工作的具体实施具有重要的指导意义。

（5）通过对全国工业遗产信息的全面采集，实现了现阶段我国工业遗产研究成果的统

筹管理，并基于GIS技术对"全国工业遗产信息管理系统"进行建构，从时空、行政区、行业、保护、再利用情况等多个角度对我国工业遗产的研究现状进行了解读，对我国工业遗产至今的研究情况进行了全面总结，具有重要的总结意义，对未来我国工业遗产研究工作的发展具有重要的建设性价值，是未来我国工业遗产专项普查的第一手基础资料。

（6）以天津市、北洋水师大沽船坞为案例，对GIS、BIM、C++语言二次开发等技术在工业遗产信息管理、研究、遗产廊道体系建构、价值评估、保护修缮信息管理等方面的应用进行实践探索，对一定区域内工业遗产的信息化管理系统的建构具有重要的探索意义，对GIS、BIM等信息化技术应该如何应用到工业遗产文物保护单位的保护规划、保护工程以及管理中具有重要的探索意义。

（7）通过对相关工业建筑设计资料的研究并结合笔者经验，总结出具有典型性的工业建（构）筑物遗产的构件名单，将其用于信息采集和信息模型的建构。结合名单，利用Revit技术，初步创建了我国"工业遗产BIM标准化构件族库"，并实现了构件的参数化设计，使其适用性大大提高，具有重要的技术探索意义。

第 **2** 章 ————————————————

1840～1949年中国近代工业的时空演化与整体分布模式①

---

① 本章执笔者：刘静、徐苏斌、何捷。

近代完整时段（1840～1949年）的工业演化历程与整体分布模式是宏观尺度的近代工业空间特征认知中最基本的问题，有助于形成对近代工业空间最基础的认知，为近代工业空间其他特征的解读提供基础。

本章尝试可视化展现中国近代工业的时空演化与整体分布模式[①]，同时，在研究方法上关注全国尺度近代工业企业专题数据的获取与可视化方法。

对于近代完整时段的工业演化历程与整体分布模式的分析，需要选取能够代表近代工业发展的工业专题要素，以展现不同时期各个地区工业发展的活力及其所形成的分布模式。近代工业企业无疑是可以展现工业演化历程与分布模式的专题要素，不同时期、不同地区工业企业创办的密度可以展现出近代工业的发展历程，工业企业分布的中心、方向、集聚与离散程度都可以展现近代工业的整体分布特征与模式。

本章将选取近代工业史料作为工业企业数据采集的主要文献资料，创建全国尺度的近代工业企业点数据集、铁路线数据集，在此基础上选用GIS中成熟的地理分布特征与模式分析方法，如核密度估值、平均中心、方向分布、全局空间自相关及热点分析等，并结合文献研究，解读中国近代工业不同发展时段的演变历程、整体的地理分布特征与空间分布模式，提取主要的工业集聚区。同时，通过近代工业企业点数据集的创建与空间统计分析方法、地图可视化方法的运用，实现全国尺度的近代工业企业专题数据的获取与可视化。

本章所选取的研究时期是整个中国近代时期，即从1840年鸦片战争开始至1949年中华人民共和国成立作为中国近代工业时空演变与整体分布模式的分析时段。

2.1 研究理论、数据与方法

2.1.1 地理学第一定律

1970年，美国地理学家沃尔多·托布勒（Waldo Tobler）提出了著名的地理学第一定律："Everything is related to everything else，but near things are more related to each other"[②]，即地球表面上任何事物都与其他事物相联系，但邻近的事物比较远的事物联系更为紧密，也被称之为"Tobler第一定律"，是人类进行地理分析、认识地理事物空间分布特征的基本定律之一[③]。地理学第一定律说明，越邻近的事物相关性越高，空间的距离和特性形成差异并造就

---

① 这里的时空演化过程主要关注了近代工业的行业发展脉络与空间分布格局。

② Tobler W R. A Computer Movie Simulating Urban Growth in the Detroit Region[J]. Economic Geography, 1970, 46(sup1): 234–240.

③ Harvey J. Miller. Tobler's First Law and Spatial Analysis[J]. Annals of the Association of American Geographers, 2004, 94(2): 284–289.

了多样性和复杂性，其既强调了地理的同一性，又强调了地理的差异性，并将核心本源归结为空间距离[1]。地理学第一定律提出后在地理学界引起了巨大反响，在相关的社会学、考古学、历史学等众多领域也得到了广泛的应用。

2.1.2 数据来源与处理

本章选取了资料相对齐全且引用率高的近代工业史料作为全国近代工业企业数据采集的主要文献资料，具体包括：祝慈寿著的《中国近代工业史》[2]，范西成、陆保珍合著的《中国近代工业发展史（1840-1927）》[3]，陈真、姚洛、逄先知合编的《中国近代工业史资料》第1-4辑[4-7]，中国科学院经济研究所主编"中国近代经济史参考资料丛刊"中孙毓堂编的《中国近代工业史资料》（第1辑1840～1895年）上、下册[8,9]以及汪敬虞编的《中国近代工业史资料》（第2辑1895～1914年）上、下册[10,11]，杨勇刚编的《中国近代铁路史》[12]等。

对上述资料中出现的有明确建厂时间和地点的工业企业数据进行挖掘，共计挖掘到近代工业企业数据2712条，将这些数据矢量化[13]为全国尺度的近代工业企业点数据集，点数据的精度控制在其厂、矿所在的县（区）范围内，并采集名称、始建时间、行业类型、资本类型等属性信息，将采集的铁路数据矢量化为线数据集，同时采集名称、开修时间、通车时间、修建人员等属性信息。

GIS系统中的底图数据采用哈佛大学费正清中国研究中心与复旦大学历史地理研究中心联合开发的中国历史地理信息系统（CHGIS）[14] V4版中1911年层数据。空间分析的基本单元是县（区）级行政单位（不包括中国台湾），少数行政界线缺失的县用其所在的市级行政界线代替。

---

① 孙俊，潘玉君，瑞芳，等. 地理学第一定律之争及其对地理学理论建设的启示[J]. 地理研究，2012，31（10）：1749-1763.
② 祝慈寿. 中国近代工业史[M]. 重庆：重庆出版社，1989.
③ 范西成，陆保珍. 中国近代工业发展史（1840-1927）[M]. 西安：陕西人民出版社，1991.
④ 陈真，姚洛. 中国近代工业史资料（第1辑）[M]. 北京：生活·读书·新知三联书店，1957.
⑤ 陈真，姚洛，逄先知. 中国近代工业史资料（第2辑）[M]. 北京：生活·读书·新知三联书店，1958.
⑥ 陈真. 中国近代工业史资料（第3辑）[M]. 北京：生活·读书·新知三联书店，1961.
⑦ 陈真. 中国近代工业史资料（第4辑）[M]. 北京：生活·读书·新知三联书店，1957.
⑧ 孙毓堂. 中国近代工业史资料（第1辑1840-1895年）（上）[M]. 北京：科学出版社，1957.
⑨ 孙毓堂. 中国近代工业史资料（第1辑1840-1895年）（下）[M]. 北京：科学出版社，1957.
⑩ 汪敬虞. 中国近代工业史资料（第2辑1895-1914年）（上）[M]. 北京：科学出版社，1957.
⑪ 汪敬虞. 中国近代工业史资料（第2辑1895-1914年）（下）[M]. 北京：科学出版社，1957.
⑫ 杨勇刚. 中国近代铁路史[M]. 上海：上海书店出版社，1997.
⑬ 矢量化是指利用数据化工具将地理要素转化为具有空间坐标位置的点、线、面等地图图形要素的数据处理过程。
⑭ 中国历史地理信息系统（China Historical Geographic Information System）[EB/OL]. [2018-01-26]. http://yugong.fudan.edu.cn/views/chgis_index.php

对所采集的数据特征作以下基本假定：一是所查史、志资料总体可靠，所采集的数据包含了近代重要的各个工业企业，可以作为近代工业企业的一个典型样本，已经基本能反映研究时段内的工业分布特征；二是行政界线在一定时期内相对稳定。

2.1.3 分析方法

本章研究中以全国尺度的近代工业企业点数据集中工业企业的地理位置、始建时间、数量等为参数，运用核密度估值、平均中心、方向分布、全局空间自相关及热点分析等空间分析方法，可视化展现近代工业的时空演化与整体分布模式。下面对各分析方法予以说明。

1）近代工业企业点的核密度分析

核密度分析用于计算每个输出栅格像元周围的工业企业点要素的密度[1]。计算方式是计算距离范围内每个样本点到中心点的密度，距中心点越近，密度越大，并随着距离增大而衰减，最后再将相同位置点的密度叠加得到整体密度分布图。核密度分析能够发现并显示对密度影响较大的中心点及周边区域。计算公式为[2]：

$$f(s) = \sum_{i=1}^{n} \frac{1}{h^2} k\left(\frac{s-c_i}{h}\right) \tag{2-1}$$

式中：$f(s)$为空间位置s处的核密度计算函数；h为距离衰减阈值；n为与位置s的距离小于或等于h的要素点数；k函数则表示空间权重函数。

2）近代工业分布平均中心

工业分布平均中心用于识别不同时段工业企业分布的地理中心，追踪企业分布的变化，是研究区域中所有工业企业的平均x坐标和y坐标，计算公式为[3]：

$$X = \frac{\sum_{i=1}^{n} x_i}{n} \tag{2-2}$$

$$Y = \frac{\sum_{i=1}^{n} y_i}{n} \tag{2-3}$$

式中：x_i和y_i是企业i的坐标，n等于企业总数。

---

① Silverman B W. Density Estimation for Statistics and Data Analysis [M]. New York: Chapman and Hall, 1986.

② 王远飞，何洪林. 空间数据分析方法[M]. 北京：科学出版社，2007：66-71.

③ Mitchell A. The ESRI Guide to GIS Analysis. Volume 2: Spatial Measurements and Statistics [M]. ESRI Press, 2005.

3）近代工业方向分布（即：标准差椭圆）

工业方向分布分析[①]是由平均中心作为起点对x坐标和y坐标的标准差进行计算，从而定义椭圆的轴，以椭圆的空间分布范围表示工业厂、矿空间分布的主体区域。椭圆中心表示工业厂、矿在二维空间上分布的相对位置，方位角反映其分布的主趋势方向，长轴表征其在主趋势方向上的离散程度和最大扩散方向，短轴代表了最小扩散方向[②]。计算公式为[③]：

标准差椭圆的形式为：

$$SDE_x = \sqrt{\frac{\sum_{i=1}^{n}\left(x_i - \overline{X}\right)^2}{n}} \tag{2-4}$$

$$SDE_y = \sqrt{\frac{\sum_{i=1}^{n}\left(y_i - \overline{Y}\right)^2}{n}} \tag{2-5}$$

式中：x_i和y_i是企业i的坐标，$\{\overline{X}, \overline{Y}\}$表示企业的平均中心，$n$等于企业总数。旋转角的计算方法为：

$$\tan\theta = \frac{A+B}{C} \tag{2-6}$$

$$A = \left(\sum_{i=1}^{n}\widetilde{x}_i^{\,2} - \sum_{i=1}^{n}\widetilde{y}_i^{\,2}\right) \tag{2-7}$$

$$B = \sqrt{\left(\sum_{i=1}^{n}\widetilde{x}_i^{\,2} - \sum_{i=1}^{n}\widetilde{y}_i^{\,2}\right)^2 + 4\left(\sum_{i=1}^{n}\widetilde{x}_i\widetilde{y}_i\right)^2} \tag{2-8}$$

$$C = 2\sum_{i=1}^{n}\widetilde{x}_i\widetilde{y}_i \tag{2-9}$$

式中：$\widetilde{x}_i$和$\widetilde{y}_i$是平均中心和x、y坐标的差。x轴和y轴的标准差为：

$$\sigma_x = \sqrt{2}\sqrt{\frac{\sum_{i=1}^{n}\left(\widetilde{x}_i\cos\theta - \widetilde{y}_i\sin\theta\right)^2}{n}} \tag{2-10}$$

$$\sigma_y = \sqrt{2}\sqrt{\frac{\sum_{i=1}^{n}\left(\widetilde{x}_i\sin\theta + \widetilde{y}_i\cos\theta\right)^2}{n}} \tag{2-11}$$

---

① "方向分布分析"是通过计算地理要素的标准差椭圆，发现地理要素的分布方向和态势，如：将方向分布用于农村居民点的分布特征分析中，可以发现一定区域，诸如淮南市潘集区的居民点程西北—东南方向的分布态势等，参见：商馨莹. 基于标准差椭圆法分析农村居民点分布特征——以淮南市潘集区为例[J]. 农村经济与科技，2018，29（09）：244-246.

② 张珣，钟耳顺，张小虎，等. 2004-2008年北京城区商业网点空间分布与集聚特征[J]. 地理科学进展，2013，32（8）：1207-1215；赵璐，赵作权. 基于特征椭圆的中国经济空间分异研究[J]. 地理科学，2014，34（8）：979-986.

③ Mitchell A. The ESRI Guide to GIS Analysis. Volume 2: Spatial Measurements and Statistics [M]. ESRI Press, 2005.

4）近代工业全局空间自相关分析

全局空间自相关分析用于反映工业厂、矿分布属性值在整个区域空间的总体特征，整体上描述区域内工业厂、矿分布的集聚情况，判断其取值是否与相邻空间有关。Global Moran's I是最为常用的测度指标[1]。通过计算 Moran's I指数值、Z得分和P值来对Moran's I的显著性进行评估，判断工业企业空间的区域分布模式[2]。计算公式为[3]：

$$I = \frac{n\sum_{i=1}^{n}\sum_{j=1}^{n}W_{ij}(X_i - \overline{X})(X_j - \overline{X})}{\sum_{i=1}^{n}\sum_{j=1}^{n}(W_{ij})\sum_{i=1}^{n}(X_i - \overline{X})^2} \qquad (2\text{-}12)$$

式中：n为研究区内地区总数；X_i、X_j分别为地区i、j的属性值；$\overline{X}$为属性X的平均值；W_{ij}是空间权重矩阵。空间权重矩阵[4]：

$$W_{ij} = \begin{cases} 1 & 区域i与j的距离在给定的距离之内 \\ 0 & 其他 \end{cases} \qquad (2\text{-}13)$$

Global Moran's I在[-1，1]之间。Global Moran's I大于0时，表示空间正相关，如果趋向于1，相似属性值聚集；Global Moran's I等于0时，说明不存在空间自相关性，属性值在空间上随机分布；Global Moran's I小于0时，表示空间负相关，如果趋向于-1，相异属性聚集，表示分析对象属性的空间差异较大。

Z得分表示用标准化统计量Z对Global Moran's I进行显著性检验，计算公式为[5]：

$$Z(I) = \frac{I - E(I)}{\sqrt{VAR(I)}} \qquad (2\text{-}14)$$

式中：$E(I)$为数学期望；$VAR(I)$为变异系数。

5）近代工业热点分析

热点分析是通过计算数据集中每一个要素的Getis-Ord Gi*统计来识别近代工业企业高值

---

① Anselin L. Spatial Econometrics: Methods and Models[M]. Boston: Kluwer Academic, 1988: 13-37; 吕安民，李成名. 中国省级人口增长率及其空间关联分析[J]. 地理学报，2002，57（2）：143-150.

② 地理空间上的各个变量区别于数学变相的显著特征是其在空间分布上的相关性，它们可能是随机的，又可能是有规律的，只要变量在空间上表现出一定的规律性，那么它就是自相关的。空间自相关分析指同一个变量在不同空间位置上的相关性，也是对空间域中的值的集聚程度的一种度量，如：其可以用于对于人口分布的分析，看人口的分布是否具有显著的空间自相关，从而表明其在地理空间的分布上是否有一定的相关性，是不是随机分布等。参见：刘德钦，刘宇，薛新玉. 中国人口分布及空间相关分析[J]. 测绘科学，2004（S1）：76-79.

③ Mitchell A. The ESRI Guide to GIS Analysis. Volume 2: Spatial Measurements and Statistics [M]. ESRI Press, 2005.

④ 马晓熠，裴韬. 基于探索性空间数据分析方法的北京市区域经济差异[J]. 地理科学进展，2010，29（12）：1555-1561.

⑤ 潘倩，金晓斌，周寅康. 近300年来中国人口变化及时空分布格局[J]. 地理研究，2013，32（7）：1291-1302.

聚集（热点）或低值聚集（冷点）在空间上发生聚类的位置。计算公式为[①-④]：

$$G_i^*(d) = \frac{\sum_j^n W_{ij}(d)x_j}{\sum_j^n x_j} \qquad (2\text{-}15)$$

式中：d为各计算要素的中心点之间的距离，$W_{ij}(d)$为以距离定义的空间权重，x_j为要素j的属性值。

$$W_{ij}(d) = \begin{cases} 1 & \text{区域i与j的距离在给定的距离之内} \\ 0 & \text{其他} \end{cases} \qquad (2\text{-}16)$$

通常情况下，需要对近代工业企业要素返回的$G_i^*(d)$统计进行标准化，即为Z得分。

$$Z\left(G_i^*(d)\right) = \frac{G_i^*(d) - E\left(G_i^*(d)\right)}{\sqrt{Var\left(G_i^*(d)\right)}} \qquad (2\text{-}17)$$

式中：$E\left(G_i^*(d)\right)$和$VAR\left(G_i^*(d)\right)$分别为$G_i^*(d)$的期望和方差。如果$Z\left(G_i^*(d)\right)$为正，且具有显著统计学意义，表示位置i的值较高，其周围的值也相对较高，属于高值空间集聚，即近代工业企业分布的热点区。如果$Z\left(G_i^*(d)\right)$为负，且具有显著统计学意义，表明位置i周围的值较低，属于低值空间集聚，即近代工业分布的冷点区。研究中利用1911年县级行政界线对近代工业企业点数据进行聚合，分析中空间关系的概念化使用固定距离，距离设置为空间自相关性最强的距离。

2.2　中国近代工业的时空演化

下面基于全国尺度的近代工业企业点数据集，进行近代工业的历史分期，并运用核密度估值分析展现近代工业各时段的分布演化历程、运用平均中心及方向分布分析表征近代工业的整体分布特征、运用全局空间自相关和热点分析探讨近代工业的整体空间分布模式及集聚与分异情况。

① Getis A, Ord J K. The Analysis of Spatial Association by Use of Distance Statistics[J]. Geographical Analysis, 1992, 24(3): 189–206.

② Ord J K, Getis A. Local Spatial Autocorrelation Statistics: Distributional Issues and an Application[J]. Geographical Analysis, 1995, 27(4): 286–306.

③ Mitchell A. The ESRI Guide to GIS Analysis. Volume 2: Spatial Measurements and Statistics [M]. ESRI Press, 2005.

④ "热点分析"可以提取某一时空范围内某一事件发生的高频区域，如：可以将热点分析用于犯罪分析中，因为某些特定场所发生的犯罪行为远远高于其他区域，通过热点分析将这些符合一定特征准则的案件犯罪高发区域提取出来，绘制成相应的犯罪地图，帮助有关部门掌握犯罪事件的发生变化规律及其原因，从而制定新的警务策略，提高预防和打击犯罪的效力。参见：王超，赵文吉，周大良. 基于GIS的犯罪分析系统研究与设计[J]. 首都师范大学学报（自然科学版），2010，31（03）：47-52.

2.2.1 中国近代工业的发展分期

中国近代工业发展客观上存在着一定的历史阶段性，这里对中国近代工业的发展进行历史分期，旨在提供中国近代工业发展历程的一个结构性框架，从而能以一种动态的思维考虑整个工业化进程的发展趋势。

研究中，参考前人的分期标准，并结合所建数据库中各时间段内的企业数量的变化情况（图2-2-1），从中观与微观两个层级对中国近代工业发展进行分期[①]：

中观层级将整个近代工业化历程划分为萌芽起步期（1840~1894年）、快速发展期（1895~1936年）与发展停滞期（1937~1948年）三个时期，微观层级则将这三个时期进一步划分为七个时期：1840~1859年间近代工业企业开始出现，为近代工业萌芽期；1860~1894年间新办工业企业数量有一定增长，为近代工业起步期；1895~1900年间新办工业企业的数量较前一时段显示出加速发展的迹象，为近代工业开始加速期；1901~1914年间新办工业企业的数量出现了第一轮的快速增长，为近代工业首次快速发展期；1915~1936年间新办工业企业数量虽有起伏，但仍基本处于稳步增加阶段，为近代工业稳速增长期；1937~1945年间新办工业企业的数量又一次出现相当大的增长，为近代工业的二次快速发展期；1946~1948年间仅抗战结束后的1946年工业企业创办数量较多，此后新办工业企业的创办数量整体大幅度下跌，有些年份甚至寥寥无几，为近代工业的停滞期（表2-2-1、图2-2-1）。

中国近代工业发展分期   表2-2-1

层级	中观	微观
时段	1840~1894年中国近代工业萌芽起步期	1840~1859年中国近代工业萌芽期
		1860~1894年中国近代工业起步期
	1895~1936年中国近代工业快速发展期	1895~1900年中国近代工业开始加速期
		1901~1914年中国近代工业首次快速发展期
		1915~1936年中国近代工业稳速增长期
	1937~1948年中国近代工业发展停滞期	1937~1945年中国近代工业二次快速发展期
		1946~1948年中国近代工业停滞期

2.2.2 中国近代工业的时空演变历程

下面通过核密度分析、地图可视化方法并结合文献研究展现中国近代工业的时空演化历程。

---

① 徐苏斌，赖世贤，刘静，等. 关于中国近代城市工业发展历史分期问题的研究[J]. 建筑师，2017（06）：40-47.

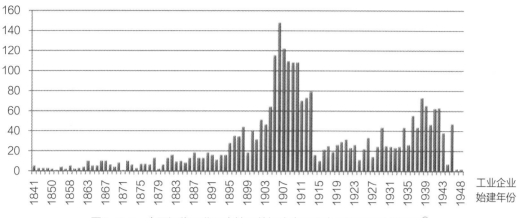

数量（个）

图2-2-1 中国近代工业历史地理数据库中工业企业始建年份分布图[①]

1）中国近代工业萌芽期（1840~1859年）

1840年鸦片战争后，清政府被迫签订了《南京条约》等不平等条约，开放了一系列沿海通商口岸。外国商人开始在这些通商口岸开设工厂，工业门类主要是围绕对华贸易建立的船舶修造业和少数饮食品加工业。除此以外，也有一些新闻媒体、出版、西药销售和制药企业。

这一时期的工业主要分布在最早的沿海开埠口岸，包括上海、广州、香港、厦门、宁波、天津等城市（图2-2-2）。

2）中国近代工业起步期（1860~1894年）

19世纪60年代起，长江沿线的一些口岸被迫开埠通商，新式工业逐渐扩散到这些口岸。同时，清政府洋务派发起了为期30余年的洋务运动，在一些行政中心创办了军事、造船、采矿、冶铁和纺织等工业，并逐渐允许私人设厂制造，于是，70年代起少数官僚、地主、买办、商人、华侨等逐渐开始参与工、矿企业的创办。随着开放口岸数量及贸易的增多，船舶修造业、沿海口岸和内河航运业进一步发展，开埠口岸租界内的水、电、煤气等公共事业起步，新的交通业、电信业（铁路、电报）开始出现。本时段内，纺织行业（缫丝业、棉纺业、轧花业等）、饮食品加工业（砖茶业、蛋品业、制糖业、面粉业、饮料业、制冰业、酿酒业等）、化学工业（制药业、火柴业、蜡烛业、皮革业、玻璃业等）、机械制造业、矿冶业（煤矿、铁矿、铜矿、铅矿等）都有所突破，造纸、印刷和出版业、木材及木制品加工方面也有所发展。

---

① 中国近代工业历史地理数据库中所搜集到的近代工业企业并不是近代全部的工业企业，各年份的工业企业创办数量并不能完全代表该年份企业创办的全部数量，但其所构成的典型样本已经能够在一定程度上显示出近代工业企业创办的历史规律与特征。

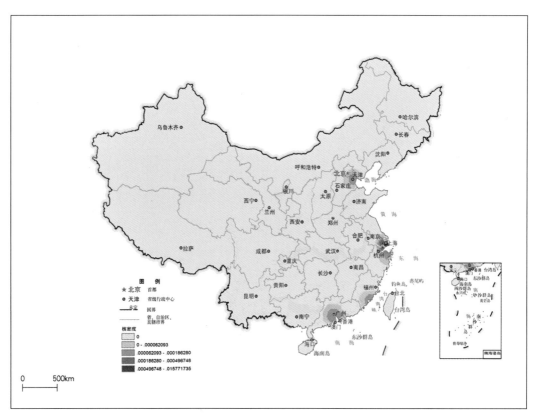

图2-2-2 1840～1859年中国近代工业核密度分布图

　　这一时期的工业主要分布在沿海、沿江的开埠口岸，包括上海、广州、香港、天津、福州、武汉、南京、厦门、汕头、烟台、重庆、营口等地。洋务派创办的新式工业分布较广，不局限于上述开埠口岸，在成都、基隆、安庆、北京、杭州、吉林、济南、昆明、兰州、南昌、苏州、西安等地均有分布（图2-2-3）。

3）中国近代工业开始加速期（1895～1900年）

　　随着1895年中日《马关条约》和1898年《中德胶澳租借条约》的签订，外资相继获得在华的设厂权、铁路修筑权和矿山开采权等经济特权，外资大量涌入，新开设的厂、矿数量开始增长。同时，清政府开始颁布和实施一些奖励兴办工商业的章程和举措，国人在民族主义情绪和利益的驱动下，纷纷创办新式工业，出现了民族资本第一个设厂高潮，民族工业获得了初步的发展。本时段内缫丝业有了很大的发展，外商牵起了一个投资棉纺工业和采矿业的高潮。同时，机器制皂工业、新式榨油业兴起，民族水泥业开始起步。这一时期，外资在中国增设银行，中国官僚资本也出现了向金融业发展的趋势。甲午战争以后，日、俄增加了对东北的投资，主要是饮食品加工业和矿冶业。

　　这一时期的工业主要分布在东部沿海、长江沿线和东北各开埠口岸，东北工业开始有了

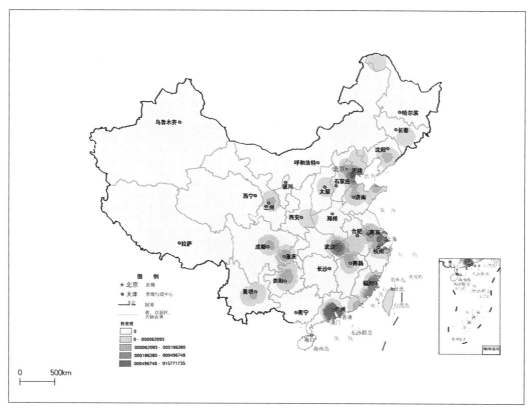

图2-2-3　1860~1894年中国近代工业核密度分布图

明显的发展（图2-2-4）。

4）中国近代工业首次快速发展期（1901~1914年）

1901年清政府开始实施"新政"，设立商部，继续颁布奖励实业的办法和工商业规章。辛亥革命成功后，民族资产阶级表现出发展工业的强烈要求并积极活动，同时国内群众性爱国抵外货情绪高涨，发起利权回收运动。此外，第一次世界大战的爆发使欧洲各国放松了对华的经济侵略，我国进口商品减少，国内外市场扩大，这些都为民族资本工业提供了发展机会，激起了民族资本第二次投资工业的高潮，民族工业出现了短暂的繁荣。

本时段内，铁路对工业发展的牵引和促进作用开始凸显，工业行业门类不断细化和丰富，各工业行业都有所涉及，其中，外国在华的公共事业投资扩展明显，国人也开始尝试创办公共事业。火柴业、面粉工业开始兴盛，外国资本势力逐渐深入当时中国的各主要矿区，尤其是日本在东北的煤矿、铁矿。除此之外，缫丝、榨油、制烟、机械制造等行业也有显著发展，国内出现了啤酒工业。

这一时期，工业由沿海向内地扩散，东部沿海、沿江区域及铁路沿线区域的工业逐步发展起来，大工业城市的附近出现了次一级的工业中心（图2-2-5）。

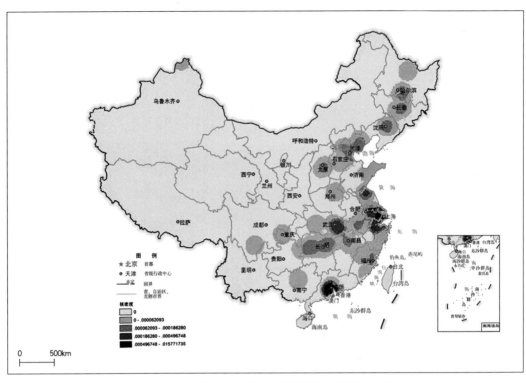

图2-2-4　1895~1900年中国近代工业核密度分布图

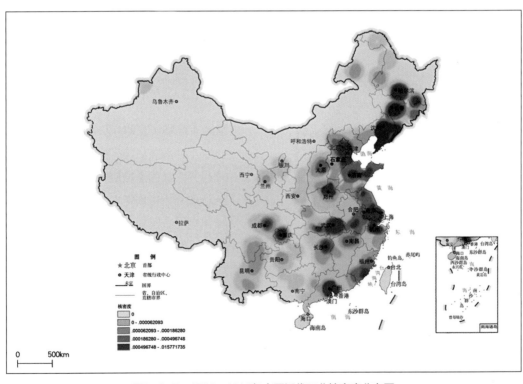

图2-2-5　1901~1914年中国近代工业核密度分布图

5）中国近代工业稳速增长期（1915～1936年）

民国时期继续改革工商管理机构，颁布奖励、提倡、维护工商业发展的章程和条例。国民党政府时期，官营工业发展加快。国人不断掀起的提倡国货及抵制日货运动为民族工业的发展提供了些许生存空间。第一次世界大战期间及其后的一段时间，民族工业经营的各个工业部门都有所发展：火柴业、面粉业、棉纺织业、卷烟业出现了一段快速发展的时期；民族化学工业有了重要发展，在制碱、化妆品、肥皂、制药、油漆等行业均有所突破；印刷事业渐次发达；食品工业亦有一定的发展。第一次世界大战以后，日、美等外国资本对中国工业的投资空前增加，投资的部门有运输业、公共事业、制造业、采矿业、金融业、地产业、外贸业等。1931年"九一八事变"后日本占领东北，东北以矿冶为主的工业得到了空前的扩张，许多重工业产品的产量居全国首位。东北沦陷后，关内工业失去了一个重要市场，加之受世界经济危机，金价暴涨，进口原料昂贵，外商垄断倾销等因素影响，抗战以前的十年间国内出现了民营工业的普遍萧条。

这一时期，中国的工业多集中在沿海、沿江及铁路沿线各城市，尤其是上海、华北、东北、珠江三角洲、武汉等区域的工业集聚趋势增强（图2-2-6）。

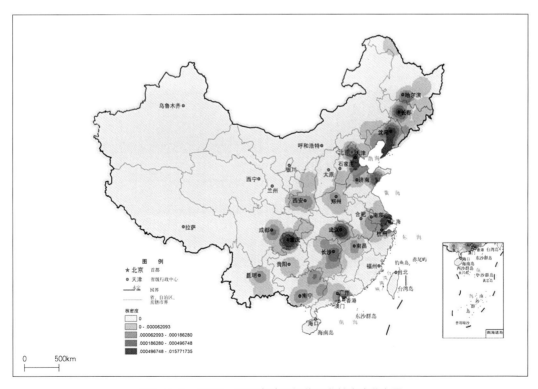

图2-2-6　1915～1936年中国近代工业核密度分布图

6）中国近代工业二次快速发展期（1937～1945年）

全面抗战期间，中国被分成了东北沦陷区、华北沦陷区、华中沦陷区和大后方几个区域，下面分别论述这几个区域的工业发展状况：

（1）东北沦陷区工业生产增长，日本力图把中国东北变成重工业和军事工业的基地，依靠军事力量，对东北工业进行了系统的掠夺和垄断，抗战结束前，东北的煤矿工业、石油工业、钢铁工业、电力工业、飞机制造业、汽车制造业等有很大发展。

（2）华北地区，抗战开始以后，工业资本减少，1942年后，日本人在华北着重发展重工业，煤、钢铁、化学等方面增长较多。

（3）华中沦陷区的工业在抗日战争期间遭受的破坏最为严重，新建规模缩小最多。这一区域内，日本采取"军管理"等方式侵占、掠夺剩余工厂，太平洋战争爆发后，英、美等国在华的工业投资也受到了排挤、打击乃至没收。

（4）在全面抗战期间大后方各工业行业一度普遍发展，工业资本增加。国民党政府采取奖励和保息，协助工厂内迁，开展工业合作运动等多种措施发展战时工业。同时，由于进口阻断，沦陷区人口增多及战争需要，工业品的需求量增大，加之资金、技术人员、设备内迁等因素，为内地工业发展提供了有利条件。具体而言：化学工业最为发达，如酸类、酒精、植物油提炼、轻油与代柴油、代汽油、硫化染料、火柴、玻璃、耐火材料等，都有较大的发展，其次，纺织、冶金、机械、电器、食品、服饰用品、印刷、文具、五金、电磁等工业亦有进展。1942年后，由于官营工业的掠夺和控制，加之通货膨胀、经济统治等因素影响，大后方各种工业渐趋萎缩。

这一时期的东北重工业急剧膨胀，东南部工业衰落，西南和内地部分省区（四川、云南、贵州、山西和湘西）成为战时工业新的建设区域，四川（包括重庆）成为大后方工业中心（图2-2-7）。

7）中国近代工业停滞期（1946～1948年）

抗日战争结束后国民党在接收大批敌伪厂、矿的基础上，成立了许多全国性或地方性的工业垄断组织，如中国纺织建设公司、中国蚕丝公司、中央造船公司等，官营资本扩展很大，囊括了工业生产中的各主要部门，排挤着民营工业的发展。同时，美国加大对华投资，对中国工业造成了巨大的冲击和控制。很快由于解放战争的全面爆发，几个大工业区如东北和华北在战争的直接影响下多停止生产，资本设备也多趋于毁坏。至于中部各省，生产情形也非常黯淡。在新建工业项目上则体现为增长基本停滞。

抗战结束初期，工业又恢复了沿海、沿江的分布格局，这一时期的工业主要分布在东部沿海的东北、华北、长三角、珠三角、台湾等地区（图2-2-8）。

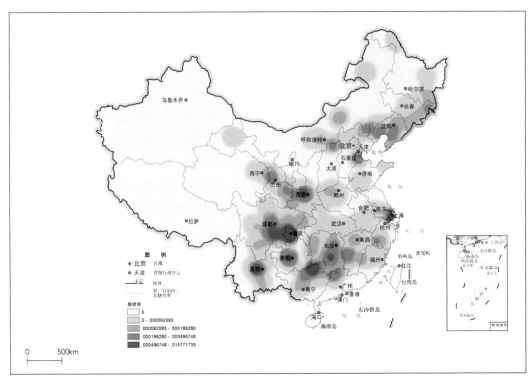

图2-2-7　1937~1945年中国近代工业核密度分布图

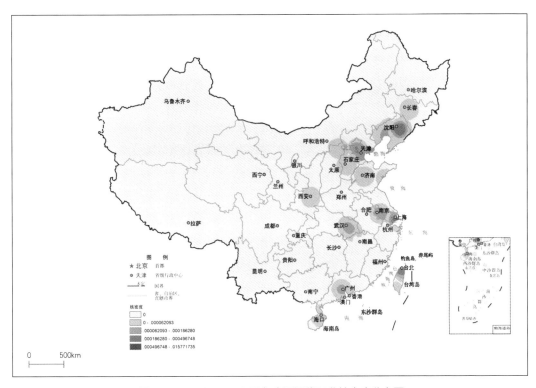

图2-2-8　1946~1948年中国近代工业核密度分布图

2.3 中国近代工业的整体地理分布特征与模式

1）近代工业的整体地理分布特征

下面通过计算前述七个时段新建企业的平均中心与标准差椭圆展现近代工业的整体地理分布特征。

图2-2-9是将上述各时段的平均中心坐标依次连接得到的中国近代工业分布平均中心变动轨迹图。由图2-2-9可以看出：1840～1914年工业的平均中心呈现出向北移动的趋势，这是由于最初外资主要活动在广州、香港、厦门、上海等城市，随着华北、东北开埠口岸的增多，长江、黄河下游及东北地区工业开始增长，工业分布的平均中心表现出向北迁移的特征；1915～1936年平均中心呈现向南移动的趋势，经过前期发展的积累，上海、无锡、武汉、天津、广州等大城市对工业的吸引力进一步增强，工业向这些城市集聚的趋势明显；1937～1949年间工业平均中心呈现出先向西迁移，再向东回迁的态势，这主要是受战争因素影响的结果，1937年抗日战争全面爆发以后，华北、华中等地区相继沦陷，西南各省成为战时工业新的建设区域，工业发展迅速，所以，1937～1945年的工业平均中心表现出向西移动的特征，抗战结束后的工业又恢复了沿海、沿江的分布格局，所以，1946～1949年工业的平均中心又回到了东部地区。

图2-2-10是将前述各时段的标准差椭圆叠加得到的中国近代工业的方向分布图。由图2-2-10可以看出：近代工业在各个时段内的分布都具有明显的方向特征，工业分布的主趋势方向始终与东部海岸线基本一致，呈南北分布格局，且随着时间的推移，1945年以前的标准差椭圆展布范围整体上呈现出扩张演变态势，说明工业分布的范围变广；全面抗日战争时期，大后方和东北地区的工业增长显著，东南地区的工业衰落，致使工业分布方向发生旋转，呈东北—西南分布格局；1945年后，西南地区工业向东回迁且出现衰退，工业分布主趋势方向回归南北分布，同时，因受到战争破坏和外资、官僚资本垄断等因素的影响，标准差椭圆展布范围缩小，主要分布在东部沿海地区。

2）近代工业的空间分布模式

通过对现有全国尺度的工业企业点数据集中的样本数据进行全局空间自相关分析，可以讨论近代工业整体上的分布模式。研究中，就全国尺度近代工业点数据集，基于反距离权重系数，计算出在1%的显著性水平上，Global Moran's I检验值为0.573，Z值为29.37，表示近代工业分布整体上呈空间正相关，是空间集聚分布模式。

再通过计算Getis-Ord Gi*统计来识别研究时段内工业分布高值（即热点）在空间上发生聚类的位置，生成中国近代工业空间格局热点图（图2-2-11），其中，Z-score高代表高聚类，即为近代工业分布的集聚区，也是潜在的近代工业遗产群分布区。可以看出，在研究时

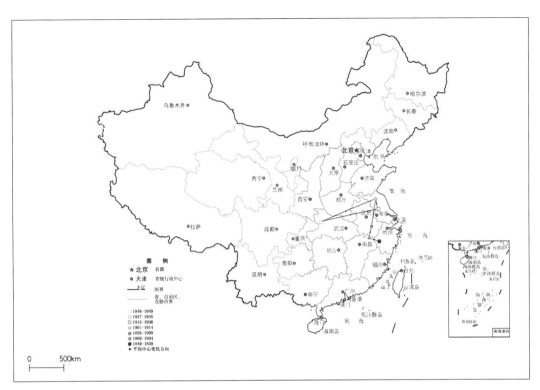

图2-2-9　中国近代工业各时段发展平均中心变动轨迹图

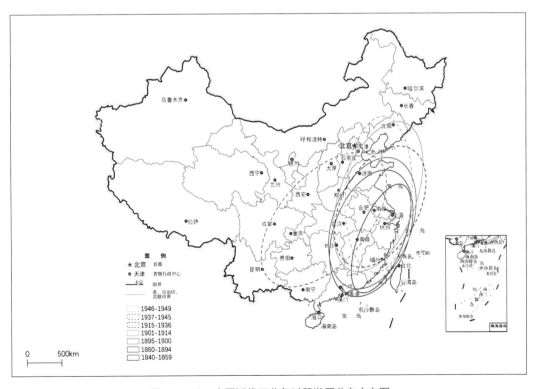

图2-2-10　中国近代工业各时段发展分布方向图

段内近代工业的核心集聚区域主要有东北边境工业集聚区，松嫩平原工业集聚区，沈阳、长春及周边工业集聚区，旧直隶工业集聚区，鲁中、鲁东工业集聚区，长三角工业集聚区，武汉及周边工业集聚区，成渝工业集聚区，湘中工业集聚区，桂林、南宁及其周边工业集聚区，珠三角工业集聚区，福建沿海工业集聚区及台湾工业集聚区（图2-2-11，对各工业集聚区的介绍参见表2-2-2）。

如果将中国近代工业的整体分布情况与胡焕庸线相叠加，会发现近代工业发展的区域差异与胡焕庸线基本吻合（图2-2-12），近代工业主要分布在胡焕庸线以东的区域，这印证了胡焕庸线不仅刻画了中国人口分布的特征，更揭示了中国资源环境基础的区域差异特征[1][2]——显示出在气候、地形地貌等自然地理条件差异的影响下城市、交通、经济等条件的区域差异，而这些区域差异在近代时期对工业的分布也产生了重要的影响——其结果是资源环境优越的东部地区是近代工业发展的重点区域。

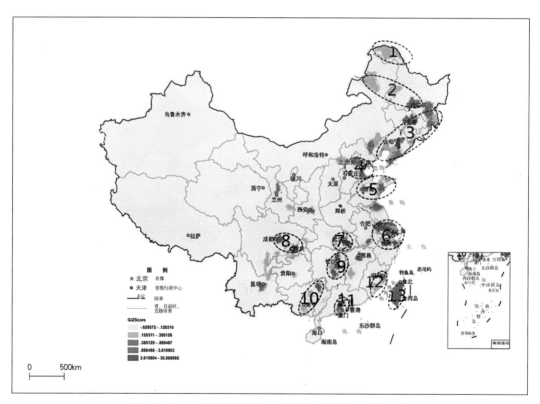

图2-2-11 中国近代工业热点分布及工业集聚区域分布图

① 黄圆浙，杨波. 从胡焕庸人口线看地理环境决定论[J]. 云南师范大学学报：哲学社会科学版，2012，44（1）：68-73.
② 陆大道，王铮，封志明，等. 关于"胡焕庸线能否突破"的学术争鸣[J]. 地理研究，2016，35（5）：805-824.

中国近代工业的主要集聚区及其特征

表2-2-2

序号	工业集聚区	初创时期	主要特征
1	东北边境工业集聚区	19世纪70年代	清末,为了防止列强对边境矿产资源的掠夺,在黑龙江边境线附近的满洲里、漠河、瑷珲、鹤岗等城市形成了以金属采冶企业为主的工业集聚区
2	松嫩平原工业集聚区	20世纪20年代	民国时期,东北地区的耕地开发、农业产业化发展加速,在松嫩平原,哈尔滨,并沿中东铁路西至齐齐哈尔、东至宁安等铁路沿线城市,以面粉业和榨油业为主的食品加工业在东北乃至全国发展为优势产业,同时辅助形成了相应的公共事业和机器制造业
3	沈阳、长春及周边工业集聚区	20世纪30年代	伪满时期,日本在沈阳、鞍山、本溪、大连、抚顺、辽阳、长春、吉林等南满铁路沿线城市,大力发展煤炭开采、钢铁采冶等工业,并相应发展了大量的机械工业和重化工业
4	旧直隶工业集聚区	19世纪80年代	清末李鸿章任直隶总督及北洋大臣时期,促进了以天津、唐山为中心的旧直隶地区军事工业和煤炭开采业的发展,此后钢铁采冶、机械制造等工业均有所发展,天津的纺织、食品等轻工业、电信业和化学工业也发展迅速
5	鲁中、鲁东工业集聚区	19世纪70年代	清末,在以青岛、济南为中心,胶济铁路沿线的潍县、长山、博山及烟台等城市,形成了以棉纺织业、丝纺织业、面粉业、榨油业为主的纺织和食品加工业体系,烛皂、印染、陶瓷玻璃等化学工业、采矿业及机械工业亦有所发展
6	长三角工业集聚区	19世纪40年代	上海开埠以后,依托优越的经济地理环境,逐渐发展成为中国最大的对外贸易口岸和工业中心,带动了周边的南通、无锡、常州、杭州、苏州、宁波等城市,形成了全国型的纺织、食品加工业为主的工业集聚区
7	武汉及周边工业集聚区	19世纪90年代	清末,张之洞任湖广总督后,筹建了汉阳铁厂,开启了武汉的重工业化进程,此后,以武汉为中心,周边长江与京广铁路沿线的大冶、黄石、阳新、咸宁等城市,钢铁采冶业、机械修造业、纺织业、饮食品工业、化学工业等均有所发展
8	成渝工业集聚区	19世纪90年代	清末,重庆开埠,近代工业起步,抗日战争时期,成渝地区作为大后方,城市工业布局的重点地区之一,冶炼、机械、化学、纺织、食品工业发展迅速,成为主要产业,近代工业主要分布在重庆、成都平原,同时也包括周边一些市县
9	湘中工业集聚区	19世纪90年代	甲午战争后湖南近代工业开始起步,出现了采矿业、轮船运输业、纺织业等,第一次世界大战的爆发刺激了云南与军事相关的锑、铅、锌、钨、锰及铁、金、铜等矿业的迅速发展。"一战"时期,湖南的纺织业也迅速发展起来,成为主导产业。此外,桐油、大米加工等食品工业也有所发展。抗战初期,作为后方的湖南建立了一批机械电器工厂,工业主要分布在汉粤铁路沿线的长沙、益阳、湘潭、株洲、衡阳等城市
10	桂林、南宁及其周边工业集聚区	20世纪初	清末,梧州开埠且靠近广州,成为广西工业起步之地。抗日战争爆发后,广西作为大后方,内迁和新建了一批工厂,包含了机械修造业、食品加工业、矿冶业、棉纺织业、五金铸造业、建筑材料业、发电业等行业,主要分布在桂林、柳州、梧州、南宁
11	珠三角工业集聚区	19世纪70年代	清末太平天国时期,广州的机器缫丝业已有所发展,此后广州开埠,更是促进了珠三角地区的出口加工业的发展,广州、香港及周边的顺德、东莞等城市的纺织业和手工艺品制造业等轻工业发展迅速,同时,钢铁冶炼、船舶修造等工业也有所发展
12	福建沿海工业集聚区	19世纪60年代	清末,时任闽浙总督左宗棠在福建创办了福州船政局,成为中国近代最重要的军舰生产基地。此外,近代福建沿海闽三角地区的福州、晋江、厦门等城市的食品加工业、木材加工业等轻工业有所发展
13	台湾工业集聚区	19世纪70年代	19世纪70年代,时任闽浙总督沈葆桢主持创办了台湾近代第一家新式机器煤矿——基隆煤矿,并出现了采用新式技术生产樟脑、硫黄等传统产品的企业。甲午战争后,台湾沦为日本的殖民地,制糖业有显著发展,1931年后台湾工业向战时经济体制发展,造船、钢铁、铜、铝、水泥、硫酸、制碱、炼油、化肥等重化工业成为重点发展部门

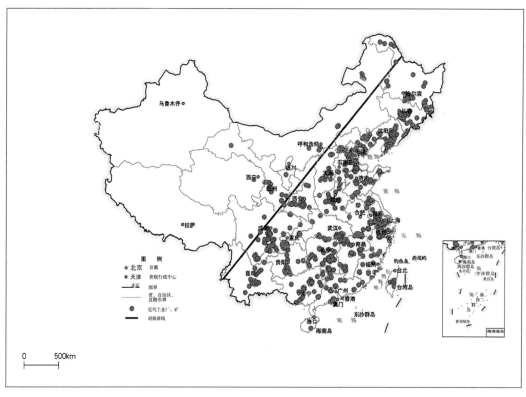

图2-2-12　中国近代工业分布与胡焕庸线关系图

本章总结

　　过往中国近代工业空间的相关研究中，缺少完整时段的全国尺度的时空演化与整体分布模式的可视化与量化分析成果。

　　本章尝试可视化展现1840～1949年间中国近代工业的时空演化与整体分布模式，在研究方法上关注全国尺度的近代工业企业专题数据的获取与可视化方法，可以增强对中国近代工业化进程的基础性认知，为当代工业遗产历史价值的认知提供参考，同时提高研究的准确性与直观性，对传统文献研究方法进行补充。

　　（1）就研究方法的探索而言：

　　本章中，面对近代完整时段的工业时空演化与整体分布模式问题，针对能搜集到的反映工业发展活力的工业企业数据，通过矢量化①等方法，将这些数据集成到近代工业历史地理数据库中，共计采集到近代工业企业数据2712家，创建为全国尺度的近

――――――――――

①　矢量化是指利用数据化工具将地理要素转化为具有空间坐标位置的点、线、面等地图图形要素的数据处理过程。

代工业企业点数据集与铁路线数据集，并采集名称、始建时间、行业类型、资本类型、开修时间、通车时间、修建人员等属性信息，在此基础上，进行近代工业的历史分期，运用核密度估值展现近代工业各时期的分布演化历程，运用平均中心及方向分布分析表征近代工业的整体分布特征，运用全局空间自相关分析识别近代工业整体上的空间分布模式，运用热点分析识别近代工业分布的集聚区域，实现了对近代完整时段（1840～1949年）的工业演化历程与整体分布模式的阐释。

对于全国尺度的近代工业企业专题数据的获取与可视化，本章选取了资料相对齐全且引用率高的近代工业史、资料集等文献资料，对资料中出现的有明确建厂时间和地点的工业企业数据进行文本挖掘，作为全国尺度近代工业企业分析的一个典型样本，通过矢量化将些数据创建为数据库中的对应数据集，再进一步通过核密度估值等分析与地图可视化方法展现出来。

（2）就全国近代工业的时空演化与整体分布模式的分析显示：

1840～1949年的百余年间，中国近代工业的发展历程大体可划分为萌芽起步期（1840～1894年）、快速发展期（1895～1936年）、发展停滞期（1937～1948年）三个中观时期和萌芽期（1840～1859年）、起步期（1860～1894年）、开始加速期（1895～1900年）、首次快速发展期（1901～1914年）、稳速增长期（1915～1936年）、二次快速发展期（1937～1945年）、停滞期（1946～1948年）七个微观时期，不同时期展现出不同的空间分布状态：萌芽起步期，工业从早期开埠口岸向东部沿海、沿江及铁路沿线区域逐步扩散，洋务派创办的新式工业分布较广，并不局限于开埠口岸，一些内陆的行政中心也有分布；快速发展期，交通，尤其是铁路对工业的牵引作用显著，工业多集中在沿海、沿江及铁路沿线各城市，东北、华北、长三角、珠三角、武汉等区域工业集聚趋势增强；发展停滞期，受战争的影响，东北重工业急剧膨胀，东南部工业衰落，西南各省成为战时工业新的建设区域，抗战结束初期的工业又恢复了沿海、沿江的分布格局。

中国近代工业总体上表现为南北分布格局，随着时间的推移，其平均中心呈现出北—南—西—东的移动趋势。在近代工业发展的历程中，集聚与扩散趋势并存，而工业分布整体上呈空间集聚分布模式，主要的工业集聚区有东北边境工业集聚区，松嫩平原工业集聚区，沈阳、长春及周边工业集聚区，旧直隶工业集聚区，鲁中、鲁东工业集聚区，长三角工业集聚区，武汉及周边工业集聚区，成渝工业集聚区，湘中工业集聚区，桂林、南宁及其周边工业集聚区，珠三角工业集聚区，福建沿海工业集聚区及台湾工业集聚区。此外，近代工业发展的区域差异与胡焕庸线基本吻合，主要分布在胡焕庸线以东的区域。

从近代工业的发展历程中大体可以看出，工业门类从出口加工型向进口替代型转变，逐渐丰富，但始终以轻工业为主，并且早期自然资源和政策、制度的作用显著，随着港口和铁路的建设，交通运输体系的变迁刺激并促进了沿线工业产业范式的转型，同时国人对"实业"的认知逐步转变，观念作用凸显。在前期发展的基础上，大城市进一步汇集了工业发展所需的资本、劳动力、技术、原材料、交通、市场及电力、通信等基础设施，经营环境相对稳定，对工业的吸引力增强，城市工业发展显著且地域不断扩大。此外，中国近代工业在其发展过程中始终同时服务于国内外市场，随国内外市场的波动而变化。抗日战争爆发后，战争因素成为影响工业发展和分布的主导因素。

第3章

中国近代工业产业特征的空间分布
——对产品生产、销售、工人劳动、工会等要素的分析[1]

---

① 本章执笔者：刘静、徐苏斌、何捷。

在前述章节中，论述了中国近代工业的时空演变与整体分布模式，然而这些讨论并未太多涉及工业产业特征层面的分析，实际上，在中国近代工业的发展历程中，生产行业与组织是不断丰富的，逐步构建出了多种产业结构状态，对这些产业特征进行讨论，可以进一步促进我们对工业发展的认知，同时，由于工业产业特征与区域经济有着密切的关系，认识近代各个区域的工业产业特征，也有助于认识这些区域的经济发展状况。

本章尝试可视化解读中国近代工业产业特征的空间分布状况，同时，在研究方法上关注全国尺度的近代工业产业特征专题数据的采集、管理与展示方法。

对于近代工业产业特征的空间分析，需要确认产业特征表达的相关指标，并需要有适用的文献资料支撑这些指标的获取。20世纪30年代开展的"中国社会调查运动"，形成了特定时空范围内弥足珍贵的调查资料，其中不乏工业相关的调查报告，成为我们透视这一时期工业产业特征的重要载体。

本章结合经济地理学产业结构分析指数与20世纪30年代主要工业调查报告中的原始数据内容，确定了中国工业部门结构构成、生产与销售状况、工人劳动与收支状况、工会组织等主要产业特征表达指标，然后对原始调查数据进行合并统一以及区位熵、工业劳动生产率的计算等一系列处理，汇总提取出主要产业特征指标的属性内容，以此创建全国尺度的工业产业特征点数据集，在此基础上，将工业产业特征点数据集中的各属性字段进行可视化，以解读抗日战争全面爆发以前中国工业主要产业特征指标的空间分布状况。同时，通过工业产业特征点数据集的构建与地图可视化方法的运用，实现全国尺度的近代工业产业特征专题数据的获取与可视化。

本章选取的研究时间段为近代"中国社会调查运动"开展的20世纪30年代，以这段历史时间内的研究来展现抗日战争全面爆发以前的工业产业特征的发展状况。

20世纪30年代的"中国社会调查运动"，是"五四运动"爆发后社会学在中国传播以及20年代末留学生陆续回国、各大学成立社会学系、扩充社会学课程、培养社会学人才的背景下，兴起的引人注目的社会调查运动。这一时期，社会学者们"主张用科学的精密的方法，研究我们自己的现实社会"[①]，以服务于社会改良、社会建设和社会革命，同时也尝试将社会学的理论与方法同中国社会实际结合起来，推动社会科学的"中国化"进程[②]。尽管在当时开展社会调查困难重重，且早期统计型调查可能存在诸如统计方法不完善、理论前提有误等一些问题，但这些调查表都经过了社会科学学者周密的问卷调查以及系统的标准化加工与量化，并对调查的范围、过程、方法、局限都进行了比较清楚的交代[③]，成了我们透视这一时期工业产业特征的珍贵资料。这些调查表所形成的20世纪二三十年代，中国还没有全面爆发抗日战争，中国近代工业化的进程并没有被战争全面打断和影响，故本章节的研究时段选取

---

① 阎明. 一门学科与一个时代: 社会学在中国[M]. 北京: 清华大学出版社, 2004: 5.

② 范伟达, 范冰. 中国调查史[M]. 上海: 复旦大学出版社, 2015: 79-82.

③ 李文海. 民国时期社会调查丛编（二编）: 近代工业卷（上）[M]. 福州: 福建教育出版社, 2010: 4-7.

为20世纪30年代，分析战前工业产业特征的分布状况。

3.1 数据的来源与处理

3.1.1 数据来源

本章选取1933～1935年间由中国经济统计研究所开展调查的民国时期惟一的全国工业普查——《中国工业调查报告》作为产业特征提取的主要资料，并补充使用了1930年工商部组织的"全国工人生活及工业生产调查统计"资料。尽管本章中所引用的工业调查数据并不完全精确，但仍可以提供一个相对全面的、可视化的全国尺度的产业特征研究的数据基础。

这里对《中国工业调查报告》与《全国工人生活及工业生产调查统计报告书》两份资料予以说明。

1）民国时期惟一的全国工业普查——《中国工业调查报告》

《中国工业调查报告》是1932年由国防设计委员会委托中国经济统计研究所开展的全国工业普查，是民国时期惟一一次工业普查[1]，为当时的国防建设和以后的学术研究提供了较为完整和准确的统计数据[2]，如此后由巫宝三主持的著名研究《中国国民所得》，工业方面即以《中国工业调查报告》为依据[3]。日本关于亚洲的长期经济统计研究计划"中国班"的久保亨、牧野文夫、关权认为："《中国工业调查报告》中的工业生产指数等具有相当的'可信赖性'。"[4]久保亨更认为："刘大钧对于几乎所有符合《工厂法》的中国资本的工厂都进行了调查……在当时像这样调查范围之广、结果之准确，是其他工业普查所无法比拟的……"[5]

该次工业普查自1933年4月开始，至1935年5月结束，历时两年零两个月（包括了前期调查与后期审查、核算及编制统计的时间），由当时的经济统计研究所所长、著名的经济学家、统计学家刘大钧总体指导，参与前期调查的人员有中国经济学社社员张宗弼、赵永余、刘铁孙等15人，担任后期整理的人员有刘大钧、陈启忠等十余人。调查区域遍及当时的17个省份146个市县，未涉及当时新式工业很少的甘肃、新疆、云南、贵州、宁夏、青海等西部6

---

① 许涤新，吴承明. 中国资本主义发展史（第3卷）[M]. 北京：人民出版社，2003：803.
② 孙大权. 中国经济学的成长：中国经济学社研究（1923～1953）[M]. 上海三联书店，2006：198.
③ 巫宝三. 中国国民所得[M]. 上海：中华书局，1947：59-60.
④ 江海. 中国近代经济统计研究的新进展——东京"中华民国期的经济统计：评价与推计"国际研讨会简介[J]. 中国经济史研究，2000（1）：152-155.
⑤ 孙大权. 中国经济学的成长：中国经济学社研究（1923～1953）[M]. 上海：上海三联书店，2006：197.

省以及被日本侵占的东北3省。调查对象为符合当时的《工厂法》规定的工厂（即有原动力且使用工人30人以上的工厂，在实际操作中，若某工厂调查时虽然雇佣工人不及30人，但上年度或本年度最忙时超过此数，亦列入其中），共计调查工厂2435家。工业行业类别按照当时国际劳工局的分类，并参照我国实际情况，设16个大类、87个小类、161个细类，覆盖了除去兵工厂、电灯厂、造币厂、影片制造厂以外的全部工业行业。调查项目包含了组织、资本、厂地面积、动力机、做业机、原料、产品、工人、工资等171个项目。调查人员经专业培训，调查表交研究所后进行审核，不合格者进行复查，经过审查、复查、核算、编制统计表、撰写文字说明等工作，最终形成全国第一次工业普查成果[1]，以军事资源委员会第20号参考资料的名义出版为《中国工业调查报告》三册[2]。

2）民国19年工商部《全国工人生活及工业生产调查统计报告书》

《全国工人生活及工业生产调查统计报告书》是南京国民政府时期工商部开展的全国工人生活与工业生产统计并编制的调查报告[3]，它的获取受到了当时社会整体环境和宏观体制的制约，当时政府的统计工作虽初上轨道，但统计资料的收集、整理、汇编和报告大体能够循序严谨而科学的规范和程序，一定程度提高了统计资料的可靠性[4]，对资料来源与统计方法也有较为具体的说明。

该调查由工商部先拟定调查实施计划，编制调查表册，训练调查人员，并在无锡县进行试验调查之后，于1930年4月，分派调查人员迁往各省区开始工作，历时四月余完成调查工作。调查的区域主要覆盖当时江浙、皖赣、两湖、鲁蓟、东三省、粤桂、闽滇的34个城市，"豫、晋、蓟、热、察、绥、陕、甘等因军事影响，交通闭塞，未能进行，蒙古、青海、新疆、宁夏、西康、西藏等区因路途遥远，所委托调查为据依限填报而未统计"。调查对象主要为30人以上的工厂，涉及工人生活相关的人数、工资、物价、工作时间、家计、工会以及工业生产等多个方面，包含工厂成立时间、工厂资本、出品总额等多个项目，其中工作时间、放假日数等平均数多采用众数法统计[5]。工业行业类别按照当时工商部的工业分类标准，分为11大类，60余小类[6]。最终由工商部编印出版为《全国工人生活及工业生产调查统计总报告》与《全国工人生活及工业生产调查统计报告书》。[7]

---

① 此段依据《中国工业调查报告》第一编中《报告纲要》改写。

② 刘大钧. 上海工业化研究[M]. 北京：商务印书馆，2015：477.

③ 李文海，夏明方，黄兴涛. 民国时期社会调查丛编（二编）：城市（劳工）生活卷（上）[M]. 福州：福建教育出版社，2014：1.

④ 马敏，陆汉文. 民国时期政府统计工作与统计资料述论[J]. 华中师范大学学报（人文社会科学版），2005，44（6）：116-129.

⑤ 众数法统计"即观察该地某业中工人人数最多者，用为代表之标准"。李文海，夏明方，黄兴涛. 民国时期社会调查丛编（二编）：城市（劳工）生活卷（上）[M]. 福州：福建教育出版社，2014：26.

⑥ 此处行业门类数量是依据调查表中上海市的行业数量统计而来。

⑦ 本段依据《全国工人生活及工业生产调查统计总报告》及《全国工人生活及工业生产调查统计报告书》中各统计表中凡例整理。

3.1.2 数据处理

本章结合经济地理学的产业结构分析指数，对上述原始调查表中所包含的工业产业特征数据进行提取，共计整理工业调查表300余份，采集产业特征值25116项。

所整理的工业调查表原始数据涉及多种空间尺度，不同的行政地名以及不同的行业类型、从业人员类型等，为了将这些调查数据置于统一指标层级下进行对比分析，需要对所涉及的调查数据进行合并统一的处理，研究中通过对行业类别、行政地名、从业人员、产品总额及销场等数据的合并统一，进行区位熵与劳动生产率的计算，在原始数据的基础上，整理出所需要的产业特征数据，并将整理后的数据创建为1930年代工业部门结构、产品与销售、工人劳动与收支、工会组织等工业发展的主要产业特征指标的点数据集（图3-1-1），采集职工人数、工业产品总值、劳动生产率、工人日工作时间、工人年放假天数、工人家庭平均月收入与消费、各个行业工会会员人数、原城市名称、现城市名称等属性信息，产业特征指标点数据集的精度控制在其所在的市区范围内，以窥探抗日战争以前工业主要产业特征的发展状况。

数据库所涉及的工业调查统计表是按照政区统计的，民国时期的政区也是有所变动的，考虑到政区研究已经超越本研究所涉及的范围，这里假设行政界线相对稳定，选取复旦大学历史地理研究所CHGIS—1926年省级行政数据与1911年层数据作为底图数据。

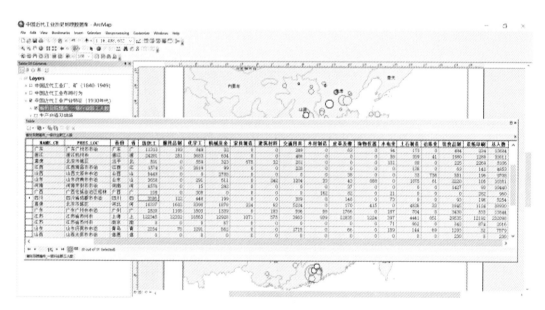

说明：图中仅显示了中国近代主要产业特征指标的点数据集中的省份及院辖市一级行业职工人数点图层及其属性表，产业特征指标点数据集的其他图层及其属性表未显示。

图3-1-1 中国近代主要产业特征指标的点数据集示例

下面对具体的数据处理内容予以说明：

1）数据的合并统一

（1）行政地名与行业类别的合并统一

《中国工业调查报告》中的调查表涉及省、市级两个空间尺度，三级行业类别，多种工业指标。其中，行业类别可划分为16种一级行业类型，每种一级行业类型下再细分为若干次级行业类型[①]（表3-1-1），实际的调查统计均是具体到二级、三级工业行业类别[②]，没有一级行业的汇总数据。

研究中需要将原始调查数据统一到省或市级尺度下一级行业类别所显示的工业产业特征中。在数据的采集中，需要对涉及的调查表进行行政地名与行业类别数据的合并统一，即依据调查报告中的省、市划分[③]与工业行业划分（表3-1-1），将所有统计数据合并统一至省、市层级的一级行业类别中，如《中国工业调查报告》（中册），第一编合于《工厂法》工厂分业统计表中第八表"职工人数"的数据采集，在各个省、市按照"铁制家具""地毯""地毯及其他"三个二级行业类别进行调查（表3-1-2），数据合并统一后获得一级行业"家具制造业"在各省、市一级行业类别的职工人数（表3-1-3），不再零散地关注各个省、市，各个二级、三级行业类型中的调查数据。

民国时期《中国工业调查报告》中一级、二级工业行业划分[④]　　　表3-1-1

序号	一级行业	二级行业
1	木材制造业	锯木、木制品、竹制品
2	家具制造业	铁制家具、地毯、地毯及其他
3	冶炼业	翻砂、熔炼
4	机械及金属制品业	机器与机械制造兼修理、金属品制造、电器机械及用品、翻砂铁工
5	交通用具制造业	造船、造车
6	土石制造业	砖瓦、玻璃、水泥、石、石灰、石粉、瓷坩埚、石棉、制炼煤焦
7	建筑材料业	建筑材料、钢铁钢料、钢铁钢料兼制钉
8	水电类	水电、水厂

---

① 根据原调查报告，这里将工业行业门类共分四级如下：第一级，采用国际劳工局的分类方法，分为16大类；第二级，根据国际劳工局的举例，参酌我国工业状况，分为87小类；第三级，根据我国工业分类习惯，并参酌其产品与所用之原料及作业机，分为161细类；第四级，如第三级分类尚有不适合实际状况之处，则再分第四级细类，但此种情形不多，故第四级仅有28类。

② 有的甚至具体到四级行业类别，统计中也将其一律合并进所属的一级行业类别中。

③ 在《中国工业调查报告》（中册）中，第一编合于《工厂法》工厂分业统计表中，当时的上海、广州、北平、青岛、南京五个院辖市与省级行政区域并列参与统计。

④ 此表格依据《中国工业调查报告》中的各统计表所涉及的行业类别整理而来，这里列举了一级、二级行业类型。

序号	一级行业	二级行业
9	化学工业	火柴、皂烛、搪瓷、油漆、墨、颜料、化妆品、药品、人造脂、碱酸、碳酸钙、碳酸镁、炼气、酒精、其他化学工业
10	纺织工业	棉纺织、丝及丝织业、毛纺织、丝织兼棉织、废丝棉毛纺织、染练、印花、制线、边带、绒布整理
11	服用品制造业	织袜、草呢帽、阳伞、手帕、衫裤、线毯、毛巾、其他服用品
12	制革及橡胶制造业	制革、橡胶制品、制胶
13	饮食品制造业	碾米、面粉、机粉、炼乳、制糖、制备食品、榨油、制茶、制烟、制酒、清凉饮料、调味品、淀粉、精盐、制蛋、造冰冷藏
14	造纸印刷业	制纸、印刷、纸制品
15	饰物仪器制造业	乐器、教育用品、仪器、制钟、玩具
16	其他工业	牙刷、制镜、热水瓶、打包

《中国工业调查报告》（中册）第一编合于《工厂法》，工厂分业
统计表中第八表"职工人数"中家具制造业原始数据示例　　　　表3-1-2

分类号码	业别	省市	厂数	管理员或工头		
				男	女	共
2-1	铁制家具	河北	1	2		2
		福建	1	1		1
		上海	6	69		69
		全国合计	8	72		72
2-2	地毯	河北	1	2		2
		北平	1	11		11
		上海	1	8		8
		全国合计	3	21		21
2-3	地毯及其他	北平	1	6		6
		全国合计	1	6		6

《中国工业调查报告》（中册）第一编合于《工厂法》，工厂分业
统计表中第八表"职工人数"中家具制造业统计后的数据示例　　　　表3-1-3

名称	行政级别	厂数	管理员或工头		
			男	女	共
福建	省	1	1		1
河北	省	2	4		4
上海	院辖市	7	77		77
北平	院辖市	2	17		17

（2）工业从业人员的合并

《中国工业调查报告》中涉及的工业从业人员包括了各个行业中的管理人员与工人两种类型，其中，管理人员又细分为管理员或工头男、管理员或工头女，工人又细分为男工技工、男工普工、女工技工、女工普工、童工技工及童工普工（表3-1-4），那么，各地区各行业从业人员总数的获取，就需要对相关的管理人员数（管理员或工头男、管理员或工头女）与工人数（男工技工、男工普工、女工技工、女工普工、童工技工及童工普工）进行求和。

工业从业人员构成　　　　　　　　　　　　　　　　　　　表3-1-4

管理人员		工人					
管理员或工头男	管理员或工头女	男工技工	男工普工	女工技工	女工普工	童工技工	童工普工

（3）产品总额与销场的合并

《中国工业调查报告》中各城市的产品与销场调查表，给出的是各个城市二级工业行业的产品总值（元）与各地销场的百分比，研究中需要对各城市的工业产品总额与销场进行分析，依据百分比将各城市工业产品销往各地的产品总值换算为元，再进行各城市工业产品销售地与总值的计算（式3-1），对于产品销售地没有给出各项百分比的均按照数据不详进行处理。

$$Z_{ij} = \sum_{k=1}^{n} G_{ik} P_{ikj} \qquad (3-1)$$

其中：i为第i个城市，j为销售地类型（包括了本地、本省、外省、外国及不详五类），Z_{ij}是城市i中j销售地类型的工业产品的销售值，G_{ik}是第i个城市k行业工业产品总值，P_{ikj}是第i个城市k行业销往j地区类型的百分数，n为i城市工业类型总数，$0 \leqslant k \leqslant n$。

2）问题数据的处理

在数据的采集过程中，发现原始统计表中存在一些统计错误数据，比如：《地方工业概况统计表》中上海市第二表"产品总值及销场"中产品总值一项共计为727725779元，而实际数据采集中，合并各个行业产值的原始数据所得到的产品总值共计应为754495869元；又如：《地方工业概况统计表》中浙江省杭县的第一表"资本与工人"中，印刷业童工数的原始数据为269人，而实际数据采集中，发现该数据与参与汇总求和后的印刷业的童工总人数、工人总数及各行业工人总数数据均不相符，后通过各行业工人总数、男工总数、女工总数，印刷业的工人总数、男工人数、女工人数推算出印刷业的童工人数应为209，应该是原始数据录入时产生了失误，对于此类问题数据，在具体的数据采集过程中均采用计算后的正确数据修正了原始数据。

在当时的调查过程中，因为种种原因，在原始统计表中存在一些没有准确数据的数据项，如常见的以"X"表示该调查项目的数据不详，对于这些数据，在数据采集中，均予以剔除，未参加最终的统计汇总。

3）区位熵

区位熵（Location Quotient），又称为区域专业化率，由哈盖特（P. Haggett）首先提出并运用于区位分析中，是指某地区某一行业的区域值在该地区的上一级产业区域中所占比重与全国该行业区域值在全国其上一级产业区域值中所占比重的比值，区域值指的是能够反映行业或产业规模的变量，如工业总产值、从业人员数等[1][2][3]。

区位熵一般用于分析各个地区每个产业的产业化水平，识别地区具有相对比较优势的产业：其值大于1，表示该行业为地区专业化部门，其发展强度高于全国同类产业的平均水平，在全国具有比较优势；其值小于1，则表示地区中该行业的发展强度低于全国同类产业的平均水平[4][5]。区位熵的计算公式为[6]：

$$I_i = \frac{e_{ij}}{\sum_{j=1}^{m} e_{ij}} \qquad (3\text{-}2)$$

$$P_i = \frac{\sum_{j=1}^{m} e_{ij}}{\sum_{i=1}^{n} \sum_{j=1}^{m} e_{ij}} \qquad (3\text{-}3)$$

$$q_i = \frac{I_i}{P_i} \qquad (3\text{-}4)$$

式中，e_{ij}为j地区某产业中i部门的产值，I_i为j地区某产业中i部门产值占该地区该产业总产值的份额，q_j为全国某产业中i部门产值占全国该产业总产值的份额，β_j为j地区某产业中i部门的区位熵。研究中选取工业从业人员作为区位熵的区域值，即计算参数。

4）工业劳动生产率

工业劳动生产率是反映工业生产过程中的劳动消耗量与生产成果之间比例关系的技术指标，根据研究目的的不同，可以从参加劳动的人员、参加劳动的时间、单位产品的劳动消

① 王海涛，徐刚，恽晓方. 区域经济一体化视阈下京津冀产业结构分析[J]. 东北大学学报（社会科学版），2013，15（4）：367-374.
② 沈映春，闫佳琪. 京津冀都市圈产业结构与城镇空间模式协同状况研究——基于区位熵灰色关联度和城镇空间引力模型[J]. 产业经济评论，2015（6）：23-34.
③ 张明艳，孙晓飞，贾巴梦. 京津冀经济圈产业结构与分工测度研究[J]. 经济研究参考，2015（8）：103-108.
④ 唐志鹏. 经济地理学中的数量方法[M]. 北京：气象出版社，2012：47.
⑤ 郭志仪. 我国西部地区产业结构分析[J]. 西北民族大学学报（哲学社会科学版），1991（3）：17-22.
⑥ 张佑印，马耀峰，高军，等. 中国典型区入境旅游企业区位熵差异分析[J]. 资源科学，2009，31（3）：435-441.

耗量等多个角度，反映工业的生产效率，这里使用工业生产总值与相应的就业人数的比值来表示[1][2]：

$$ILP = \frac{P}{L} \qquad (3\text{-}5)$$

式中，*ILP*表示工业劳动生产率，*P*表示工业总产值，*L*表示相应的从业人员。研究中使用各城市各行业的产品总值（元）代表工业总产值，使用工人总数代表从业人员，进行劳动生产率的计算。

3.2　20世纪30年代中国工业产业特征的空间分布

下面运用地图可视化方法[3]来展现产业特征点数据集内各属性字段的内容，并在此基础上分析20世纪30年代中国工业部门结构构成、生产与销售状况、工人劳动与收支状况、工会组织等主要产业特征指标的空间分布状况。

3.2.1　工业部门结构分析[4]

这一时期，我国工业初级发展阶段的特征明显[5]，纺织业、饮食品制造业等以农副产品为原料的轻工业在绝大多数省份或院辖市中所占的比重最高，除此之外，化学工业、机械及金属制品业、造纸印刷业、土石制造业、交通用具制造业等行业在一些省份或院辖市中所占的比重也较高。上海、江苏、河北、浙江、广州、广东、山东、青岛等省、市的工业规模最大，是具有全国意义的工业发达省、市，这些地区的工业部门较为齐全，工业结构也比较完整，如：工业规模最大的上海市，其工业部门覆盖到15个一级行业类型的所有门类，江苏省的工业部门覆盖到15个一级行业类型的10个门类，河北省的工业部门覆盖到15个一

---

① 李棕. 世界经济百科辞典[M]. 北京：经济科学出版社，1994：333.

② 孙浦阳，韩帅，许启钦. 产业集聚对劳动生产率的动态影响[J]. 世界经济，2013（3）：33-53.

③ 本章中具体使用的是专题地图表示方法中的定位图表法，定位图表法是一种定位于地图要素分布范围内某些地点上的，以相同类型的统计图表表示范围内地图要素数量及内部结构或周期性数据变化的方法。参见：高俊. 地图制图基础[M]. 武汉：武汉大学出版社，2014：133.

④ 工业部门的产生是社会分工发展的结果，随着生产规模的扩大和科学技术的发展，新的工业部门总在不断产生，工业内部的分工也会越来越专业化，且一个国家或地区的工业部门结构是其经济结构的重要组成部分，反映着国家或地区工业发展水平的高低及经济实力的强弱。

⑤ 工业的部门结构一般可以体现于三个方面：一是产出结构，通过工业部门产值构成来反映；二是劳动力结构，通过工业部门职工构成反映；三是资本构成，通过工业部门固定资产及流动资金构成来反映。受限于原始资料，这里选取工业各行业的职工构成来反映20世纪30年代初期中国省级区域工业部门的结构构成。参见：陆大道. 中国工业布局的理论与实践[M]. 北京：科学出版社，1990：202.

级行业类型的13个门类，浙江省的工业部门覆盖到15个一级行业类型的10个门类，广东省与广州市的工业部门分别覆盖到15个一级行业类型的10个与12个门类，山东省与青岛市的工业部门分别覆盖到15个一级行业类型的12个与11个门类。陕西、绥远、察哈尔等工业规模小的省份，部门结构相对单一，如：工业规模最小的陕西省，其工业部门仅覆盖到15个一级行业类型的2个门类，绥远省与察哈尔省的工业部门覆盖到15个一级行业类型的1个与2个门类。

可以利用上述各省市经合并后的15种一级行业的工业从业人员人数计算各省市各行业的区位熵，获得20世纪30年代初期中国部分省市15种一级行业的区位熵表（表3-2-1），分析20世纪30年代初期省级区域内不同行业的专业化水平，探讨各省市的比较优势行业。

20世纪30年代初期中国部分省市15种一级行业的区位熵   表3-2-1

省/市	纺织工业	服用品制造业	化学工业	机械及金属制品业	家具制造业	建筑材料业	交通用具制造业	木材制造业	皮革及橡胶制造业	饰物仪器制造业	水电业	土石制造业	冶炼业	饮食品制造业	造纸印刷业
安徽	0.91	0.00	0.26	0.61	0.00	0.00	0.00	0.00	0.00	0.00	0.00	0.00	0.00	4.03	0.00
北平	0.20	0.00	1.76	1.27	31.17	2.92	1.09	0.00	0.00	0.00	8.63	0.43	0.00	0.41	9.94
察哈尔	0.00	0.00	0.00	0.00	0.00	0.00	25.90	0.00	0.00	0.00	0.00	0.00	0.00	0.63	0.00
福建	0.41	0.00	0.00	0.85	7.81	0.00	0.00	51.03	0.00	0.00	16.31	1.42	0.00	2.21	4.42
广东	1.45	0.37	1.00	0.05	0.00	0.51	0.00	0.14	0.00	0.00	2.00	0.35	0.00	0.33	0.38
广西	0.20	0.00	5.11	0.00	0.00	0.00	0.00	59.84	2.58	0.00	6.38	0.00	0.00	0.00	6.57
广州	0.32	2.22	1.75	1.93	0.00	3.46	1.20	1.49	3.86	0.00	3.94	1.39	0.00	2.29	0.86
河北	0.83	1.14	1.40	0.97	1.36	0.74	3.73	0.00	0.13	1.99	0.00	3.25	0.17	0.44	0.65
河南	1.44	0.00	0.02	0.56	0.00	0.00	0.00	0.00	0.11	0.00	0.00	0.00	0.00	1.26	0.20
湖北	0.51	0.00	1.31	1.43	0.00	0.00	4.01	0.00	1.18	0.00	12.40	4.06	4.72	1.33	0.34
湖南	1.09	0.00	1.13	2.28	0.00	0.00	1.23	0.00	0.19	0.00	0.00	1.43	12.05	0.10	0.42
江苏	1.38	0.49	0.62	0.20	0.00	0.00	0.38	0.00	0.00	0.00	0.12	1.27	0.20	0.62	0.35
江西	0.57	0.00	8.68	0.41	0.00	0.00	0.00	1.26	0.00	0.00	0.00	0.77	0.00	0.12	0.65
南京	0.00	0.00	0.00	0.66	0.00	0.00	0.00	0.00	0.00	0.00	10.27	8.98	0.00	1.56	9.69
青岛	6.00	0.28	2.74	1.54	0.00	0.00	6.29	0.00	0.26	0.00	6.12	0.52	1.83	1.57	0.09
山东	0.62	0.00	0.45	0.99	10.88	3.23	1.13	0.13	16.02	0.00	0.00	2.84	1.57	1.98	0.23
山西	0.98	0.00	0.00	5.57	0.00	0.00	0.00	0.00	0.12	0.00	0.00	0.09	15.22	0.52	0.45
陕西	0.00	0.00	0.00	10.00	0.00	0.00	0.00	0.00	15.11	0.00	0.00	0.00	0.00	0.00	0.00
上海	0.95	1.52	0.75	1.14	1.12	1.18	0.49	1.47	1.71	1.01	0.51	0.54	0.76	1.20	1.21
四川	1.20	0.65	1.37	0.76	0.00	0.00	2.06	0.00	0.85	0.00	4.05	0.00	0.00	0.16	0.83
绥远	0.00	0.00	0.00	0.00	0.00	0.00	0.00	0.00	0.00	0.00	0.00	0.00	9.22	0.00	0.00
浙江	1.29	0.21	1.78	0.38	0.00	0.00	0.39	0.00	0.00	0.00	0.51	0.30	0.25	0.55	0.87

由表3-2-1可以看出，这一时期，交通用具制造业、化学工业、机械及金属制品业、水电业、土石制造业、饮食品制造业、纺织工业等行业是多个省市的比较优势行业，而各省市的比较优势行业却不尽相同，需要具体分析。对于工业规模最大的上海市，服用品制造业、机械及金属制品业、家具制造业、建筑材料业、木材制造业、皮革及橡胶制造业、饰物仪器制造业、饮食品制造业、造纸印刷业等行业的区位熵均大于1，是具有全国或者区域意义的比较优势行业；江苏省的纺织工业和土石制造业是具有比较优势的行业；广州市的服用品制造业、化学工业、机械及金属制品业、建筑材料业、交通用具制造业、木材制造业、皮革及橡胶制造业、水电业、土石制造业、饮食品制造业等都是具有比较优势的行业；广东省的纺织业与水电业是具有比较优势的行业。对于工业规模小、部门结构单一的省、市，往往容易形成某一行业突出发展，该行业的区位熵可能显著大于1，成为该地区具有比较优势或专业化程度较高的行业，如：工业规模最小的陕西省，其工业门类仅有机械及金属制品业、皮革及橡胶制造业，这两个行业的区位熵分别是10.00与15.11，均显著大于1，是区域具有比较优势的行业；绥远省仅有饮食品制造业，该行业的区位熵是9.22，饮食品制造业是绥远省具有比较优势的行业；察哈尔省有交通用具制造业与饮食品制造业两个行业，其中交通用具制造业的区位熵为25.90，是具有比较优势的行业。

3.2.2 工业产品生产与销售概况

1）产品总值

这一时期，长三角地区是工业产品总值最大的区域，这里包含了当时的上海、无锡、南通、武进、杭县、吴县、鄞县、镇江等工业发达的市、县，其中，上海的工业产品总值位列全国第一。此外，直隶地区的天津、北京、唐山，胶东地区的青岛、济南，珠三角地区的广州、顺德，湖北省的武昌、汉口，湖南省的长沙，河南省的郑县，四川省的重庆等市、县的工业产品总值也较高。

2）劳动生产率

就行业类型而言，饮食品工业、纺织工业、化学工业和水电业的劳动生产率较高，就城市而言，上海、杭县、无锡、吴县、武进、镇江、闽侯、天津、唐山、青岛、济南、潍县、长沙、蚌埠、郑县、广州等市、县的工业劳动生产率整体较高。

纺织工业中，以上海为中心的长三角地区，山东省的潍县、青岛、济南，陕西省咸阳等地区的劳动生产率最高，此外，天津、唐山，绥远省的归绥，河南省的郑县及其周边的涉县、安阳、武陟，湖北省沙市，湖南省长沙，江西省九江等市、县的劳动生产率较高；化学工业中，河北省的汉沽、塘沽，山东省的潍县，上海市，江苏省的武进，浙江省的绍兴，河南省的郑县、确山，江西省的南昌，安徽省的蚌埠、芜湖、铜陵、怀宁，广东省的广州市的劳动生产率较高；饮食品工业中，珠三角地区的顺德、中山、南海、东莞，长三角地区的江浦、镇江、泰县、吴县、江都、武进、南京、无锡、德清、上海，河北省的天津、汉沽、塘沽，山东省的济南、济宁、青岛，安徽省的蚌埠，山西省的榆次，湖北省的武昌、汉阳、宜昌，湖南省的岳阳，江西省的九江等市、县的劳动生产率较高；水电业中，广州、汉口、上海等城市的劳动生产率最高，此外，南京、镇江、厦门、青岛等市、县的劳动生产率也较高；饰物仪器制造业中，天津、烟台、上海、闽侯等城市的劳动生产率较高；服用品制造业中，天津、北京、青岛、胶州、上海、无锡、杭州、瑞安、闽侯等市、县的劳动生产率最高；机械及金属制造业中，上海，江苏省的武进、吴县、无锡，浙江省的杭县，福建省的闽侯县，山东省的龙口，山西省的阳曲，四川省的成都、泸县等市、县的劳动生产率最高；交通用具制造业中，上海的劳动生产率最高，河北省的天津、唐山，浙江省的杭县，江苏省的江浦，湖北省的汉口，湖南省的长沙、岳阳，广东省的广州、汕头等市、县的劳动生产率较高；土石制造业中，河北省的唐山，上海，江苏省的句容，浙江省的鄞县，安徽省的芜湖，湖北省的大冶，广东省的广州等市、县的劳动生产率较高；冶炼业中，湖北省的黄陂县劳动生产率最高，广东省的曲江县次之，此外，山西省的平定，安徽省的蚌埠，上海，江苏省的镇江，浙江省的永嘉，湖南省的长沙，广东省的广州市等市、县的劳动生产率也较高；造纸印刷业中，上海市的劳动生产率最高，江苏省的吴县，浙江省的杭县、嘉兴，河北省的石家庄，山东省的济南，四川省的嘉定，湖南省的长沙，福建省的闽侯，广东省的广州与台山等市、县的劳动生产率较高；制革及橡胶制造业中，山东省的济南，山西省的阳曲，上海等市、县的劳动生产率最高，此外，河北省的天津，山东省的青岛、城阳、潍县，浙江省的杭县，河南省的郑县、开封，湖南省的长沙等市、县的劳动生产率较高。

3）产品销售场所

这一时期大多数市、县所生产的工业产品主要还是供给了国内的消费市场（包含了本地市场、本省市场和外省市场）。其中，广东、广西、四川、山西、安徽、江西等省份所调查市、县的工业产品主要销往了本地或本省地区；浙江、江苏、山东、河北、河南等省份所调查的市、县，工业品除销往本地或本省地区外，销往外省的比例也较高；此外，上海市，浙江的杭县、永嘉、萧山、嘉兴，江苏省的松江，河北的天津、唐山、宁河（当时包含了今汉沽与塘沽地区）、邯郸、清苑，山东的青岛、济宁、益都、长山，河南的确山、开封、安阳、新乡、许昌，四川的重庆，山西的大同，广东的顺德、汕头、广州，福建省的闽侯（今福州市闽侯县）等市、县的部分工业产品销往了国外地区。

3.2.3　工人劳动与收支概况

近代工业生产产生了近代工业的劳动者，工人是重要且数量最多的工业劳动群体，近代工人的劳动与收支状况也是近代工业产业特征的重要组成部分，这里仅对20世纪30年代工人劳动与收支情况在大尺度范围内作一个粗线条的勾勒。

1）工人性别构成概况

在传统的中国社会，男耕女织，妇女、儿童会从事一些辅助性劳动，女工和童工的数量并不多，到了近代，工业生产技术的发展扩大了对劳动力的需求，同时由于机器的使用，降低了对体力的要求，且许多工人家庭因男子收入太低，难以养家糊口，迫使女子、儿童出来做工，同时又因为女工、童工的工资较男工低，也促使企业雇佣女工和童工，以减少开支，增加利润。

在工人的性别构成中，整体以男工居多，但是在纺织、化学、服用品、机械及金属制造、造纸印刷等工业门类中，女工和童工的比重都很高，其中，纺织业、服用品制造业和化学工业中雇佣女工的城市很多，机械及金属制造业和造纸印刷业中雇佣童工的城市很多，冶炼业中雇佣童工的城市也较多，而且沿海地区的女工雇佣比率也略高于内地。

2）工人工作时间

在中国近代的工厂和公司的经营管理中，模仿和复制西方的管理模式，围绕上下班、休假、工资结算等建立了一系列较为严格的时间规定，这些严格的时间规定从根本上改变了人们的工作方式，中国近代工人开始依钟点而劳动和生活，并最终将其转变成了一种惯常的劳动形式[①]。

根据表3-2-2对20世纪30年代部分城市工人的日工作时间进行分析。可以看出，平均每日最多工作时间最长的是顺德，而这些城市的平均每日最少工作时间的差距不大。当然，现实中按照最多与最少时间工作的工人人数应属少数，其统计结果易受偶然性因素影响，能代表大多数工人工作时间状况的应是平均每日的普通工作时间，以南昌最高，宜兴最低，其他城市的差距不大，多为10~12小时。就这些城市工人日工作时间的整体水平而言，大多数城市的整体水平差距不大，仅顺德、南昌的整体日工作时间略长，宜兴的整体日工作时间略短（表3-2-2）。

通过表3-2-2对20世纪30年代部分城市工人年平均休假天数进行分析。可以看出，大多数城市的年最多放假天数差异不大，且远高于年普通放假天数，南京、宁波、安庆、南昌等城市的年最多放假天数最少。就平均每年最少放假天数而言，大多数城市差异也不大，仅嘉兴略高。对于能代表主要工人群体年放假状况的年平均普通放假天数，以青岛、南通、嘉兴

---

① 在传统时代，中国农业人口遵循"日出而作，日落而息"的千年古训，人们的劳动时间是以天来计算的，各个行业的作息时间表是非常有弹性的，它依据行业的自身规律和要求，除地位低下的学徒工人以外，一般劳动者虽然劳作十分辛苦，但并不受工作时间的严格限制，依然能保持张弛有度的自主生活。参见：湛晓白. 时间的社会文化史：近代中国时间制度与观念变迁研究[M]. 北京：社会科学文献出版社，2013：185-186.

最多，杭州和潮安最少，多数城市的年平均普通放假天数为20天左右。就这些城市工人年放假的整体水平而言，青岛、南通、嘉兴等城市的整体放假天数较多，南京、南昌、大冶、潮安、宁波、安庆的整体放假天数较少。总体而言，民国时期工人们的休假天数还是很少的，当时社会还没有形成休息日的习惯，工人们极少可以周末休息，尽管中华民国也设定了一些法定的节假日[①]，但广大民众仍沿用旧历，过传统的节日，工人们一般也就在春节、清明、中秋节得以休假，仅少数工厂可以在周末休假一天或另加一些法定节假日。

20世纪30年代部分城市工人平均每日工作时间与平均每年放假天数　　表3-2-2

城市	平均每日工作时间（小时/日）			平均每年放假天数（日/年）		
	最多	最少	普通	最多	最少	普通
上海	12	8	11	67	7	33
无锡	12	7	10	60	8	24
南通	12	6	8	62	20	62
苏州	14	7	10	60	7	7
武进	12	7	10	60	8	8
宜兴	10	6	6	60	3	12
江都	13	8	10	60	5	15
镇江	12	7	9	60	5	14
南京	12	6	10	14	5	10
杭州	12	7	11	65	3	3
宁波	10	8	8	22	7	10
嘉兴	12	8	10	60	30	60
蚌埠	11	8	9	60	5	15
芜湖	14	8	12	50	5	6
安庆	12	8	10	16	7	7
九江	10	7	9	55	12	12
南昌	14	8	14	10	5	7
汉口	14	8	10	60	4	31
武昌	12	9	12	52		46
大冶	—	—	8	—	—	12
青岛	12	8	12	62	10	62
广州	14	8	9	36	5	36

[①] 中华民国的主要节假日除传统节日春节、端午节、中秋节、冬至外，有元旦、国庆节、革命先烈纪念日、国耻纪念日、国父诞辰、国际妇女节、儿童节、国际劳动节、学生运动纪念日、教师节、植树节等。参见：高丙中. 日常生活的文化与政治：见证公民性的成长[M]. 北京：社会科学文献出版社，2012：132.

城市	平均每日工作时间（小时/日）			平均每年放假天数（日/年）		
	最多	最少	普通	最多	最少	普通
梧州	12	7	9	40	7	10
潮安	12	9	12			3
佛山	14	8	10	64	3	10
汕头	12	8	8	65	3	13
顺德	19	9	10	40	3	40
厦门	15	8	8	69	7	18
福州	10	6	10	62	8	15

3）工人的工资水平

工资是中国近代工人的主要收入，是决定工人物质生活水平最重要的因素。

通过表3-2-3可以看出：20世纪30年代男工每月的最高、最低工资与普通工资的差距明显，其中男工平均每月最高的最高工资在上海，平均每月最低的最低工资在安庆，而能代表全国大多数男工工资水平的平均每月普通工资，以潮安、厦门、宁波为最高，安庆、江都为最低，芜湖、苏州、大冶、汕头、青岛、上海、武进、宜兴等城市的男工每月的普通工资居中，在16元上下。就这些城市男工工资整体水平而言，各个城市的差异不是很大，南昌、江都、安庆的男工工资整体水平略低（表3-2-3）。

部分城市工人平均每人每月工资水平（元/月）　　　　　　表3-2-3

城市	男工			女工			童工		
	最高	普通	最低	最高	普通	最低	最高	普通	最低
嘉兴	40.00	22.00	4.00	22.00	19.87	9.00	15.60	15.60	6.00
无锡	30.00	20.00	7.77	21.00	17.10	15.00	13.50	10.50	9.00
镇江	42.30	15.00	6.00	15.00	15.00	7.20	10.50	10.50	2.00
青岛	24.00	15.00	8.00	—	15.00	—	—	10.00	—
宜兴	43.00	13.50	7.00	—	12.00		17.40	9.60	2.00
苏州	35.00	16.00	7.00	25.00	15.00	7.00	16.00	9.00	3.00
蚌埠	30.00	10.80	8.00	24.00	8.90	8.90	—	9.00	—
上海	50.00	15.28	8.00	24.00	12.50	7.00	21.00	8.70	5.00
南通	35.00	23.11	6.00	13.47	13.47	5.00	9.75	8.59	4.39
武昌	30.28	18.00	9.00	17.00	12.93	—	9.00	8.46	—

城市	男工			女工			童工		
	最高	普通	最低	最高	普通	最低	最高	普通	最低
顺德	18.83	18.83	5.00	—	18.75	—	—	8.40	—
厦门	40.00	24.00	15.00	20.00	20.00	10.30	10.00	8.00	—
福州	33.00	18.00	12.00	21.00	12.00	10.00	9.00	8.00	3.00
南京	30.00	10.80	6.50	—	—	—	—	7.50	
芜湖	35.60	16.00	4.00	—	12.60	—	—	7.20	
武进	34.00	14.00	5.50	13.97	11.50	7.50	9.45	6.75	4.75
九江	29.66	15.00	6.00	—	15.00	—	—	6.50	
汕头	35.00	15.59	7.66	22.00	8.00	—	13.00	6.00	4.00
宁波	24.00	24.00	7.50	18.00	9.00	8.00	—	6.00	—
广州	30.00	10.62	7.50	—	7.50	—	—	6.00	
安庆	26.20	8.40	3.00	—	6.00	—	—	6.00	
大冶	—	16.00	—	—	—	—	—	6.00	
杭州	38.00	13.50	7.20	20.40	12.33	8.00	—	5.10	
汉口	41.00	19.50	8.00	19.20	19.00	6.00	9.00	4.50	3.00
梧州	29.16	22.56	4.56	—	10.50	—	—	4.00	
佛山	48.12	12.50	6.67	—	6.00	—	—	3.75	
江都	23.00	8.10	4.00	—	8.10	—	—	2.00	
潮安	—	27.50	—	—	—	—	—	—	—
南昌	22.88	13.00	5.50	—	—	—	—	—	

20世纪30年代女工的整体工资水平较男工低，最高与最低工资之间的差距也小于男工，平均每月最高的最高工资在苏州、上海和蚌埠，平均每月最低的最低工资在汉口和南通，能代表全国大多数女工工资水平的平均每月的普通工资，以厦门、嘉兴、汉口、顺德、无锡的女工工资为最高，青岛、武昌、芜湖、上海、杭州、福州、宜兴等城市的女工工资居中，约12元上下。就这些城市女工工资整体水平而言，长三角地区的上海、苏州、嘉兴、无锡、杭州及汉口、厦门、福州等城市的女工工资整体水平较高（表3-2-3）。

20世纪30年代童工的工资水平最低，最高与最低工资差距也最小，平均每月最高的最高工资在上海，平均每月最低的最低工资在镇江和宜兴，能代表全国大多数童工工资水平的普通工资，以嘉兴、无锡、镇江为最高，佛山与江都的最低，青岛、宜兴、苏州、蚌埠、上海、南通、武昌、厦门、福州、南京、芜湖等城市的童工普通工资居中，约7元上下。就这些城市童工工资整体水平而言，长三角地区的上海、苏州、南通、无锡、嘉兴、宜兴等城市的童工工资整体水平较高（表3-2-3）。

工人这样的收入水平，与当时的政府官员、高校教师、企业家、公司经理层等社会上层人士的收入差距很大，这些高收入人群的月收入往往是工人阶层的几十倍乃至上百倍[1][2][3]；与职员、中小学教师等社会中层人士相比，差距相对小一些，这些中等收入人群的月收入往往是工人阶层的数倍[4][5]；与城市底层人力车夫等苦力群体和游民群体相比，工人群体的收入则好一些，他们的工作相对稳定，收入固定，朝不保夕的顾虑小一些。

4）工人家庭收支概况

汕头、嘉兴、汉阳、南昌等城市的工人家庭的收入最高，青岛、南京、上海、杭州、汉口、武昌、厦门、广州、梧州等城市的工人家庭收入相对居中，安庆的工人家庭的收入最低，且工人家庭平均月收入高一些的家庭大体也是平均月消费数额大一些的家庭。除南昌、嘉兴、宜兴等城市的工人家庭月收入明显略高于月支出及南京、无锡、大冶等城市的工人家庭月收入明显低于月支出外，大多数城市工人家庭的收支差异并不是很大，维持着一种低收入的收支平衡状态，这种收支状态与当时工人阶层偏低的社会收入等级是相匹配的，作为低收入阶层的工人家庭，虽然不是社会的最底层，但有限的收入需要全部用于支付家庭的生活开支，在艰难中维持着日常的基本生活。

如果将这些城市的工人家庭月收入与月支出求平均，可以得出这些城市工人家庭的平均月收入为26.03元，平均月支出为27.22元。

这一时期这些城市工人家庭的月平均消费支出结构并不完全相同，但食品支出在工人家庭的总支出中所占比重最高，其次为杂项支出、房租支出、燃料支出和衣着支出。就饮食所占的比重而言，这些城市饮食所占的比重大多都在50%～60%之间，而青岛、厦门、嘉兴、汉阳、九江、汕头、无锡这七个城市表现较好，饮食所占的比重略小于50%，依据恩格尔系数[6]的划分标准来看，这一时期大多数城市工人家庭的平均生活水平处于温饱阶段，少数城

---

① 南京国民政府时期，政府特任官员的月俸高达800元，简任官员月俸为430～680元，荐任官员月俸为180～400元，委任官员月俸为55～200元。参见：徐百齐. 中华民国法规大全[M]. 上海：商务印书馆，1937.

② 南京国民政府时期大学教员中，教授月薪为400～600元，副教授月薪为260～400元，讲师月薪为160～260元，助教月薪为100～160元。参见：大学教员资格条例. 大学公报，1928，1.

③ 企业家掌管着经济资源，收入可能很高，如：1933年南洋兄弟烟草公司总经理的个人收入为144926元，达718名工人的收入。参见：中国科学院上海经济研究所. 南洋兄弟烟草公司史料[M]. 上海：上海人民出版社，1958：320.

④ 对于中小学教职人员的收入，这里以上海市1929年市立中小学教职员月俸分配表为例，小学教职员月俸最高为95～99元，主要分布在5～64元，分布在30～54元的人数最多；中学教职员月俸最高为170～174元，整体分布比较均匀，相对集中分布在15～55元的人数最多。参见：罗志如《统计表中之上海》，载《国立中央研究院社会科学研究所集刊》1933.

⑤ 关于工业职员的收入，这里以1932年、1933年上海工业职工薪资为例，多数工业行业中，职员的平均工资是工人1.5倍以上，多在2倍以上，最高可达5.48倍。参见：匡丹丹. 上海工人的收入与生活状况（1927-1937）[D]. 武汉：华中师范大学，2008：111-113.

⑥ 恩格尔系数是食品支出总额占消费支出总额的比重，食物占总支出的比例反映了国家或地区经济发展的水平和国民的生活质量，一般而言，恩格尔系数越小，反映的收入和消费水平越高，一个国家或地区家庭的平均恩格尔系数小于40%为富裕，40%～50%为小康，50%～60%为温饱，60%～70%为贫穷，70%以上者为赤贫。

90   第二卷 工业遗产信息采集与管理体系研究

市的工人家庭已经步入了小康阶段。在衣着支出中，青岛市的比重最高，佛山、南京的比重最低。在房租支出中，广州、厦门、安庆、南昌的比重最高，南京、大冶最低。在燃料支出中，南昌的比重最高，厦门、大冶、镇江的比重较低。杂项支出表现出与收入的相关性，工人收入相对较高的上海、南京、苏州、青岛、汉阳、武昌、无锡、嘉兴、厦门等城市的杂项支出高于平均水平，杂项支出一般包括医疗卫生、嗜好、娱乐、交际、教育、宗教、特别费、用具等支出[①]，一般认为杂项支出的比例越高，生活的文明程度和人的现代性就越高，向社会上层流动所需要的因素也越具备，对于当时的城市工人群体而言，其杂项支出主要用于嗜好、娱乐、交际、特别费和医疗卫生支出，其中，嗜好、娱乐、交际费都与现代型生活相关，显示出工人接触和享受到了一些城市现代化生活，特别费则主要是指婚丧嫁娶等费用和人情费用，近代城市工人进城后，新的社会网络往往并没有完全形成，特别费的突出更多地应该是用于维持与近代工业招工相关的地缘联系，而对于关乎工人及其子弟向社会上层流动最重要的教育支出很少。

进一步对"主要城市工人家计消费结构"字段中的工人家庭消费结构求平均，得出在这些城市工人家庭的消费结构中，平均每月饮食支出为54.16%，衣着支出为7.16%，房租支出为11.70%，染料支出为9.57%，燃料支出为17.41%。将这一数值与当时中国国民消费需求结构相比较（表3-2-4）的话，可以看出，1930年中国国民的整体消费和生活水平处于贫穷状态，而1930年主要城市工人家庭的恩格尔系数为54.16%，表现略优于整体国民消费和

1930～1933年中国部分城市工人家庭及国民消费需求结构（%）　　　表3-2-4

类别		年份	饮食	衣着	房租	燃灯	杂类	合计
主要城市工人家庭		1930	54.16	7.16	11.7	9.57	17.41	100
中国国民消费需求		1930	58.23	6.98	9.31	6.98	18.5	100
		1931	63.63	8.31	5.08	7.97	15.01	100
		1932	64.55	7.67	4.97	7.81	15	100
中国国民消费需求	城市上户	1933	16.12	20.92	9.56	5.78	47.62	100
	城市中户	1933	17.54	20.27	11.96	5.78	44.45	100
	城市下户	1933	44.4	10.5	11.12	9.2	24.88	100
	农村上户	1933	55.72	7.34	4.96	9.1	22.88	100
	农村中户	1933	62.79	6.35	2.38	10.59	17.89	100
	农村下户	1933	64.17	6.27	2.91	12.21	14.44	100

---

① 中国劳工阶级生活费之分析[J]. 国际劳工通讯，11（5）：102-104.

生活水平。这一时期，中国国民消费结构的城乡和阶层差异显著，工人家庭的恩格尔系数54.16%大于城市下户的44.4%，接近于农村上户的55.72%（表3-2-4），显示出其在城市中的下层地位，工人家庭由于生活在城市多没有自有住房，家庭支出中房租所占的比重明显高于农村居民，而衣着、杂类所占的支出比重则低于城市平均水平及农村上户，这是因为较低的收入迫使城市里的工人家庭挤压衣着、杂类方面的开支以维持基本的生计。

3.2.4 工会组织概况

在近代工业集约化生产方式的影响下，传统的劳动关系领域发生了重要的变化，中国工人阶级逐渐形成了维护自身权益的社会性组织——工会。19世纪下半叶，随着中国近代工业的发展和产业工人队伍的壮大，工会组织开始增多，至1919年的"五四运动前后……各种工会运动兴起时，许多地方的工人行会，包括许多没有分化为东家行、西家行[①]但以工人为主的手工业行会，都转化成了工会"[②]，至20世纪20年代，我国出现了正式的工会法律条文和规章制度，对工会逐渐加以规范和引导。

从工业的行业门类来看，纺织、饮食品和交通业的工会数量最多，分布也最为广泛，且工业发达城市的工会大多都会覆盖到工业的多个行业门类，其中以上海、汉口的工会种类最为齐全，覆盖到12个行业门类；就工会的数量而言，以上海最多，达141个，南京、芜湖次之，有60余个，苏州、九江和大冶的数量最少，仅为1~2个。

就工业的行业门类而言，纺织、交通、机械、饮食品等行业工会的会员人数最多；就地区而言，广州的工会会员人数最多，达10万人，其中机械业工会会员人数最多，上海、汉口次之，达5万~6万人，其中，上海以纺织、饮食品、化学工业工会的会员人数最多，汉口以纺织、交通、衣服类工会的会员人数最多，九江、江都的工会会员人数最少，仅为1000余人。

如果将这一时期城市工会数量与会员人数较多的行业与前述20世纪30年代工业部门结构分析相对比的话，可以发现工会数量与会员人数较多的行业即为工业的部门结构构成中占比较高的行业，如纺织、饮食品、化学、机械、交通用具制造等行业，工会的发展状况与工业部门结构的发展状况大体是一致的。

---

① "西家行"是清代初期出现的从传统的雇主支配下的雇主和雇工混合组织分离出来的，相对于"东家行"的，由雇工单独设立的维护自身利益的行业组织，但这一时期的"西家行"一般按籍贯分立帮口，供奉祖神，排斥非行帮工人，仍具有浓厚的封建保守性。参见：刘功成. 中国行业工会历史、现状、发展趋势与对策研究[J]. 中国劳动关系学院学报，2010，24（1）：77-79.

② 刘明逵，唐玉良. 中国工人运动史：第1卷 中国工人阶级的产生和早期自发斗争 [M]. 广州：广东人民出版社，1998：478-479.

过往中国近代工业空间的相关研究中，缺少引入工业产业结构指标的全国尺度的量化与可视化分析成果。

本章尝试可视化解读中国近代工业产业特征的空间分布状况，在研究方法上关注全国尺度近代工业产业特征专题数据的获取与可视化方法，可以增强对中国近代工业化进程以及20世纪30年代初期中国区域经济发展状况的认知，为当代工业遗产历史与社会价值的整体性认知提供参考，同时提高研究的准确性与直观性，对传统文献研究方法进行补充。

（1）研究方法的探索。本章中，面对近代工业产业特征的空间分布状况问题，针对能搜集到的反映工业产业特征的近代工业调查表数据，通过量化统计与矢量化等方法，将这些数据集成到近代工业历史地理数据库中，累计共整理工业调查表300余份，采集产业特征值25116项，创建为全国尺度的近代工业产业特征指标点数据集，在此基础上，运用地图可视化手段，实现了对20世纪30年代初期中国工业部门的构成、生产与销售状况、工人劳动与收支状况、工会组织等主要产业特征分布状况的解读。

对于全国尺度的近代工业产业特征专题数据的获取与可视化，本章选取了20世纪30年代的《中国工业调查报告》与《全国工人生活及工业生产调查统计报告书》作为数据采集的文献来源，结合经济地理学的产业结构分析指数与原始调查表中的内容，确定出产业特征采集的具体指标，对原始调查表涉及的多种空间尺度、不同行政地名以及不同行业类型、不同从业人员类型等问题进行统计处理，并通过矢量化等方法，将这些数据创建为数据库中的对应数据集，再进一步运用地图可视化方法展现出来。

（2）就近代工业产业特征空间分布状况的分析显示，至抗日战争爆发以前，中国的近代工业已经显示出具有自身特色的产业特征。

20世纪30年代初期，我国工业初级发展阶段的特征明显，纺织业、饮食品制造业等以农副产品为原料的轻工业在绝大多数省份或院辖市中所占的比重最高，上海、江苏、河北、浙江、广州、广东、山东、青岛等省、市的工业规模最大，部门较为齐全，结构比较完整，工业的产品总值也较高。这一时期，交通用具制造业、化学工业、机械及金属制品业、水电业、土石制造业、饮食品制造业、纺织工业是多个省市的比较优势行业，而各省市的比较优势行业也不尽相同。饮食品、纺织、化学和水电业等行业的劳动生产率较高，上海、杭县、无锡、吴县、武进、镇江、闽侯、天津、唐山、青岛、济南、潍县、长沙、蚌埠、郑县、广州等市、县的工业生产率整体水平较高。大多数市、县所生产的工业产品主要还是供给本地、本省的消费市场，东部省份市、县的外销比例略高。

　　作为近代工业重要的劳动群体，大多数工业行业以雇佣男工为主，但在纺织、化学、服用品、机械及金属制造、造纸印刷工业中，女工与童工的比重都很高。20世纪30年代城市工人们的整体日工作时间，各城市差距不大，多为10～12小时，整体的放假天数以青岛、南通、嘉兴等城市较多，平均普通放假天数为20.7天。作为社会下层的工人群体，其工资收入远低于城市上层群体，但略好于城市底层群体，工资以男工水平为最高，女工次之，童工最低，其中男工工资在各个城市的差异不是很大，长三角地区的女工与童工工资整体水平较高。这一时期，大多数城市工人家庭的收支差异并不是很大，维持着一种低收入的收支平衡状态，食品支出在工人家庭的总支出中所占比重最高，其后依次为杂项支出、房租支出、燃料支出和衣着支出，城市工人的恩格尔系数表现略优于同期国民整体的消费和生活水平。

　　工会是近代工人群体重要的社会组织，这一时期，纺织、饮食品和交通业等在工业部门结构构成中占比较高的行业，其工会的数量与会员人数也较多，分布也最为广泛，上海、汉口等工业发达的城市，其工会大多都会覆盖到多个工业行业门类，会员人数也较多。

第 **4** 章

近代工业转型与区域工业经济空间重构
——鲁中、鲁东工业集聚区个案研究[1]

① 本章执笔者：刘静、徐苏斌、赖世贤。

近代新式工业的植入与发展，改变了我国工业乃至整个社会经济的发展状态，这些变革都映射于空间之上，在前述章节（指第2章至第3章）中对全国尺度的近代工业生产空间展开的讨论，广义上也属于工业经济空间的范畴，但未涉及工业生产中的流通空间，此处重新探讨近代工业转型与区域工业经济空间重构问题，所强调的"工业经济空间"不仅包含前述章节中涉及的工业生产空间，更突出工业产品的流通空间，而中国传统地方志、地方史资料中以县为单位的关于当时主要工业物产或工业贸易信息的记录，恰好为探讨近代工业植入后，工业经济空间发生的变革提供了可能。

木章将关注区域尺度的近代工业发展与经济空间变迁之间的关系，选取传统手工业发达，近代工业起步较早、较为发达，且工业经济数据相对齐全的鲁中、鲁东工业集聚区作为案例进行剖析，尝试可视化解读从传统手工业到近代工业的发展历程中工业经济空间态势的演化，同时，在研究方法上关注区域尺度的工业行业、商路、工业贸易等专题数据的获取与可视化方法。

本章以地方志、实业志、通史等资料作为工业数据采集的主要文献资料，选取传统手工业成熟的清时期与机器工业发展的民国时期两个代表性时段，创建这两个时段山东省级尺度的工业行业分布点数据集、商路线数据集、贸易联系线数据集，在此基础上，对比从传统手工业到近代工业发展历程中的工业行业分布、产业链结构、工业产品与市场对接中的商路网络与贸易格局等工业经济空间的演变。同时，通过相关工业数据集的创建与空间叠加分析、地图可视化方法的运用，实现工业行业、工业商路、工业贸易等工业专题数据的获取与可视化。

4.1　研究区域与研究时段的选取

4.1.1　研究区域

山东是我国传统手工业的生产基地之一，历史上形成了丰富的传统手工业，鸦片战争以来，由于地处沿海，受外来资本主义影响较大，近代工业起步较早，成为机器工业较为发达的区域之一，形成了鲁中、鲁东工业集聚区，为了能够清晰地反映从清代时期至民国时期工业经济空间格局的变迁，这里选取鲁中、鲁东工业集聚区所在的山东作为本章节的研究区域（图4-1-1）。

4.1.2　研究时段

本章选取清时期与民国中期两个时段对比从传统手工业到近代工业的发展历程中经济空间态势的演化。

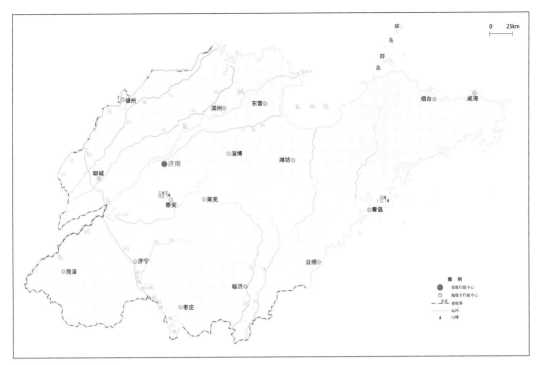

图4-1-1 鲁中、鲁东工业集聚区的研究范围

清时期尚属农业社会，这一时期，传统手工业已经有了长足的发展，商品性日益增强，手工业生产也进一步分工和专门化[①]，出现了具有资本主义性质的手工作坊或手工工场[②]，手工业发展走向成熟，选取这一时期查看山东传统手工业的发展状况。

从清末到民国时期，外资侵入、洋货冲击，山东传统的手工业开始变迁，使用机器的近代工业开始发展，20世纪30年代，山东工业达到了20世纪上半期的最高水平[③]，选取这一时段代表民国时期的近代工业发展成果。

4.2 山东工业经济数据的来源与处理

本章选取山东的地方志、实业志、通史等资料作为工业数据采集的主要文献资料，考虑到各史、志资料多以县为对象，详略不同地记载了当时主要的工业物产或工业贸易信息，研究中以县为统计单位，选取工业行业、商路、贸易等指标进行文本挖掘，共计挖掘到相关记录1731条，

---

① 肖爱树. 山东历史文化撮要[M]. 北京：知识产权出版社，2008：213.
② 孙祚民. 山东通史[M]. 济南：山东人民出版社，1992.
③ 傅海伦. 山东科学技术史[M]. 济南：山东人民出版社，2011：480.

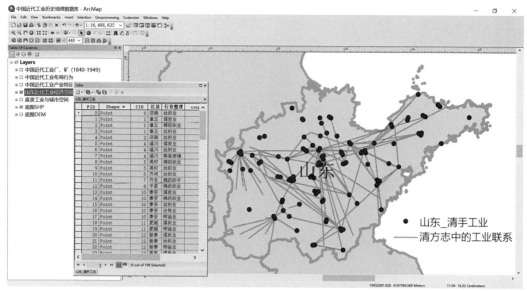

说明：图中仅显示了山东清时期传统手工业点图层与方志中的工业联系线图层，属性表仅显示了传统手工业点图层的属性信息，数据集中的其他图层及其属性未显示。

图4-2-1　山东工业经济数据集示例

将这些数据矢量化为工业行业分布点数据集、商路线数据集、贸易联系线数据集（图4-2-1），并采集工业所在区县、行业类型、商路名称、贸易联系起点、贸易联系终点等属性信息，数据精度控制在工业行业或贸易联系起点、终点所在的县（区）范围内，以支撑对山东从清时期至民国时期工业经济空间格局演变的分析。

下面对具体的数据来源与处理方法予以说明：

本章中的工业行业、商路、贸易数据主要来源于清宣统《山东通志》[①]民国《山东通志》[②]《中国实业志·山东省》[③]《山东通史》[④]《山东通史·明清卷》[⑤]《山东通史·近代卷》[⑥]《山东科学技术史》[⑦]《中国近代手工业史资料集》[⑧]《中国近代工业史资料》[⑨]以及山东省各市、县的地方志等资料。此外，人口数据来源于《中国沿海典型省份城市体系演化过程分析：以山东为例》[⑩]，公路数据来源于《山东公路史》[⑪]，铁路数据来源于《中国交通史》[⑫]《山东省地

① 张曜，杨士骧. 山东通志[M]. 济南：山东通志刊印局，1915.
② 民国山东通志编辑委员会. 民国山东通志[M]. 山东文献杂志社，2002.
③ 何炳贤. 中国实业志·山东省[M]. 上海：实业部国际贸易局，1934.
④ 孙祚民. 山东通史[M]. 济南：山东人民出版社，1992.
⑤ 安作璋. 山东通史·明清卷[M]. 济南：山东人民出版社，1994.
⑥ 安作璋. 山东通史·近代卷[M]. 济南：山东人民出版社，1994.
⑦ 傅海伦. 山东科学技术史[M]. 济南：山东人民出版社，2011.
⑧ 彭泽益. 中国近代手工业史资料[M]. 北京：生活·读书·新知三联书店，1957.
⑨ 陈真，姚洛. 中国近代工业史资料集. [M]. 北京：生活·读书·新知三联书店，1957.
⑩ 王茂军. 中国沿海典型省份城市体系演化过程分析——以山东为例[M]. 北京：科学出版社，2009.
⑪ 黄棣侯. 山东公路史[M]. 北京：人民交通出版社，1989：49-54，82-90，92-98，118-121.
⑫ 白寿彝. 中国交通史[M]. 北京：团结出版社，2011：197-204.

理》①及《新世纪中国交通地图册》②，数据库矢量底图数据来源于哈佛大学费正清中国研究中心和复旦大学历史地理研究中心开发的中国历史地理信息系统（CHGIS）③数据中的V4-1820年与V4-1911年层数据。

其中，清时期的工业行业与贸易数据，以定性采集为主，如清《修清平县志》中记载："清平县，农村副业，唯纺棉织布最为普遍……所织之布运销于兖沂泰安一带，蔚然为出口大宗。"④从中可提取出清时期清平县的手工业有棉纺织业分布，清平县与兖、沂、泰安一带发生了手工业贸易联系。

民国时期的工业行业与贸易数据采集是定性与定量采集相结合，行业分布数据采用定性采集方式，工业行业数据采集以使用机器进行生产为标准，如1932年前后山东新式机制面粉厂"唯六处，共有粉厂十三家，股份有限公司组织者九家……"⑤从中可整理出这一时期机制面粉行业分布的主要市、县有济南、青岛、烟台、泰安、济宁、长山。这一时期的工业贸易数据来源于《中国实业志·山东省》中记载的当时山东省各县的进、出口贸易状况（表4-2-1），采集过程中选择出工业品，并依据进、出口货物的总值进行计算。对于其中部分商品总值缺失的县，依据其邻近县的单位相同的同种商品进行换算；对于来源或销路不惟一的县，将总值平均分配给所涉及的数个来源地或销路。两个县之间的工业贸易联系总值采用式（4-1）计算。

$$f_{ij} = \sum_{k}^{n} \left(a(k)_{ij} + b(k)_{ij} \right) \qquad (4\text{-}1)$$

其中：i为第i个城市，j为第j个城市，f_{ij}是两个县之间的工业贸易联系总值，$a(k)_{ij}$是第i个城市从第j个城市进口k类商品的总值，$b(k)_{ij}$是第i个城市到第j个城市出口k类商品的总值，n为商品种类，k为第k类商品，$0 \leqslant k \leqslant n$。

《中国实业志·山东省》中记录的山东省各县⑥的进出口贸易状况示例　　表4-2-1

县别	进口				出口			
	货名	数量（斤）	总值（元）	来源	货名	数量（斤）	总值（元）	销路
章丘	糖类	145000	26100	日本	小麦	2000000	550000	济南

① 孙庆基，等. 山东省地理[M]. 济南：山东教育出版社，1987：418-426.
② 邵向荣，卢仲进. 新世纪中国交通地图册[M]. 北京：中国地图出版社，2001：3-4，51-52.
③ 复旦大学历史地理研究中心. 中国历史地理信息系统CHGIS [DB/OL]. http://yugong.fudan.edu.cn/views/chgis_download.php?list=Y&tpid=760, 2016-12-24.
④ 梁钟亭，张树梅续修清平县志[M]. 济南：文雅书印，1936：405.
⑤ 何炳贤. 中国实业志·山东省[M]. 上海：实业部国际贸易局，1934.
⑥ 该资料的贸易统计中缺少了济南、青岛、威海和宁阳的进出口商品，但由于参与统计的各县与上述四处地方发生着贸易联系，所以并没有影响工业贸易整体特征的获取。

4.3　从传统手工业到近代工业的发展历程中山东工业经济的发展特征与空间格局

下面结合工业行业分布点数据集、商路线数据集、贸易联系径线数据集的地图可视化与文献研究，从工业行业分布、工业产业链结构、工业商路网络、工业贸易格局等方面，分析清代与民国两个时期所展现的传统手工业到近代工业的经济空间态势的演化。

4.3.1　清时期山东手工业经济的发展特征与空间格局

1）山东传统手工业的成熟与行业分布

清时期在国家制度政策、商品性经济和人口压力的刺激下，山东传统手工业有了长足的发展，基本成熟。

清时期的匠籍制度、赋税征收银两等国家政策促进了民间手工业的发展。清代明令废除了匠籍制度，手工业者从世袭的匠籍制度的束缚下解脱，提高了劳动积极性和主动性，促进了手工业的发展。同时，因税收而被迫织布也刺激了农村家庭棉织业的普及与发展。

清时期手工业内部的商品性生产增强，行业分工、地区专业化生产不断加强[①]。从乾隆时期开始，一些发达的手工业生产部门，如纺织、采煤、烟草等行业出现了雇佣劳动制和手工工场。

清乾隆以降，人口的迅速增长也促进了清中叶山东家庭手工业的发展。传统种植业无法承载聚集在土地上的人口，迫使小农发展家庭手工业以维持生计和提高生活水平。

图4-3-1显示了清时期山东手工业的分布状况，这一时期，山东手工业以棉纺织业、丝织业为主，此外还有榨油业、冶铁业、陶瓷业、制盐业、采矿业、烟草业、皮毛业等，手工业在各州、县均有所发展，分布相对分散且手工业产品结构雷同，其中临清、章丘、淄川、博山、益都、潍县、泰安、莱芜、新泰、济宁、诸城、莱阳等州、县手工业略微发达一点。

2）清时期山东省内手工业贸易的商路与格局

（1）清时期的主要商路

商路是工业商品流通的载体和渠道，图4-3-2显示了明清时期山东省的主要商路。

清时期山东境内交通有水运、陆运两种方式：水运最主要的通道是贯穿南北的大运河，

---

① 如：清乾隆以后，长山县则"俗多务织作，善绩山茧，茧非本邑出，而业者之多，男妇皆能为之"。参见：王赠芳，王镇. 中国地方志集成·山东府县志辑·道光济南府志：一[M]. 南京：凤凰出版社，2004：279-287.

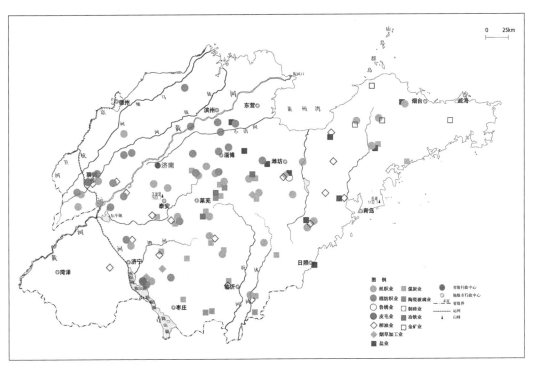

图4-3-1 清时期山东省手工业分布图

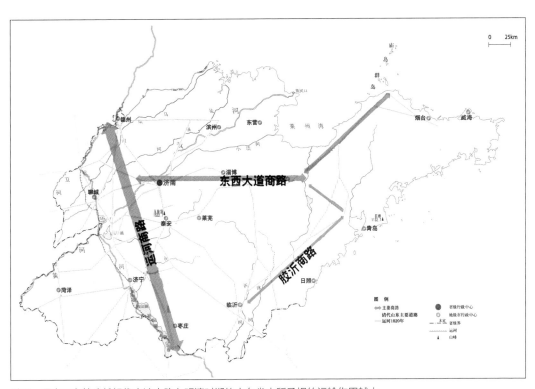

说明：图中双向箭头越粗代表该商路在明清时期的山东省内所承担的运输作用越大。

图4-3-2 明清时期山东省的主要商路

此外还有大清河、小清河等河流；陆运方式主要有官路和大路①，清时期山东的主要官路和大路有北京经山东至广州的广东官道、北京经山东至福建的福州官道以及济南至登州横贯山东的东西大道②。

依托这些运输道路，清时期的山东形成了两条重要的商道——运河商路和东西大道商道，沟通着山东省内外各地区间的手工业、农业商品的流通（图4-3-2），而且这种"T"字形的商路框架一直维持到19世纪下半叶才有所改变。

下面对这两条主要商路予以说明：

①运河商路

清末以前，山东省内的运输主要依靠船舶、马牛车和人力等方式，运输效率极其低下，成本较高，大量的经贸活动被限制在较小的区域内，水运是成本较低且较为便捷的交通方式。明永乐迁都北京后，为保证数百万担漕粮的运输，重浚会通河，使得运河山东段与京杭大运河全线接通，运河自江淮北上，连接钱塘江、长江、淮河、黄河、海河等五大水系，成为沟通南北物资交流的大动脉，也成为山东与全国大多省区及省内商品交流的最主要通道，运河山东段由峄县台儿庄入山东，流经兖州府、济宁州、泰安府、东昌府、临清州，自济南府西北部的德州入直隶境，北达津京（图4-3-2），在山东境内与大清河、卫河等十几条河流纵横交错，形成密布的河网，将整个鲁西（鲁北）平原连成一体，成为鲁西（鲁北）平原南北往来的交通要道，"东南漕运岁百万余艘，使船往来无虚日，民船贾舶多不可籍数"③。

②东西大道商路

东西大道是山东省内东部与西部之间商品流通的主要陆路通道。清时期的东西大道由东昌府（今聊城）出发向东，经济南、青州、潍县、莱州、黄县到登州④（图4-3-2）。这条东西大道是从济南府经长山县的周村、青州府的益都至莱州府的潍县的最主要的陆路商品流通通道，至潍县后，除上述从潍县往北至莱州府府治掖县再向东北达登州府外，也可往南经高密抵达沿海的胶东。

此外，还有胶沂商路，是沟通胶州与鲁南沂蒙山区的货运通道，大致路线为从胶州经高密、诸城、瀛洲至沂州（图4-3-2）。

① 官路又称官马大路，指清代以北京为中心，通向四方而达于各省省城的主要道路，大路指各省从省城通向地方主要城市的官路支线。清时期山东境内的道路基本延续了明时期境内道路的主要框架，且道路建设更为完善，官路和大路构成了清代山东境内的主要公路干线，是当时重要的通商路，也是重要的驿道，地方各村之间另筑小路，与官路及大路相连。

② 黄棣侯. 山东公路史：第一册[M]. 北京：人民交通出版社，1989：45-51.

③ 李东阳撰《吕梁洪修造记》。引自：杨宏，谢纯. 漕运通志[M]. 荀德麟，何振华点校. 北京：方志出版社，2006：288.

④ 清初，山东东西大道鲁中山地北麓一带，原白云山北侧的东西交通线被白云山南侧的新线所取代，在南侧交通线占有重要位置的是王村，清顺治末年或康熙初年，经过王村的"通衢"开辟以后，30多年内"路基尚高，路基旁有小河，涓涓自逝，后在车马的不断碾压下，河水日益漫溢"，这条大道的走向便由王村向东北经间村向东直趋张店。参见：黄棣侯. 山东公路史：第一册[M]. 北京：人民交通出版社，1989：51-52；安作璋. 山东通史·明清卷[M]. 济南：山东人民出版社，1994：287-288.

（2）明清时期的手工业贸易格局

图4-3-3显示了清时期发生过工业贸易的两县之间的径向流图，即清时期山东省内的手工业贸易联系图，从图中可以看出，清时期山东省内的手工业贸易整体联系较弱，贸易稍微繁荣的区域有运河沿岸的临清、济宁，东西大道上的周村、益都、潍县，鲁中的博山，鲁东的胶州、莱阳、诸城，鲁南的沂州等。

通过叠加这一时期的手工业分布（未区分手工业行业的类型）、手工业贸易连线、人口和道路等信息（图4-3-3），可以看出，手工业贸易活动的中心与交通便利与否关系较为密切，贸易相对繁荣的区域是位于交通要道和作为政治中心且人口较多的州、县，与商路网络的流通T线大体吻合[1]，而贸易活动的中心区域与手工业集中的区域并不完全重叠，说明这一时期山东省内的手工业品主要服务于城市及附近农村地区居民的生活之需，主要在地方市场流通，少数参与

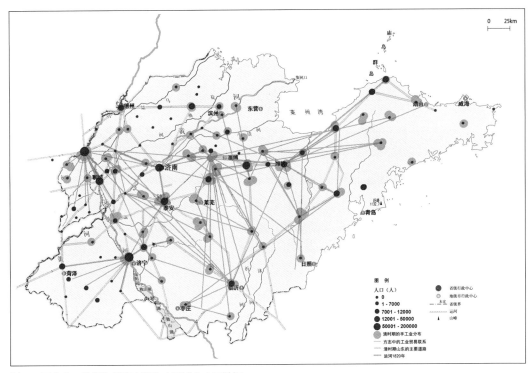

说明：图中人口数据为乾隆中期的主要城市人口数据。

图4-3-3　清时期山东省内手工业贸易联系图

---

[1]　图中发生工业贸易的两县之间的连线不能量化为实际的贸易额或贸易量，仅显示了发生贸易的关系，结合文献研究分析，明清时期纵贯山东南北的鲁西运河应是主导这一时期山东经济贸易格局的商路，为保障具有国家战略意义的带有行政性的漕运事务，政府每年都投入大量的物资、人口、资金于沿河各城市以修理维护河道，运河的存在使其沿线长期存在着固定的区域商品交换关系，这些都促使鲁西运河沿线的商品流通量明显比内地多一些，依托运河在商品流通中所起的中转作用，沿岸以临清、济宁等为代表的工商业重镇，贸易额、运输量等均居于前列，成为这一时期山东经贸的重心所在，此外，东西大道上沟通鲁西、鲁中、胶东半岛经贸往来的周村、潍县等城镇的经贸也较为繁荣。

国内区域市场之间的流通，显示出了手工业经济区域自给自足的特征。

4.3.2 民国时期山东工业经济的发展特征与空间格局

在前文中，对清时期山东手工业的成熟与行业分布、手工业贸易的商路与格局进行了说明，下面将对近代山东机器工业的植入、产业链特征、行业分布以及民国时期工业贸易的商路与格局进行梳理。

1）山东近代机器工业的植入与行业分布

（1）近代机器工业的发展与产业链特征

近代山东在开埠贸易、制度观念、交通、市场等因素的刺激下，新工业组织模式、生产模式渐次流行。先进的机器生产淘汰家庭副业、手工作坊和手工工场生产成了山东近代工业发展的基本趋势。在1915年的全国25省调查中，山东在动力使用上排第二，仅次于江苏，属于机器工业发达地区[①]，青岛、济南一度是全国纺织、榨油、火柴、面粉等方面重要的工业中心之一[②]。

第二次鸦片战争后，山东被迫开放门户，先后开放烟台、青岛、威海为通商口岸，辟济南、周村、潍县、龙口为自开商埠，西方工业文化正是经由这些开放口岸进入了山东境内（图4-3-4）。口岸开放后外国廉价的工业品开始冲击和破坏山东的传统手工业，一定程度上瓦解了耕织结合的传统自然经济结构，创造了内陆市场与劳动力市场，这些口岸在经济上也起到了启示效应，逐渐加深了国人对发展实业的认知，促进了近代民族工业的发展。

制度观念的变化也促进了山东近代机器工业的发展。甲午战争后，我国传统的"抑商"思想开始发生变化，山东也采取了一些有利于工业发展的措施，如：1901年山东设立商务局，鼓励创设公司，振兴工艺，兴办商务学堂及成立商会[③]；1908年设立全省最高级别实业管理机构——劝业道，掌管全省农、工、商、矿等[④]；此外，近代山东还创办了商会和同业公会以及各种工艺传习所、实业学堂、工业试验所、平民工厂等，以推广和改进生产工艺和技术。

运输条件的改善刺激了沿线产业范式的转型，对沿线的工矿业发展产生了积极影响。20世纪初，胶济铁路、津浦铁路先后沿东西、南北贯穿山东，此后公路建设也开始起步，新的交通运输体系对于山东区域工业原料、货物的远距离运输乃至产品销售的国际化起到了良好的作用。

---

① 陈真，姚洛. 中国近代工业史资料集：第一辑[M]. 北京：生活·读书·新知三联书店，1957：16-17.
② 龚俊. 中国都市工业化程度之统计分析[M]. 上海：商务印书馆，1933：8-10.
③ 傅海伦. 山东科学技术史[M]. 济南：山东人民出版社，2011：441.
④ 傅海伦. 山东科学技术史[M]. 济南：山东人民出版社，2011：444.

到20世纪30年代，山东的工业生产不仅服务于我国的东部地区，同时还直接服务于英国、德国、意大利、俄国、美国、印度、新加坡、日本等国家，市场的变化也影响着山东工业行业门类的产生与发展，如：第一次世界大战期间，山东的面粉业、火柴业由于外来输入的减少，各交战国进口的增多应运而生。

产业链联系是促使各个工业在一个区域内集聚的深层次联结，产业链是指从原料到产品的路径上，相关的产业部门之间基于技术关联、特定的逻辑关系和时空布局关系而形成的关联的、有序的、链条式的经济活动[1]，是一定地域范围内的工业可视为一个整体的根本原因。

山东近代工业化的进程中，在各种因素的相互作用下，形成了较明显的产业链联结。山东最初的近代工业出现在开埠口岸，是外资为服务其进出口贸易而创办的船舶修造业和出口加工业。与此同时，受洋务运动初期"求强""求富"思想影响，山东出现了第一个以机器生产军械的近代自主化工厂——山东机器局，开启了山东军事工业的近代化，此后引发了能源、原材料、电信等一系列工业部门的近代化链条反应。为满足军事工业燃料、原料以及军事通信的需要，19世纪80年代，中兴煤矿、淄川铅矿、苏家堤煤矿相继创办，山东地区各主要城镇创办了邮政局和电报局，近代邮政业、电信业应运而生。随着山东贸易的增长，开埠口岸的金融业开始起步。此后，在清末新政时期兴办实业的背景下，山东地区设立了大量的工艺局、习艺所、教养局等近代工业培训机构和社会福利机构。20世纪初，为了争夺山东的路矿权，同时也为进出口贸易服务，德国修建了贯穿山东东西的胶济铁路，不久后，清政府向英德借款修筑了贯穿山东南北的津浦铁路，同时，中兴煤矿在运煤问题以及利权回收思想的影响下自行修筑了台枣铁路和临枣铁路，近代交通运输体系逐渐建立起来，大大增强了产品的运输能力，工业与市场的联系增强，进一步促进了山东工业的发展。20世纪初，纺织、烟草、造纸、火柴、砖瓦、面粉、榨油、酿酒等轻工业随着国内外市场的变化而发展迅速。工业及城市的发展带动了电力、自来水等公共事业的发展，这些基础设施的发展又对工业的发展起到了推动作用。火柴、玻璃、陶瓷、烛皂等行业相继发轫，同时纺织业等轻工业的发展带动了山东机械修造业的发展，并出现了中国机械造钟业之先河——烟台宝时造钟厂。化学染料、精盐等工业则起步较晚。

总体而言，近代山东逐渐形成了由军事工业、邮政、电信等行业构成的服务国防的军工产业，采矿、矿冶组成的能源提供产业，港口、铁路、公路、航运等行业组成的交通运输产业，棉纺、棉织、缫丝、丝织、织染等行业构成的传统支柱产业——纺织业，面粉、酿酒、饮料、榨油等行业构成的饮食品加工产业，玻璃、陶瓷、砖瓦、制酸、制碱、制盐、染料等行业构成的化工产业，钟表、船舶修造、设备、机械等行业构成的仪器、设备、机械和金属品制造产业，此外还有造纸和印刷产业，工业相关教育、科研和福利产业以及为工业发展提供基础设施的金融、公共事业等产业（图4-3-4）。

---

① 许优美. 天津市产业链及其演化趋势分析[D]. 天津：天津财经大学，2010.

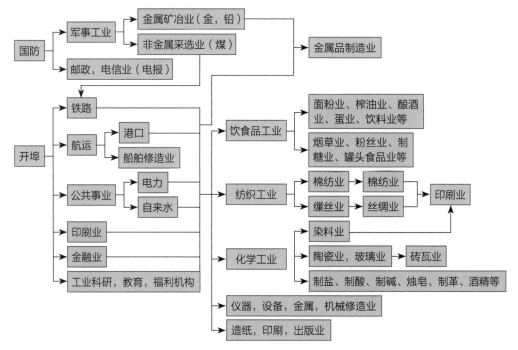

图4-3-4　山东近代工业的产业链关系图

（2）民国时期近代机器工业的行业分布格局

图4-3-5显示了20世纪30年代山东机器工业的分布状况，可以看出，民国中期山东省机器工业中分布最广的是纺织业、农产品加工业、化学工业、采矿业及机械工业等行业，其中，纺织业以棉纺织业和丝纺织业为主，农产品加工业以面粉业、榨油业为主，化学工业以烛皂业、印染业、陶瓷玻璃业为主，采矿业以煤炭业为主。

通过叠加这一时期的机器工业分布与交通信息（图4-3-5），可以看出，这一时期机器工业分布的集聚特征显著，主要分布在胶济铁路沿线的济南、潍县、长山、博山、青岛，运河沿线的临清、济宁以及港口城市烟台等交通枢纽城市，而且济南、青岛已经从之前的区域中心成长为全国性的工业中心城市，"我国北方工业发达，除天津外，首推山东省内之济南和青岛两埠"[①]。

2）民国时期山东省内工业贸易的商路与格局

（1）以近代交通体系为特征的新商路网络的形成[②]

图4-3-6显示了民国时期山东省的主要商道，可以看出，较清时期的商路分布格局已经发生了深刻的变化。

---

① 这里没有考虑当时的东北。转引自：王茂军. 中国沿海典型省份城市体系演化过程分析——以山东为例[M]. 北京：科学出版社，2009：99.

② 这一小节中主要考察山东省内陆上的主要商路，对于沿海的贸易商路并没有考虑。

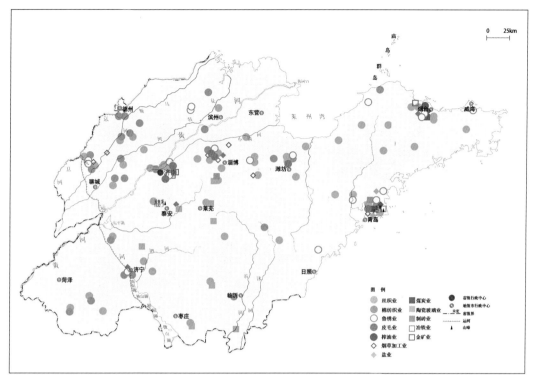

图4-3-5　20世纪30年代山东机器工业的分布图

　　第二次鸦片战争后，烟台、青岛、济南等城市相继开埠，进口货物成倍涌入，出口物资激增，外向型运销需求开始带动以青岛、济南、烟台为中心的港口、铁路、公路等近代新式交通运输体系的扩张，新式交通体系建立后，在运货距离、运量、周期、费用等方面表都现出极大的优越性，山东传统的货运方式开始改变，逐渐形成了以胶济铁路、津浦铁路等主要商路为干线，连通济铜商路、济镇商路、济津商路、青烟商路、临沂商路、黄河、运河、小清河等次级商路为支线的商路网络体系（图4-3-6），这些主要商路与县道、镇道相连接，形成了工业产品、农副产品之间的双向流通渠道。

　　下面对主要的商路予以说明：

　　①烟潍商路

　　烟台开埠后，随着烟台与黄县、掖县、潍县等的贸易往来和商业资本的增加，沿着烟台与潍县之间的大道形成了一条贸易线，大体的货运路线为：烟台—福山—黄县—掖县—沙河镇—昌邑—潍县[①]（图4-3-6）。烟潍商路大大扩展了烟台与腹地之间的商品流通[②]。烟潍商路向西延伸，使得烟台与周村、济南等市场相连，并由此集散并进一步分销至偏远的市镇乡

---

① 庄维民. 近代山东市场经济的变迁[M]. 北京：中华书局，2000：84.

② 如黄县草编（每年4万包）、潍县猪鬃（每年4000担）、昌邑茧绸（每年35万匹）经此商路源源不断地输往烟台，同时烟台进口的棉纱、棉布、煤油、砂糖等也大量运至黄、掖等县销售。

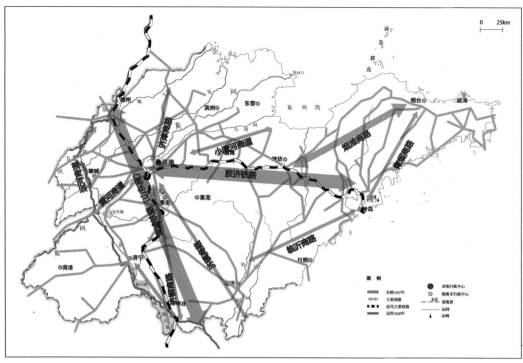

说明：图中双向箭头越粗代表该商路在民国时期的山东省内所承担的运输作用越大。

图4-3-6　民国时期山东省的主要商道

村。从19世纪末至20世纪初，烟潍商路都是山东东部地区与中部地区工业商品流通最重要的一条商路，胶济铁路通车后削弱了烟潍商路的货运规模，但是烟潍商路仍具有一定的货运规模，并未被完全取代。

②胶济铁路

德国占领胶州湾后，提出修建胶州至济南的铁路，以扩展其"经济领土"和势力范围①。胶济铁路于1899年开始兴建，1904年全线通车，沿线的主要货运车站有：青岛—胶州—高密—丈岭—岞山—潍县—昌乐—青州—金岭镇—张店—周村—龙山—济南等，另有从张店到博山的支线一条（图4-3-6）。胶济铁路通车后，将沿线商品流通连为一体，促进了工业产品贸易量的增加②。

---

① 德国占领胶州湾后，提出胶济铁路的修建方案，该方案的线路设计考虑了既可以经人口稠密、产业繁荣的鲁北，并与煤炭丰富的坊子和盛产茧绸的青州相邻近，将胶州与省内重要的商业城市潍县和山东省城济南直接联系起来，日后亦可向西延伸干线，与卢汉铁路相接，使胶州至北京一线相连，或也可在济南作辐射状延伸，向华北各地作扇形展开。原《胶澳租界条约》中，允许其修建的铁路一共两条，除去南线胶济铁路外，还有从胶州经沂州、莱芜到济南的北线，当时，北线铁路的修筑计划并没有实施。参见：王斌. 近代铁路技术向中国的转移：以胶济铁路为例（1898-1914）[M]. 济南：山东教育出版社，2012：36.

② "山东的各种水果及蔬菜以及胡桃、豆类、豆油、麻、烟草、皮毛、牲畜均以增长的数量经铁路运往青岛，再由该处经海上运出"，不少地区则"经由铁路供应工业品，例如棉纱及棉织品、布匹、机器、农机、纸张、火柴与颜料，更有石油、糖、建筑及矿坑木材及其他物资"。参见：单维廉. 德领胶州湾（青岛）之地政资料[M]. 周龙章，译. 台北：中国地政研究所，1980：23，37.

胶济铁路通车后给部分传统商路带来了冲击，如鲁南地区的土货过去多由运河南运至镇江输出，胶济铁路建成后改走铁路从青岛输出[1]。胶济铁路对烟潍商路也造成了影响，原先由烟台出口的手工业品以及花生、豆货、草辫等农副产品的流向发生了改变，主要转由铁路运往青岛出口。

③津浦铁路（山东段）

津浦铁路自1908年开始动工，至1912年全线通车，在山东境内自北向南经过德州—平原—禹城—济南—泰安—曲阜—兖州—济宁—邹县—滕县—官桥—临城—山家林—韩庄等货运站，并有临枣、兖济、洛黄三条支线[2]（图4-3-6）。津浦铁路通车以后，山东境内德州、平原、禹城、济南、泰安、曲阜、兖州、济宁、邹县、滕县等地区的商品主要沿着铁路线运输，北上可达天津，南下可达徐州、蚌埠、南京，并可通过沪宁线与上海相接；津浦铁路在济南与胶济铁路相接，货物运输可直达青岛，加强了山东、华北地区，乃至苏北、皖北部分地区与青岛港的联系。

津浦铁路通车后对一些传统商道也造成了冲击，如过去兴盛的运河商路、济镇商路、济铜商路等趋于衰落，各地出入的货物改由铁路运送，昔日运河在商贸中的地位逐渐被铁路所取代。

④其他商路

济铜商路是从济南经长清、肥城、泰安、兖州、曲阜、邹县、滕县、韩庄、立国通往铜山的一条南北货运通道（图4-3-6），为车马大道，大体与运河相平行，在清末运河航运衰退时期，曾起着沟通南北货运的作用，津浦铁路通车后，济铜商路因与津浦铁路山东段的南段重合，远程货物改走铁路，商路下降为区间货运通道，主要供沿途工业品与农副产品的短距购销[3]。

济镇商路为从济南经泰安、新泰、蒙阴、费县、沂州、郯城至镇江的陆运通道[4]（图4-3-6），这条商路原为进京官道，是清咸丰、同治年间，因运河淤涸，沟通鲁中山区与南北各地的商路。

济津商路，是清末民初从济南经济阳、商河、惠民、阳信、庆云、燕山、沧州至天津，连接鲁北平原与冀南地区的重要商道（图4-3-6），并在济南与济铜商道、济镇商道相衔接，形成了一个供鲁北地区与鲁南地区的工业品与农副产品流通的商路网络。

青烟商路途经即墨、海阳或平度、掖县至烟台（图4-3-6），是近代横跨鲁东地区沟通

---

① "山东以南之土货，以前均由运河来镇（指镇江），现因运河一带关卡林立，多半改由火车运往胶州。"参见：《宣统元年通商各关华洋贸易总册》"1910年，镇江口"。转引自：庄维民. 近代山东市场经济的变迁[M]. 北京：中华书局，2000：89.

② 临枣支线指1913年通车的临城至枣庄的铁路支线；兖济支线指1912年通车的兖州至济宁的铁路支线；洛黄支线指1913年通车的洛口至黄台桥的铁路支线。

③ 庄维民. 近代山东市场经济的变迁[M]. 北京：中华书局，2000：93.

④ 济镇商路由南而北的大致路线为自镇江起，沿运河而上至宿迁，转行陆路至岠嵎镇，入山东后经沂蒙山区至济南，这里仅列举了进入山东后的主要货运站。

青岛与烟台两个通商口岸的陆路货运通道，促进着鲁东地区，尤其是青岛与烟台之间工业品与农副产品货物的南北对流。

青沂商路是在传统胶沂商路的基础上形成的从青岛经高密、诸城、莒州至沂州的商道（图4-3-6），是沂蒙山区与青岛港的重要货运通道[①]。

近代黄河是贯穿鲁北平原，经曹州、郓城、寿张、东阿、平阴、长清、齐河、济阳、齐东、青城、蒲台、滨州、利津等十几个县，连通山东与河南、山西诸省贸易的水运通道，尽管黄河改道，洛口至河口段益都淤阻，浅滩丛生，且冬季冰冻，但仍然承担着沿岸内地与通商口岸工业品输入、部分农副产品输出的航运功能[②]。

近代运河航线中，局部淤垫较轻的鲁运河聊城至临清河段、黄河以南的部分运河河段（图4-3-6），民船尚可行驶，仍承担着一定的航运功能[③]。

小清河航线是从黄台桥至羊角沟，沟通山东腹地，外连渤海诸港以及东南各口岸的重要水运商路[④]。始于清咸丰、同治年间，兴于光绪年间，20世纪初，小清河因自身入海口吃水浅及青岛开埠，胶济铁路通车后烟台的贸易地位下降等因素，其航运地位受到冲击，趋于衰落。

（2）民国时期的工业贸易格局重组

在近代口岸开埠、进出口贸易发展、工业化进程推进、交通运输体系变革等一系列因素的促进下，大规模农副业品与工业品的双向流通不可避免地改变了传统手工业封闭与地域局限的贸易格局，山东新的工业贸易格局开始形成。

图4-3-7是民国中期出现过工业贸易的两县之间的径向流图，即民国中期山东省内的工业贸易联系图。

从图4-3-7中可以看出，较明清时期，城市对于工业品的分销和集散规模进一步扩大，这一时期山东省内工业贸易主要集中在济南、青岛两市，除此之外，烟台、潍县、博山、周村、泰安、临清、济宁等城市的工业贸易也较为繁荣，已经形成了一个以近代商路网络为纽带，以沿海口岸青岛和内地开埠城市济南为中心市场，烟台为口岸市场，潍县、博山、周村、泰安、临清、济宁等为集散或中转市场的新式工业贸易格局。

如果将机器工业分布（没有区分机器工业行业类型）、发生工业品贸易的两个县城之间的连线、人口及交通等信息叠加，可以看出民国时期工业贸易繁荣的区域基本与工业集中的区域相重叠，恰好是人口规模等级高且为铁路或港口等的交通枢纽城市。

---

① 庄维民. 近代山东市场经济的变迁[M]. 北京：中华书局，2000：99.

② 如：沿线的东阿县，黄河码头的航运业仍较为兴盛，"两岸船户载粮、杂货来往于洛口、张秋间，获利颇丰，间有因以起家者"。参见：民国《东阿县志》，卷六"政教2"。

③ 如：民国年间，经运河运入临清的商品有天津进口的煤油、洋布及洋杂货等，其中洋布及洋杂货在民国初期的年购销额约为三四万元。参见：民国23年（1934年）铅印本民国《临清县志》；日本济南总领事馆《山东概观》（未定稿，1926年），第82页。转引自：庄维民. 近代山东市场经济的变迁[M]. 北京：中华书局，2000：114.

④ 小清河航运业始于清咸丰、同治年间，1892年由清政府开挖疏浚河道，经三年兴修，全线贯通，成为渤海湾北部诸港口至济南的最短货运商路。小清河途经黄台桥、章丘、齐东、邹平、新城、乐安、临淄等地，沟通着沿河地区的区间贸易以及与烟台、龙口、大连、营口、天津、上海等口岸城市的工业商品与农副产品流通。

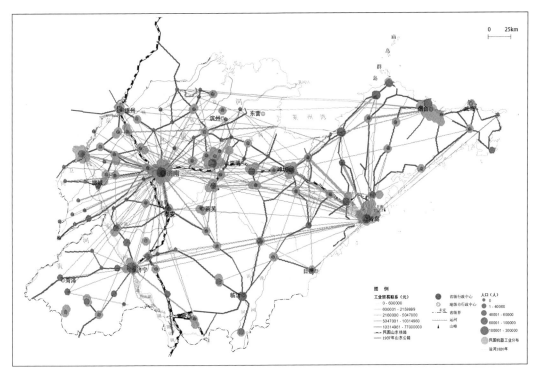

说明：图中人口数据为民国中期的主要城市人口数据。

图4-3-7 民国中期山东省内工业贸易联系图

下面对山东近代新工业贸易格局的形成作进一步的解读：

①烟台开埠与经贸重心东移

晚清以前，山东境内的经贸重心在鲁西运河流域，胶东半岛处于区域贸易网络的边缘状态，跨入近代后，由于黄河决口夺大清河入海及运河的淤塞，运河沿线逐渐丧失了经贸繁荣的基本条件。

烟台开埠后，整个山东逐渐被纳入中外经济交流的体系，内地的陆路交通以及小清河的水运交通均指向烟台，山东境内的贸易网络及流向开始由明清时期的南北向改为东西向，经贸重心逐渐东移。至19世纪末，烟台都是山东惟——处通商口岸，由于地处南北洋航线中段的特殊地理位置，承担着山东货物进出口的主要业务，烟台可以经过羊角沟、小清河水路连通济南，也可通过烟潍商路连通潍县，再经鲁中大道及青州、周村陆路贸易通道连接济南，烟台将山东地区性贸易中心与国内外市场联系起来，沟通着内地与口岸的工业品流通。

烟台开埠后，逐渐成为山东近代轻工业的发祥地之一，陆续出现了缫丝业、丝织业、葡萄酒业、面粉业、罐头业、啤酒业、烛皂业、玻璃业、卷烟业等工业，同时烟台也成为我国近代钟表工业的发祥地[①]。

---

① 安作璋．山东通史·近代卷[M]．济南：山东人民出版社，1994：603-609．

②青岛与济南双中心形成

1898年，德国强租胶澳，辟青岛为自由港，在德国的主持下，青岛港口与胶济铁路相继建成，青岛抢夺了烟台的经济腹地，山东贸易中心转至青岛。

1904年清政府开放济南为自开商埠①，津浦铁路通车后，济南成为山东内地的交通枢纽，逐渐成为另一个经贸中心，山东遂形成了青岛、济南的双核经贸中心结构。

德国取得胶州租借地的管辖权后，将整个租借地作为自由港向全世界开放，同时投入了大量资金进行港、市及铁路建设。胶济铁路建成后，青岛经潍县至济南，将山东重要的城镇、经济区和煤矿区与青岛港联系起来。津浦铁路通车后，青岛经济南将物产丰富、人口众多的鲁西、鲁东北、鲁东南地区也联系起来，依托运载便捷、联系完整的近代交通运输体系，青岛腹地扩张至山东全省，逐渐成为山东工业品贸易的中心和终极市场，进口的棉制品、纸烟、纸等工业品经铁路由青岛港输入，相比之下，烟台的腹地范围则不断缩小。青岛通过港口—铁路的近代交通体系以及优越的地理位置、丰富的矿产资源和良好的贸易基础，一跃成为山东近代经济发展的前沿，各类工商业迅速兴起，至1933年，青岛共有工业40余类，工厂200余家②，华商在纺织、火柴、颜料、面粉、卷烟等行业都有超过10万元资本的较大型工厂，外资工厂更远超华资③。

济南在开埠以前，一直为山东的省会所在，但交通以驿道为主，距离运河和沿海港口较远，在省内商业网络中不占中心地位，是较典型的以政治职能为主，经济文化职能为辅的中国传统城市。20世纪初，济南被辟为自开商埠，与此同时，胶济、津浦铁路先后通车并在济南交汇，济南成为贯通山东省南北的中心城市，可通过铁路连接青岛、天津、上海三大沿海贸易中心，商业腹地扩展至山东的中西部地区，乃至河北、河南、山西等省份的部分地区，逐渐发展为与青岛并立的山东省第二大经贸中心城市。开埠后的优惠政策、交通运输条件的改善和贸易的发展也为济南工业的发展带来重大机遇，1905～1911年间，济南的近代工业企业已有20家，发展较快，至20世纪30年代中期，济南已经初步形成由纺纱业、面粉业、染织业、化工业、机械制造业和卷烟业等6个行业构成的近代工业体系④，是这一时期除青岛以外山东省内最大的工业中心。

③潍县等集散与中转市场形成

进入晚清，特别是民国以后，山东众多城市纷纷被纳入到以东部沿海港口城市为主导的对外贸易体系中，在水陆商道的枢纽，尤其是铁路枢纽处，形成了潍县、周村、济宁等重要

---

① 为阻止德国对山东的扩张，并利用铁路发展内地工商业，1904年5月，北洋大臣袁世凯和山东巡抚周馥会奏"查明山东内地情形请添开商埠折"，正式提出济南开埠申请，5月24日，外务部就济南开埠事复奏朝廷，支持山东自行开埠，济南开埠就此获得批准，经过一番筹措，1905年，济南举行了开埠典礼。

② 殷蒙霞，李强. 民国铁路沿线经济调查报告汇编：第5册[M]. 北京：国家图书馆出版社，2009：27.

③ 青岛市社会局. 青岛市工厂工业手工业调查[M]. 1933. 转引自：张宪文，张玉法. 中华民国专题史：第九卷 城市化进程研究[M]. 南京：南京大学出版社，2015.

④ 聂家华. 论近代济南的城市化及其特点（1904—1937）[J]. 山东农业大学学报（社会科学版），2005，7（3）：15-21.

的地区性集散或中转市场，它们与中心市场及进出口市场联系密切，这些集散市场不仅扩大了市场对周邻地区工业商品流通的辐射能力，也促使该地区的工业商品流通超越了传统的集市交易，越来越多地直接与集散市场发生联系，它们是地区工业商品消费的主要货源地，代表着该地区的消费水平，同时也决定着地区农副产品的流通方向和范围。

清时期的潍县是山东著名的商业城市之一，位于烟潍商道的终点，是山东中部和东部商货的集散地之一[①]。1905年潍县自开商埠，因地处烟台、青岛、济南三大市场中心的位置，依靠胶济铁路和烟潍商道，烟台的贸易获得了长足的发展，青州、沂州、泰安部分地区的土货，先集中于潍县，再运往青岛，而各种进口工业品货物则逆向经潍县分配到各个初级市场[②]。1912年至1930年代初，潍县的手工织布业、绣货业、猪鬃业、皮革业发展较快，机器工业也有一定的进步，近代工业有纺织、印染、染料、烛皂、煤炭开采等行业，资本总额近百万元[③]。

明清时期的博山为鲁中地区通往鲁北平原的门户，往来商客多在此落脚，转运货物。近代博山的发展，除其所处的重要位置外，更得益于当地丰富的矿产资源和发达的手工业基础。博山矿产资源丰富，尤以煤炭、瓷土、玻璃料为最，当地采煤、烧陶与制玻璃（及琉璃）的历史悠久，近代博山的煤矿、陶瓷、玻璃等工业都颇具规模[④]。胶济铁路张博支线通车后[⑤]，强化了博山对鲁南市场的集散功能，其所产煤炭、陶瓷、玻璃等工业制品，大部分直接通过铁路运往各地或青岛销售，而由外地运至博山的棉布、绸缎、洋货等工业商品，除博山本地销售外，兼向鲁南各县批发[⑥]。

周村地处济南府至青州府的东西大道要冲，南可通沂蒙山区，北接黄河两岸，又可经索镇与小清河航运相通，清代即为水路交通便利之处，商货往来频繁。近代周村在烟台、青岛开埠，胶济、津浦铁路贯通后，凭借便利的水路交通条件，成为鲁北平原与鲁中山区的商品流通枢纽。19世纪后半叶，周村以烟台作为输入市场，是山东北部最大的工业品与土货集散中转地点[⑦]。青岛开埠后，胶济铁路经周村通车后，大大缩短了周村至沿海口岸的货运时间，周村转以青岛为主要输入市场，1905年清政府辟周村为自开商埠，集散的功能进一步增

---

① 这些地区以潍县为主要采购地，同时由潍县向烟台、龙口输出土特产。参见：胶济铁路管理局车管处《胶济铁路经济调查汇编》，分编第3册"潍县"。

② 胶济铁路管理局车管处《胶济铁路经济调查汇编》，分编第3册"潍县"。

③ 庄维民. 近代山东市场经济的变迁[M]. 北京：中华书局，2000：170.

④ 截至20世纪30年代初期，先后组建的煤矿公司有79家，各公司的采掘经营方式也日渐改进，大多数已用机器升降，30年代初的年产煤量可达80万吨。参见：王守中. 近代山东城市变迁史[M]. 济南：山东教育出版社，2001：602-603.

⑤ 博山丰富的矿产资源吸引德国在修建胶济铁路的同时也修建了张博支线，以便于对博山矿产资源进行掠夺。

⑥ 王守中. 近代山东城市变迁史[M]. 济南：山东教育出版社，2001：314.

⑦ "集散中转的货物来自烟台，有棉布、棉纱、火柴、煤油、生铁等，这些货物除部分在本地消费外，大部分转销蒲台、泰安、齐东、宁阳等地，这些地区的土货也先在周村集中后运往烟台。"参见：庄维民. 近代山东市场经济的变迁[M]. 北京：中华书局，2000：167.

强①。20世纪30年代初期，周村的工业和手工业较为发达，全镇工厂、作坊和商号店铺共计2200家，规模较大的行业有绸麻业、布业、麻丝业、绸缎业、丝索业、卷烟业、棉织业、广货业等②。

泰安地处鲁中山地丘陵地区，清时期的城市工商业主要为朝山进香服务③，城乡手工业产品一般为农具和生活必需品，主要在遍布城乡的香火会、山会和庙会交易，因地处山区，交通不便，商业基本处于封闭状态④。津浦铁路通车后，泰安交通顿然改观，外货日见输入，商贾云集，商业经营一改往日香火会为主的局面。城厢市镇商店林立，输入的工业品、洋货以洋线、洋布、粗布、茶叶为大宗，纸张、杂货次之，主要来自于济南、周村、潍县、济宁、临清等地⑤，并分销于周边地区。津浦铁路通车后，泰安工业有所发展，但机器工业仍很幼稚，面粉工业较其他工业略微发达⑥。

济宁在19世纪中叶以前是鲁南运河沿岸的河槽要冲。19世纪后半叶，"运河淤浅，河道废弛"，漕粮改途海运，济宁沿河商运大为减弱，1912年津浦铁路通车并修筑兖济支线后，济宁大部分货运改走铁路，市面"运输便利，消息灵通""又辟新像"，此时的济宁再次成为"山东西南部商业之中心"⑦。济宁传统手工业发达，物产丰富，依托津浦铁路与大运河，交通便利，商业繁荣，第一次世界大战前后，济宁兴起了面粉业、火柴业、电业等民族工业⑧。

临清地处卫运河与鲁运河的交界处，居于京师与江南产粮地的中间位置，清时期商贾云集，百业俱兴，是北方商业重镇。清末，因运河河道淤塞、无铁路通过，商业遭受冲击，在贸易格局中的地位日渐下降，然而，会通河临清至聊城段舟楫"尚可通行，卫运河上至道口，下至天津段水流平衍，仍利于行舟"⑨，又有陆路与济南等地区相通，临清仍是鲁西北重要的货物集散市场，每年由天津、济南、青岛各埠输入洋纱、洋布、绸缎、煤油、杂货、纸烟等多种工业商品⑩。近代临清的纺织、印刷、烛皂、榨油等工业均有所发展。

① "商货向东往青岛、胶州、平度、安丘、潍县、昌乐、青州、寿光、临淄、博山、淄川，向西往章丘、济南及赴津浦路各县，都要经过周村，河南、山西、直隶、辽东等地的客商也纷纷前来周村进行交易。"参见：魏永生. 晚清山东商埠[M]. 济南：山东文艺出版社，2004：107-108.
② 庄维民. 近代山东市场经济的变迁[M]. 北京：中华书局，2000：168.
③ 受古代帝王封禅祭祀活动的影响，清时期泰山朝山进香活动深刻影响着泰安的社会生活、商业兴替与民俗风情。
④ 安作璋. 山东通史·近代卷[M]. 济南：山东人民出版社，1994：691-692.
⑤ 何炳贤. 中国实业志·山东省[M]. 上海：实业部国际贸易局，1934；安作璋. 山东通史·近代卷[M]. 济南：山东人民出版社，1994：698-699.
⑥ 何炳贤. 中国实业志·山东省[M]. 上海：实业部国际贸易局，1934. 198（丁）-199（丁）.
⑦ 西南地区"供给需用，皆握本市场之商店"。参见：济宁民国十年之商情[J]. 银行月刊，1922，2（2）；白眉初. 中华民国省区全志·鲁豫晋三省志（第3册）[M]. 北京：北京师范大学史地系，1925：163.
⑧ 安作璋. 山东通史·近代卷[M]. 济南：山东人民出版社，1994：686，690.
⑨ 山东省临清市地方史志编纂委员会. 临清市志[M]. 济南：齐鲁书社，1997：260.
⑩ 民国《临清县志》，中国地方志集成·山东府县志辑95[M]. 南京：凤凰出版社，2004：140-141.

过往中国近代工业史的研究中，较少关注传统手工业到近代工业的经济空间变迁，也缺乏相关的可视化分析成果。

本章以鲁中、鲁东工业集聚区为案例，可视化解读从传统手工业到近代工业的发展历程中工业经济空间态势的变迁，在研究方法上关注区域尺度的工业行业、商路、工业贸易等专题数据的获取与可视化，以增进对近代区域工业经济空间特征的认知，同时为当代山东工业遗产历史价值的认知提供参考，并对传统文献研究进行补充与印证。

（1）研究方法的探索

本章中，面对从传统手工业到近代工业的经济空间变迁问题，针对能搜集到的以县为单位反映工业产品生产与流通的工业物产、商路、贸易的数据，通过量化统计与矢量化等方法，将这些数据集成到近代工业历史地理数据库中，累计采集工业行业、商路、工业贸易联系数据1731条，创建为省级尺度的工业行业分布点数据集、商路线数据集、贸易联系线数据集，并采集所在区县、行业类型、商路名称、贸易联系起点、贸易联系终点等属性信息，在此基础上，运用空间叠加分析与地图可视化手段，并结合文献研究，实现了对从传统手工业到近代工业发展历程中山东的工业行业分布、产业链结构、工业产品与市场对接中的商路网络与贸易格局等工业经济空间演变的分析。

对于区域尺度的工业行业、工业商路、工业贸易等工业专题数据的获取与可视化，本章选取了包含近代乃至清时期工业物产与工业贸易信息记录的传统地方志、地方史资料作为数据采集的主要文献来源，对其中的工业行业、工业商路、工业贸易进行文本挖掘，并通过量化统计与矢量化等方法，将这些数据创建为数据库中的对应数据集，再进一步通过空间叠加与地图可视化方法展现出来。

（2）传统手工业到近代工业的工业经济空间变迁的分析

从清时期至民国时期，山东省的工业经济空间发生了显著的变化。

清时期在国家制度政策、商品性经济和人口压力的刺激下，山东传统手工业有了长足的发展，这一时期，山东的手工业主要有棉纺织业、丝织业、榨油业、冶铁业、陶瓷业、制盐业、采矿业、烟草业、皮毛业等，手工业在各州、县均有所发展，分布相对分散且产品结构雷同，临清、章丘、淄川、博山、益都、潍县、泰安、莱芜、新泰、济宁、诸城、莱阳等州、县手工业略微发达。清时期的山东形成了两条重要的商道——运河商路与东西大道商路，呈"T"字形框架，沟通着山东省内外各地区间手工业商品的流通。山东省内手工业贸易与商路网络的流通"T"线大体吻合，手工业贸易较为繁荣的区域有运河沿岸的临清、济宁，东西大道上的周村、益都、潍县等。然而，这一时期各州、县之间的手工业贸易联系整体较弱，且贸易活动的中心区域与手工业略微发达的区域并不完全重叠，反映出这一时期山东省内手工业产品主要服务于城市及附近农村地区居民的生活之需，主要在地方市场流通，少数参与国内区域市场之间的流通，手工业经济自给自足的特征明显，城市工业品服务主要表现出中心地职能，基本处于一种内向型的经济形态。

晚清以降，随着烟台、青岛等城市相继开埠，以这些口岸为基点的工业品输入、原料及农产品输出贸易急剧发展，对山东传统自然经济形成了巨大的冲击，引发了工业经济的外向型转变。在开埠贸易、制度、观念、交通、市场等因素的刺激下，近代山东工业产业结构不断改进，逐渐形成了由军工产业，能源提供产业，交通运输产业，纺织产业，饮食品加工产业，化工产业，仪器、设备、机械和金属品制造产业，造纸和印刷产业，工业相关教育、科研和福利产业以及公共事业等产业构成的产业链体系。近代时期山东的工业分布集聚特征显著，工业开始向济南、潍县、长山、博山、青岛、临清、济宁、烟台等位于铁路沿线、人口规模大、基础设施完善、市场相对发育的城市集中，交通对工业的牵引作用显著。这一时期，以胶济铁路、津浦铁路为干线的新商路网络形成，成为沟通山东省内外工业产品与农副产品双向流通的渠道。在新商路网络的支撑下，城市对于工业品的分销和集散规模较清时期急剧扩大，打破了传统的封闭市场状态，山东省内的经贸重心已由明清时期沿运河的纵向分布变为沿港口与铁路的横向布局，形成了由海港城市青岛与腹地中心城市济南所组成的双核结构，并连同胶济铁路沿线的潍县、长山、博山及烟台等集散或中转市场城市共同构成了新工业贸易格局，民国时期工业贸易繁荣的区域基本与工业集中的区域相重叠，均是人口规模等级高且为铁路或港口等的交通枢纽城市。

第5章

国家层级信息管理系统建构及应用研究
——以全国工业遗产为例①

① 本章执笔者：张家浩、青木信夫、徐苏斌、吴葱。

5.1 全国工业遗产信息采集的实施

5.1.1 信息采集标准

"全国工业遗产信息管理系统"的建构目的有三：一是通过笔者的研究，统筹当前阶段中国各部门、机构和专家学者在工业遗产领域的研究成果，为中国未来的工业遗产普查提供第一手的基础资料；二是以全国工业遗产为案例，对中国工业遗产全国基本信息管理系统的数据库框架、桌面版客户端建构、网络地图建构的技术道路进行探索；三是通过全面收集中国目前所有工业遗产的信息，建立"全国工业遗产GIS数据库"，并基于GIS技术和该数据库对中国所有的工业遗产的空间分布、年代分布、行业类型分布、保护及再利用等现状进行全面解读，揭示中国工业遗产研究现状，为未来的研究发展提供重要的数据支撑和重要建议。

"全国工业遗产信息管理系统"的信息采集深度应符合本文中"国家层级信息采集标准"对信息内容的阐述，应包含工业遗产的基础性信息，并在此基础上，根据本研究的实际情况作出调整。本研究的最大难点有二：一是中国并没有进行全国层面的工业遗产专项普查，因此，目前全国工业遗产的最直接的信息采集来源为实地调研；二是由于中国幅员辽阔，受时间、经济等客观条件所限，笔者无法对中国所有地区的工业遗产进行实地调研，全国工业遗产的信息采集需要依靠相关的文献、学术论文、政府名录、文保单位名录等资料进行，这些资料在内容方面差异很大，因此，信息内容也不宜过多，否则将造成较多的缺项。

综上所述，基于本研究目的，对于全国工业遗产信息采集的内容，笔者确定为：名称、始建年份、始建时期、行业类型（大）、行业类型（小）、经度、纬度、省份（直辖市、自治区、特别行政区）、城市（州）、地址、保护等级、再利用情况、数据来源等13项。

5.1.2 信息采集的实施及成果

本章节研究的目的在于尽可能全面地描述中国工业遗产全貌，数据来源主要包括以下6个方面：①文物保护名单；②各地工业遗产名录；③各地工业遗产著作；④中国各部门或机构的工业遗产名录；⑤工业遗产相关学术论文；⑥现场调研。具体情况如表5-1-1所示。

文物保护名单包括：全国重点文物保护单位共7批，全国34个省级行政区（省、自治区、直辖市、特别行政区）的省级文物保护单位，13个中国近现代工业发展过程中的重要地级市的市级文物保护单位以及9个重要城市的优秀历史建筑。在文物保护名单中的工业遗产具有一定的保护级别，一般情况下，保存状况较好，价值也较高。

各地的工业遗产名录，包括：无锡市两批工业遗产保护名录（2008年），辽宁省工业遗产保护名录（2011年），杭州市工业遗产保护名录（2012年），武汉市工业遗产保护名录

数据库信息采集途径	详细情况
各级文物保护单位名单以及各城市历史建筑名单中的工业遗产	依据本研究中工业遗产的定义，筛选出全国重点文物保护单位名单，86项； 全国各省（直辖市、自治区、特别行政区）省级文物保护单位名单，168项； 重要地级市市级文物保护单位名单：南京市、杭州市、武汉市、成都市、广州市、济南市、青岛市、西安市、哈尔滨市、沈阳市、大连市、长沙市等13个在中国近现代工业发展中具有重要地位的地级市的市级文物保护单位名单，共74项； 重要城市优秀历史建筑名单：上海市、天津市、广州市、北京市、杭州市、大连市、青岛市、武汉市、长沙市等9个重要城市的历史建筑名单，86项
全国各省、市所公布的工业遗产名单	无锡市两批工业遗产保护名录（2008年，34项），天津市工业遗产保护名录（2012年，108项），辽宁省工业遗产保护名录（2011年，161项），杭州市工业遗产保护名录（2012年，69项），武汉市工业遗产保护名录（2013年，27项），济南市工业遗产保护名录（2016年，58项），南京市工业遗产保护名录（2017年，68项），成都市近现代工业遗产保护名录（2017年，27项）等
工业遗产著作	《兰州工业遗产图录》（2008年），《锈迹：寻访中国工业遗产》（2008年），《山东坊子近代建筑与工业遗产》（2008年），《瑰宝生辉：无锡近代工商文物》（2009年），《上海工业遗产实录》（2009年），《上海工业遗产新探》（2009年），《工业遗产保护初探：从世界到天津》（2010年），《西安工业建筑遗产保护与再利用研究》（2011年），《南京工业遗产》（2012年），《东北地区工业遗产保护与旅游利用研究》（2012年），《湖南交通文化遗产》（2012年），《品读武汉工业遗产》（2013年），《文化线路视野下的汉冶萍工业遗产研究》（2013年），《寻访我国"国保"级工业文化遗产》（2013年），《重庆工业遗产保护利用与城市振兴》（2014年），《上海工业遗产的保护与再利用研究》（2014年），《天津河西老工厂——天津河西工业遗产》（2014年），《中原工业文明遗产研究》（2016年），《河北省第三次全国文物普查重要新发现：近现代重要史迹和代表性建筑》（2016年）等19本著作
中国各部门或机构的工业遗产名录	2005年起，国土资源部共公布两批国家级矿山公园，合计72处。工信部门在2017年12月公布了《第一批国家工业遗产拟认定名单及项目概况》，并进行了公示，这批名单包括：鞍山钢铁厂、旅顺船坞、景德镇国营宇宙瓷厂、本溪湖煤铁厂、重钢型钢厂、汉冶萍公司等11处。2017年11月，国家旅游局推出中国首批国家工业遗产旅游基地，共有10处工业遗产入选。中国科协于2018年1月发布了第一批《中国工业遗产保护名录》
工业遗产学术论文	期刊论文以及学位论文：基于CNKI数据库，利用工业遗产，工业遗产景观，后工业景观，工业遗产旅游，旧工业建筑，工业遗址，工业遗迹，工业遗存，工业建筑遗产，旧工业区，工业废弃地，工业文化遗产，产业遗产等13个关键词进行检索并对内容进行筛选，获得学术期刊论文2902篇，硕士及博士学位论文771篇； 2008～2015年"中国工业遗产学术研讨会"正式出版的论文集包含的366篇会议论文
课题组现场调研	2010～2013年，本课题组在天津市规划局的支持下，对天津市全部的工业遗产进行了调研；2014年7月，刘静、张家浩实地调研福州、泉州、厦门的工业遗产案例；2015年，仲丹丹、张雨奇实地调研北京、天津、青岛、重庆、广州、西安等6城市的工业遗产改造项目；2016年6月，李松松、张家浩、李欣、冯玉婵调研上海、南京、重庆、武汉、哈尔滨等城市的工业遗产文物保护单位保护项目，并采访各地专家；2017年8月，王雨萌等调研河北省石家庄、唐山、秦皇岛等地工业遗产

（2013年），济南市工业遗产保护名录（2016年），南京市工业遗产保护名录（2017年），成都市近现代工业遗产保护名录（2017年）等。各地工业遗产名录一般由政府亲自制定或政府牵头由当地研究机构等进行制定，具有较高的权威性。

各地工业遗产著作，包括：2007年第三次文物普查开始后，全国各地陆续出版了以工业遗产调查成果为主的著作，这些著作的内容主要基于全国三普中发现的工业遗产以及各城市工业遗产专项普查中所发现的工业遗产。这些著作包括：《兰州工业遗产图录》（2008年），《锈迹：寻访中国工业遗产》（2008年），《山东坊子近代建筑与工业遗产》（2008年），《上海工业遗产实录》（2009年），《西安工业建筑遗产保护与再利用研究》（2011年），《东北地区工业遗产保护与旅游利用研究》（2012年），《南京工业遗产》（2012年），《湖南交通文化遗产》（2012年），《品读武汉工业遗产》（2013年），《寻访我国"国保"级工业文化遗产》（2013年），《重庆工业遗产保护利用与城市振兴》（2014年），《天津河西老工厂——天津河西工业遗产》（2014年），《中原工业文明遗产研究》（2016年）等19本，对各地工业遗产进行了详细记述，为中国工业遗产现状的研究提供了丰富的基础资料。

中国各部门或机构的工业遗产名录，包括：2005年开始，国土资源部共公布两批国家级矿山公园，合计72处；工信部门在2017年12月公布了《第一批国家工业遗产拟认定名单及项目概况》并进行了公示，这批名单包括：鞍山钢铁厂、旅顺船坞、景德镇国营宇宙瓷厂、本溪湖煤铁厂、重钢型钢厂、汉冶萍公司等11处。2017年11月，国家旅游局推出中国首批国家工业遗产旅游基地，共有10处工业遗产入选。中国科协于2018年1月发布了第一批《中国工业遗产保护名录》。

工业遗产相关学术论文包括：期刊论文、硕博学位论文以及中国工业遗产学术研讨会正式出版的论文集内的论文。期刊论文及学位论文的采集基于CNKI数据库，利用工业遗产，工业遗产景观，后工业景观，工业遗产旅游，旧工业建筑，工业遗址，工业遗迹，工业遗存，工业建筑遗产，旧工业区，工业废弃地，工业文化遗产，产业遗产等13个关键词进行检索并对内容进行筛选整合，截止于2017年4月1日，获得学术期刊论文2902篇，硕士及博士学位论文771篇。中国工业遗产学术研讨会从2008年开始举办，是中国工业遗产研究界最为著名的学术会议，目前共正式出版2008年，2010～2015年论文集7本，收录高水平会议论文366篇。学术论文具有信息量大，时效性强的特点，是对工业遗产数据的重要补充。例如刘伯英（2008年）对北京工业遗产的研究，钱毅（2014年）对青岛工业遗产的梳理，罗菁（2012年）对云南滇越铁路廊道工业遗产的梳理，黄晋太、杨栗（2013年）对太原市工业遗产的研究，顾蓓蓓、李巍翰（2014年）对西南地区"三线"工业遗产的梳理，张立娟（2016年）对哈尔滨香坊区工业建筑遗产的研究，贾超（2017年）对广州工业遗产的整理等，均是对中国工业遗产全貌研究的重要补充。

课题组现场调研：2010～2012年，本课题组在天津市规划局的支持下，对天津市市域范围内的工业遗产进行了调研；2014年7月，课题组成员刘静、张家浩实地考察福州、泉州、厦门工业遗产案例；2015年，课题组成员仲丹丹、张雨奇等实地考察北京、天津、青岛、重庆、广州、西安、福州这7个城市的工业遗产改造项目，采访相关运营、设计人员；2016年6月，课题组成员李松松、李欣、冯玉婵调研上海、南京、重庆、武汉等城市的工业遗产文物保护单位保护项目，并采访各地专家；2017年，课题组成员王雨萌调研河北省石家庄、唐山、秦皇岛等地工业遗产类型的文保单位。

根据研究对象章节中对工业遗产的定义，对上述6种数据来源中符合条件的工业遗产进行筛选和整合，并结合课题组对各地的实地调研，排除28项已灭失的工业遗产，最终笔者编制了《中国工业遗产名录》，其中共包含中国工业遗产近1540项（2018年6月1日数据），是建立全国工业遗产GIS数据库的核心数据。

5.2 全国工业遗产信息管理系统建构研究

全国工业遗产信息管理系统的建构是为了探索国家层面工业遗产信息管理系统的技术路线。全国工业遗产信息管理系统包括桌面客户端版和网络地图。客户端版方便用户下载、拷贝以及在无网络的情况下使用；网页版系统的内容与桌面版相同，通过电脑、手机等个人电子设备连接网络即可轻松访问。客户端版和网络地图对工业遗产信息的展示、查询等功能，都是通过调取GIS数据库中的数据实现的。因此，系统是外皮，GIS数据库是内核。

全国工业遗产信息管理系统的建构中，首先基于ArcGIS系列软件中的ArcMap构建了全国工业遗产GIS数据库，然后基于ArcGIS Engine二次开发组件、C++计算机语言，开发了客户端版系统软件全国工业遗产信息管理系统，本软件具备工业遗产信息浏览、检索、统计等一系列功能。对于网络地图的建构，其核心为webGIS技术。webGIS可以简单理解为GIS技术的网络版，通过这项技术，可实现在Internet网络上对GIS地理信息数据库的发布、浏览、展示、管理等功能。完整的做法是租赁网站域名、服务器，自行搭建网络地图，但由于资金成本、时间成本等客观原因，本研究中只能退而求其次，基于网络现有的大数据平台"极海"来完成全国工业遗产网络地图的建设，初步实现了对全国工业遗产空间信息、属性信息在网络电子地图上的展示、浏览等信息公开服务功能（图5-2-1）。

2018年10月20日，全国第九届工业遗产学术研讨会在鞍山举行，笔者在会上发表主题演讲，并推出了全国工业遗产网络地图，受到与会代表的广泛关注，截止于2018年11月9日，地图访问量已超过6000人次。

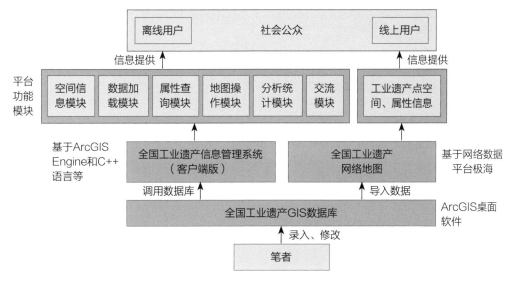

图5-2-1 全国工业遗产信息管理系统技术路线图

5.2.1 全国工业遗产GIS数据库建构

全国工业遗产GIS数据库是基于"国家层级"数据库框架标准建立的，在此基础上，依据笔者的研究需要，对要素类别和属性表进行了调整。GIS数据库框架包括空间要素及与各空间要素相对应的属性表。空间要素可分为工业遗产点要素和底图要素。工业遗产点要素是将《中国工业遗产名录》中各个案例抽象为具有精确经纬度的"工业遗产点"，从而在ArcGIS10.2软件中进行表达与分析。底图要素是用于配合表达与分析的空间要素，包括全国底图和重点城市底图两部分。全国底图包括国家及省级行政区范围、全国主要河流、1978年之前建成的铁路干线等；全国底图的数据来源为国家基础地理信息系统，1978年之前建成的铁路干线要素为笔者根据中国铁路发展史对基础地理信息系统中的铁路要素进行筛选后获得的。重点城市为拥有较多工业遗产的城市，名单见表5-2-1。重点城市底图包括区县行政区范围、国道、高速公路、城市主要道路、河流等，城市底图来源为OpenStreetMap网络开放地图。工业遗产点要素的属性表包括的信息主要有：名称、始建年份、始建时期、行业类型（大）、行业类型（小）、经度、纬度、省份（直辖市、自治区、特别行政区）、城市（州）、地址、保护等级、再利用情况、数据来源等，如表5-2-1所示。最终，基于ArcMap软件技术建立数据库。

全国工业遗产GIS数据库框架　　　　　　　　　　　　　　　表5-2-1

要素集名称	要素名称	要素类型	属性表
	工业遗产	点	名称、始建年份、始建时期、行业类型（大）、行业类型（小）、经度、纬度、省份（直辖市、自治区、特别行政区）、城市（州）、地址、保护等级、再利用情况、数据来源等
全国底图要素	世界范围	面	名称、面积等
	中国国家	面	名称、面积等
	省（自治区、直辖市、特别行政区）	面	名称、面积、工业遗产数量等
	城市（自治州）	面	名称、面积、工业遗产数量等
	全国水系干流及一级支流	线	名称、长度等
	1978年之前建成铁路干线	线	名称、长度、始建年代等
重点城市底图要素（包括上海、广州、天津、杭州、济南、南京、柳州、北京、武汉、哈尔滨10个城市）	区县行政区面要素	面	名称、面积、工业遗产数量等
	国道线要素	线	名称、长度等
	高速公路线要素	线	名称、长度等
	城市主要道路线要素	线	名称、长度等
	河流面要素	面	名称、面积等

5.2.2 全国工业遗产信息管理系统建构研究

1）桌面客户端

全国管理系统桌面客户端是基于ArcGIS Engine二次开发组件、C++计算机语言开发的。基于ArcGIS Engine和C++语言可以开发出GIS信息管理软件，可使GIS数据库脱离ArcGIS软件本身进行调取和运行。本研究中，首先开发了客户端版软件全国工业遗产信息管理系统，然后利用本软件调取全国工业遗产GIS数据库中的数据，并实现了中国工业遗产信息浏览、检索、统计等一系列功能。其功能模块包括：空间信息模块（地图视图、布局视图），数据加载模块（工业遗产及相关GIS数据加载），地图操作模块（放大、缩小、漫游、视图切换等），属性查询模块（工业遗产属性查询），分析统计模块（省份、年代、行业、保护、再利用的统计分析），交流模块（笔者联系方式及自述文件），具体如图5-2-2、图5-2-3所示。笔者所开发的软件已获得国家版权局颁发的软件著作权。

全国工业遗产信息管理系统中，对中国各省份内工业遗产的所在城市、行业、年代、保护与再利用情况进行了统计和可视化表达。

2）网络地图

目前，基于极海网络平台的全国工业遗产网络地图测试版已经建设完成，网站对Internet网络用户完全公开，社会大众可通过电脑和智能手机进行浏览。测试版提供所有近1540个遗产点的年代、名称、空间位置等信息的展示。随着研究的推进，笔者将在今后的研究中，不断丰富网络版数据库的信息量，并开放搜索、信息上传等功能，打造中国工业遗产信息共享服务系统。此项研究对中国工业遗产的信息公开、宣传具有重要意义，对工业遗产乃至文化遗产的信息公开网络地图的建构具有重要的探索意义。目前流行的二维码访问技术深受年轻人欢迎，笔者制作了全国工业遗产网络地图网址的二维码，以加强中国工业遗产的宣传。

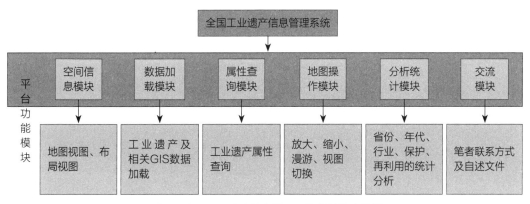

图5-2-2 全国工业遗产信息管理系统软件的功能模块图

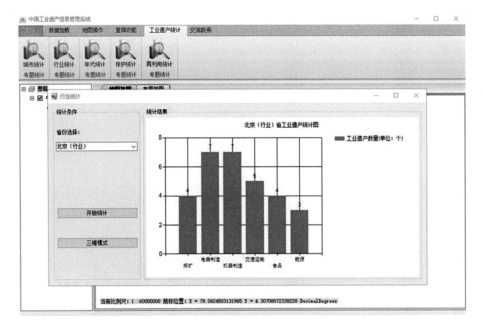

图5-2-3　全国工业遗产信息管理系统统计界面

5.3　基于GIS的中国工业遗产现状分析研究

自2006年5月国家文物局发布《关于加强工业遗产保护的通知》之后，中国社会各界对工业遗产的关注程度不断增强，工业遗产的研究正处于蓬勃发展时期。但目前全国到底有多少工业遗产，其数量、分布、保护、再利用等情况仍然是一个未解之谜。全国工业遗产研究成果缺乏统筹的管理和解读。笔者的研究统筹了中国现阶段各部门、机构、学者的研究成果，自主建立的包含近1540个工业遗产点的全国工业遗产GIS数据库，对我国工业遗产在空间分布、时间分布、分布区域演化、保护再利用、行业类型等方面的情况进行了可视化分析，从多个层面对中国工业遗产的空间格局进行了解读，对中国工业遗产未来的研究方向、重点区域的发现具有重要意义。

工业遗产与各个工业时期的发展历程和空间格局有着直接联系，因此，本研究首先从空间分布格局的角度，对中国近现代工业发展的历程进行了简单梳理，以此为背景，进行后续研究。

5.3.1　全国总体分布情况研究

本研究中，将利用GIS的核密度分析工具和几何中心计算工具，对全国工业遗产在各时代的空间分布形态及变化情况进行分析与对比研究。主要从总体分布情况、近代（1840～1949年）工业遗产和现代（1949～1978年）工业遗产的对比研究、中国各工业发展时期的对比研究这三个方面进行。

核密度分析是利用核函数将研究范围内每个已知点关联起来进行估计的方法。核函数表示为一个双变量概率密度函数，在空间上，其数值以一个已知点为中心，在规定的带宽范围内逐渐减小到0。通常采用的是Rosenblatt-Parzen核密度估计公式：

$$R(x) = \frac{1}{nh} \sum k\left(\frac{x - x_i}{h}\right)$$

公式中，R(x)为R要素在x处的概率值，本研究中R为工业遗产点。

$k\left(\dfrac{x - x_i}{h}\right)$为核函数，其中（$x - x_i$）为估计值点x到工业遗产点$x_i$的距离，$h$为带宽，且大于0。研究表明，核函数对结果影响极小，h影响较大，且目前确定h值并无权威公式。笔者根据多次实验确定h值为1.5km。

在本章主要采用了此研究方法。

在中国工业遗产的时空分布研究中，基于ArcGIS10.2的核密度分析功能，对全国范围内工业遗产点的空间分布和聚集特征进行分析，确定中国工业遗产热点地区。

ArcGIS分析结果的数值代表在每平方千米的单位面积中工业遗产的数量。如图5-3-1所示，核密度分析图可以较直观地显示出全国总体情况，工业遗产空间分布的核心区域分为三个层级：一是京津冀地区、长三角地区以及珠三角地区，其工业遗产分布最为集中，核心城市天津、上海及广州的工业遗产密度达到44.62～67.32个/平方千米，周边位置的工业遗产密度也有28.78～44.62个/平方千米。二是济南、柳州、沈阳、武汉及周边地区，其核心城市的工业遗产密度在16.10～44.62个/平方千米之间。三是哈尔滨、太原、西安、重庆、兰州、青岛及福州等城市及周边地区，其核心城市工业遗产密度为7.39～16.10个/平方千米。

综上所述，总体而言，中国工业遗产分布状态呈东多西少的趋势，并且主要集中在中国少数的几个重点地区和城市之中。重点地区包括京津冀地区、长三角地区和珠三角地区，这三个地区自近代到当代都是中国经济最发达的地区。重点城市包括柳州、武汉、沈阳、太原、哈尔滨、西安、重庆、兰州等城市，都是各自所在省份工业化开展最早、经济政治地位最为重要的城市。

5.3.2 全国工业遗产年代分布情况研究

1840年，第一次鸦片战争爆发，清政府战败并签订了中国历史上第一个不平等条约《南京条约》。自此以后，清政府统治下的中国逐渐由闭关锁国的封建国家转变为半封建半殖民地国家。客观上，1840年之后，中国开始了近代化的进程。首先，我们认定中国工业遗产

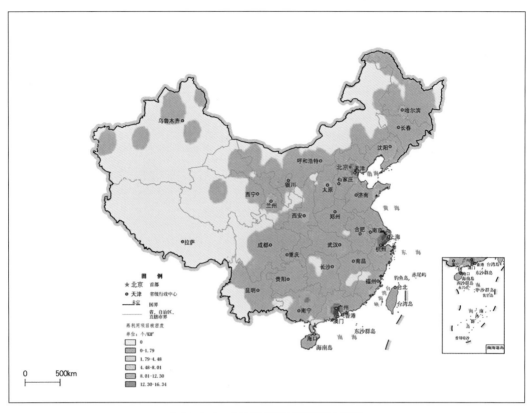

图5-3-1　全国工业遗产核密度分析图

的时间限定为1840～1978年之间的工业相关的历史遗存，大致而言，以1949年中华人民共和国成立为界可以分为近代工业发展时期（1840～1949年）和现代工业发展时期（1949～1978年）。

根据《中国近代工业史》（汪敬虞等）、《中国现代工业史》（祝慈寿）等前人的研究，中国近现代工业发展历史可分为：近代工业萌芽期（1840～1895年）、近代工业的发展期（1895～1913年）、近代工业的繁荣期（1913～1936年）、近代工业的衰落期（1936～1949年），现代工业发展时期可分为：国民经济恢复期（1949～1952年）、"一五"工业建设时期（1953～1957年）、"二五"工业建设时期（1958～1963年）、"三线"建设时期（1964～1978年）。基于中国近现代工业发展特点，大致可分为8个历史时期，由于其中第5个时期"国民经济恢复期"时间比较短，因此将其与第6个时期合并，由此我们获得了7个阶段：①近代工业萌芽期（1840～1894年）；②近代工业的发展期（1895～1913年）；③近代工业的繁荣期（1914～1936年）；④近代工业的衰落期（1937～1949年）；⑤中华人民共和国社会主义工业初建期（1950～1957年），即"一五"时期；⑥"二五"时期（1958～1963年）；⑦"三线"建设时期（1964～1978年）。数据库中的近1540项案例中，35项矿山公园的开采始于古代，并一直延续到近现代，由于其延续性，融合了古代工业遗产和近现代工业遗产两个方面的特征，故本研究中先不予考虑，另有58项始建时间不详，在数据完善前也不予考虑，二者共计93项不参与本次分析。

结合中国工业发展史，对上述7个历史时期的现存工业遗产的时间分布情况进行分析，结果如图5-3-2所示。中国近现代工业发展史大致可以分为7个时期，中华人民共和国成立前的工业遗产约占总数的54%，其后的占46%，分布较为平均。从历史时期来看，抗日战争之前的民国时期（1914～1936年）的数量最多，其次为中华人民共和国社会主义工业初建期（1950～1957年），这一时期中国得到苏联援建的156个工业项目，而1894年之前的工业遗产占比最少。

对各年份工业遗产数量进行分析，最多的年份为1958年，有124项，该年是中国"大跃进"时期开始的一年，由于"左"的思想导致中国工业发展过于冒进，但在客观上也促进了工厂建设，进而导致该年工业遗产数量激增。其次为1956年，有74项，该年属苏联援建156个项目时期（1953～1957年），因此有较多的工业遗产。总而言之，1949年前年均工业遗产数约为7.1项，1949年后年均工业遗产数约为22.1项，可知中华人民共和国成立后，中国工业发展较之前有着巨大的飞跃。

5.3.3　全国工业遗产保护与再利用情况研究

对数据库中样本的保护及再利用现状进行统计分析，可分为保护并再利用、仅保护、仅再利用以及未保护及再利用，由图5-3-3可知，未得到保护及再利用的工业遗产约占59%，所占比重较大。保护统计对象包括中国市级以上文保单位和各市历史建筑，共计414项；再利用统计对象包括中国各类型工业遗产改造再利用项目，再利用类型主要包括文化创意园、博物馆、城市景观、矿山公园、居住区、商场、办公楼等，共计265项。如图5-3-3所示，

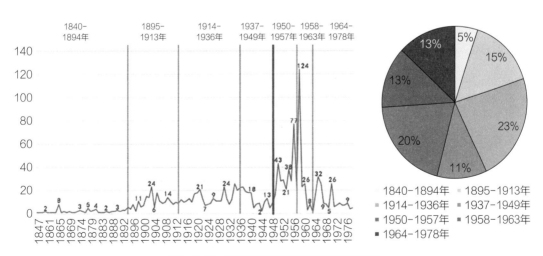

图5-3-2　全国已知的工业遗产年代分布图

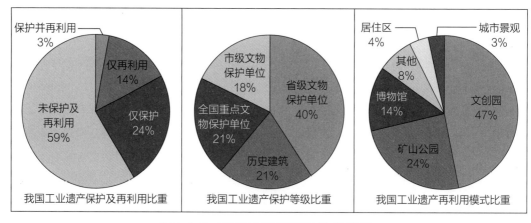

图5-3-3　我国工业遗产保护及再利用统计

文创园是中国工业遗产再利用的主要模式，其次，矿山公园和博物馆也是矿场遗址、工业建筑遗产改造再利用的热点方向。

利用GIS核密度分析，对中国工业遗产保护及再利用情况的空间分布进行研究。整体而言，保护及再利用的空间分布情况与已知工业遗产相似，但东部较西部的优势变得更为明显。

中国工业遗产的保护起步较晚，在2007年全国第三次文物普查之后，对其重视程度逐渐提高。分析结果如图5-3-4所示，中国受保护的工业遗产主要集中在东部地区，西北、西南地区受到保护的工业遗产较少。其中，保护情况最好的区域为广州和上海。广州共有工业遗产115项，国家级文保单位0项，省级1项，市级24项，历史建筑26项，合计51项；上海有工业遗产127项，国家级3项，省（直辖市）级6项，历史建筑37项，合计46项。保护较好的区域还有天津、武汉、哈尔滨、沈阳、济南和青岛等城市。

中国工业遗产再利用项目最早起步于20世纪末的北京、上海等经济发达的一线城市，如北京798艺术区、上海登琨艳工作室等，艺术家和设计师自发的推动力较大。分析结果如图5-3-5所示，目前中国再利用项目主要集中在华北、华东和华南地区的直辖市或省会等重要城市，其他地区工业遗产再利用项目较少。其中，项目最多的城市为上海和北京。上海有文创园21项，博物馆7项，居住区2项，其他类型项目4项，合计34项；北京有文创园12项，矿山公园4项，博物馆2项，居住区2项，其他类型6项，合计26项。项目较多的还有天津、广州、青岛、武汉、南京、杭州和济南等城市。

5.3.4　基于中国工业发展史的时空分布研究

基于前文对中国工业发展历史的研究，中国近现代工业发展历程在宏观上可以1949年中华人民共和国成立为时间节点，分为1840～1949年的近代工业发展时期和1950～1978年的现

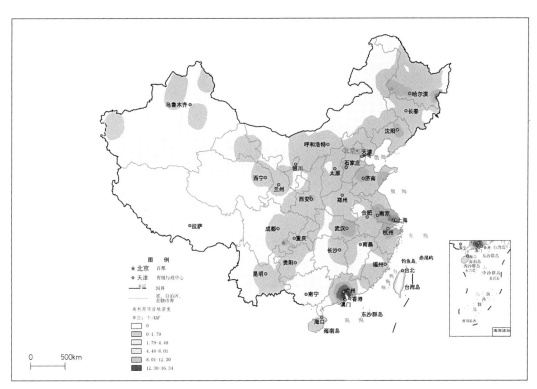

图5-3-4 我国受保护工业遗产核密度分析图

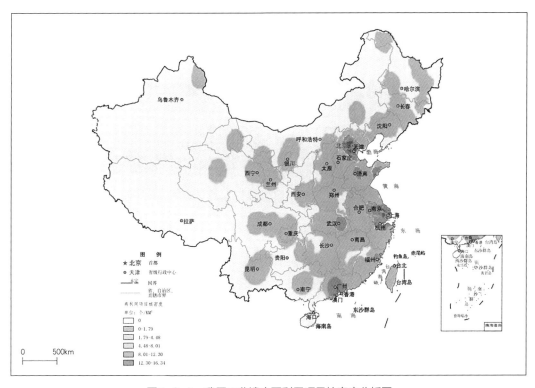

图5-3-5 我国工业遗产再利用项目核密度分析图

代工业发展时期，两个时期工业发展的重点区域、发展规律、主导力量都是截然不同的。

综上所述，基于中国工业发展史的工业遗产时空分布研究将从宏观和微观两个层面进行。目前全国工业遗产信息管理系统通过课题组实地调研，采用对各地工业名录、学术著作、国家文保单位名录中的工业遗产进行收集等方式进行信息采集，目前共收录全国已知的工业遗产近1540项。

利用数据库内1443项有效数据进行统计，所得结果如图5-3-6所示。中华人民共和国成立前的近代工业遗产为779项，占总数的54%，年平均数量为7.1项，中华人民共和国成立后的现代工业遗产总数为664项，占46%，年平均数量为22.3项，约为中华人民共和国成立前的3倍。

1840～1949年，中国处于近代时期。这一时期工业发展的东西部地区不平衡现象极为严重，工业主要集中在东北地区和东南沿海地区，大体包括黑龙江、吉林、辽宁、河北、天津、北京、山东、江苏、上海、浙江、福建、广东等省或城市，内陆地区分布极少。1949～1978年，中国工业发展的重心开始向内陆地区迁移，在20世纪50年代，"一五""二五"时期，苏联援建的156个项目主要分布在黑龙江、河南、陕西等省份；在1964年之后，由于国际关系的紧张，中国开始了"三线"建设时期，工业建设的重点地区包括陕西、甘肃、四川、云南、贵州、广西等内陆三线地区。

综上所述，基于对中华人民共和国成立前后工业遗产分布的核密度进行对比分析，可得出以下结论。

首先，中国近代工业遗产的分布集中在辽宁省、旧直隶（京津冀）地区、山东省、长三角地区以及广东省，上述地区都为位于中国大陆最东侧的东北地区和东部、南部沿海地区，其核心城市为上海、天津、沈阳、济南和广州这5座城市。在中国内陆地区，则主要分布在黑龙江、山西、湖北、湖南、四川（包括现重庆）等省份，核心城市为哈尔滨、太原、武汉、长沙、重庆、成都等。对近代工业遗产分布的城市进行统计，已知的779项近代工业遗产分布在中国的113个城市中，其中上海市最多，共有111项，占到总数的14.2%，广州和天

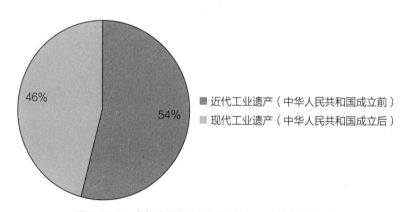

图5-3-6　中华人民共和国成立前后工业遗产比例图

46%

54%

■ 近代工业遗产（中华人民共和国成立前）

■ 现代工业遗产（中华人民共和国成立后）

津次之，分别有59项和52项，其次是济南、南京、武汉、杭州、青岛、无锡、北京、哈尔滨、大连、重庆、沈阳、鞍山等城市，近代工业遗产的数量都在15项及以上。可以看出这些城市绝大多数位于中国东北及东南沿海地区，不在这一地区的城市包括武汉和重庆，均位于中国长江流域及长江三角洲地区的上游，武汉为较早的开埠城市，而重庆则在抗日时期是中国工业内迁的重要终点站之一。

其次，中国现代工业遗产的空间分布情况，中国东北及东南沿海地区中的京津冀地区、山东省、长三角地区、广东省仍然是工业遗产分布较为密集的地区，这几个地区的核心城市分别为天津和北京、济南、上海和杭州、广州。在中国内陆地区，主要分布在广西、陕西、甘肃和西南地区，这几个地区的核心城市分别为柳州、西安、兰州、成都、贵阳以及重庆。对中国目前已知的现代工业遗产分布的城市进行统计，柳州市共有工业遗产58项，广州55项，杭州43项，北京33项，济南31项，南京28项，兰州和西安有25项。其中柳州、西安、兰州属于中国三线建设时期的重点区域。中国近代的重要工业遗产城市如上海、天津、青岛、武汉等，在现代工业遗产中所占的比重下降非常明显，由此可见1949年以来工业发展中心的变化。

5.3.5 基于行业类型的空间分布研究

1949年之前，中国近代民族工业的开端是清政府救亡图存的"洋务运动"，最早建设工业的目的是为了发展军事工业，增强国防实力，达到"师夷长技以制夷"的目的，这时期发展的工业主要为采矿、金属冶炼、机械制造、船舶制造、军工制造等重工业和军事工业，以通信、纺织等民用工业为辅，主要工业遗产代表有上海江南机器制造总局、南京金陵机器制造局、福州马尾船政、天津北洋水师大沽船坞、吉林机器局、大连旅顺船坞、唐山启新水泥厂、唐山开滦煤矿、黄石大冶铁矿、天津电报局大楼、天津塘沽火车站、山西运城大益成纺纱厂等。但在甲午战争之后，中国重工业的发展基本停滞，虽在日占、伪满地区由日本侵略者建立了一些金属冶炼、采矿等重工业，但在抗日战争中几乎全部被摧毁或掠夺。纺织、食品等轻工业成为中国工业发展的主流，这种情况一直持续到1949年之前。1949年之后，人民政府为了改变重工业基本为零的局面，确立了以重工业为主的工业发展方针，主要发展采矿、金属冶炼、机械制造、航天航空制造、电子、铁路交通等工业。

依据中国目前已知的工业遗产数据库的信息以及《2017年国民经济行业分类》[①]，对其行业进行统计，其结果如表5-3-1所示。在各行业类型工业遗产中，数量超过50项的有：交通运输181项、机器制造227项、纺织128项、采矿131项、食品90项、化工73项、电器制造74

---

① 中国国家标准化管理委员会. 2017年国民经济行业分类. GBIT4754—2017[S]. 北京：中国标准出版社. 2017：7-3.

项、金属冶炼71项、仓储67项、市政58项。金属加工、木材加工、造币、建筑工程、文化（电影、音乐）、邮政等行业的工业遗产数量较少。下面笔者将从年代、空间分布和行业细分的角度对交通运输、机器制造、纺织、采矿、食品、化工等工业遗产数量较多的行业进行进一步研究。

中国工业遗产行业类型统计 表5-3-1

行业类型（大）	频率	行业类型（大）	频率	行业类型（大）	频率
机器制造	227	制药	31	化学纤维工业	8
交通运输	181	通信	28	工艺美术品制造业	7
采矿	131	仪器制造	27	造币	5
纺织	128	造纸及纸制品业	27	综合	5
食品	90	印刷	21	未知	4
电器制造	74	水利	19	皮革、毛皮及其制品业	4
化工	73	烟草	19	橡胶制品业	4
金属冶炼	71	金属加工	15	工业附属	3
仓储	67	焦化及煤气用品	13	建筑工程	3
市政	58	玻璃及玻璃制品业	11	文教体育用品制造业	3
军工	54	木材加工	10	家具制造业	2
能源	48	日用金属制造业	10	文化（电影、音乐）	2
建筑材料及其他非金属矿物制品业	38	缝纫业	10	邮政	2

1）机器制造

中国共有机器制造业类型工业遗产227项，对机器制造业再细分并进行统计，结果为：工业专用设备制造业有56项，船舶修造业有35项，通用设备制造业26项，汽车制造业25项，锅炉及发动机制造业24项，通用零部件制造业20项，飞机制造业12项，铁路运输设备制造业10项，农、林、牧、渔业机械制造业4项，机械设备修理业、其他机械制造业各3项，航天机械制造业、建筑机械制造业、交通运输设备修理业、日用机械制造业各2项，摩托车制造业1项。

由此可知，中国的工业专用设备制造业、船舶修造业、通用设备制造业、汽车制造业、锅炉及发动机制造业、通用零部件制造业等类型的工业遗产数量最多，工业专用设备制造业可细分为纺织机械、机床、重型机械等，典型案例如天津纺织机械厂、广州纺织机械厂、齐齐哈尔中国第一重型机械厂、四川德阳中国第二重型机械厂等。船舶修造业的典型案例有北洋水师大沽船坞遗址、福州马尾船政遗址等。通用设备制造业的典型案例有南京机床厂、济南第一机床厂等。汽车制造业的典型案例有洛阳中国第一拖拉机厂、天津拖拉机厂、长春第一汽车制造厂等。锅炉及发动机制造业的典型案例有哈尔滨锅炉厂、济南柴油机厂等。通用零部件制造业的典型案例有哈尔滨轴承厂等。

依据始建年代对中国机器制造业类型工业遗产进行统计，1840～1894年为10项、1895～1913年为15项、1914～1936年为18项、1937～1949年为28项、1950～1957年为73项、1958～1963年为39项、1964～1978年为37项。现代工业遗产共有149项，占总数的65.6%。

中国机器制造类工业遗产的空间分布主要集中在上海及周边地区，其次是柳州、天津、济南等城市，再次是太原、哈尔滨、西安、兰州等。以城市为单位进行统计，上海、柳州、南京、广州、济南、天津、杭州等城市的数量超过了10项，这些城市都分布在中国东部及南部地区。

2）交通运输

中国交通运输类工业遗产共有181项，铁路类型为120项、水运类型为34项、桥梁类型为17项、航空类型为7项、公路类型为3项。主要典型案例有：兰州黄河铁桥、天津万国桥、青岛小青岛灯塔、天津塘沽火车南站、潍坊坊子火车站建筑群、中东铁路松花江大桥等。

中国交通运输类工业遗产主要集中在京津冀地区、长三角地区、中东铁路沿线和广州市，其分布年代有48.1%集中在1894～1913年。由此可知，在甲午战争之后，中国铁路等交通运输业进入了高速发展时期。

交通运输类工业遗产在各城市分布的统计结果为：天津、广州、哈尔滨、牡丹江、齐齐哈尔、青岛、济南等城市数量最多。这些城市大多集中在中国东北以及东南沿海地区，或沿途有京奉、津浦、京广、中东、胶济等重要铁路线。

3）采矿

采矿类工业遗产总数为131项，其中煤炭类有59项，有色金属（铜、银、金等）有27项，石油有19项，非金属矿（石膏、石头、砂等）有15项，黑色金属（铁、铅等）有9项，盐矿有2项。可见，煤炭类矿业遗产占到了绝大多数。与英国北方矿业研究学会的36000多个矿山遗址的数据库比较而言，中国采矿类工业遗产的研究极为不足。

中国采矿类工业遗产主要集中在辽宁省、河北山东以及华中地区。与其他类型的工业遗产相比，采矿类工业遗产的分布地带主要集中在中国北方内陆，而非东部沿海地区。

对中国采矿类工业遗产所产生的年代进行统计，由于其特殊性，有一部分是从古代延续至近现代的，这一类有40项。1840～1894年8项，1895～1913年21项，1914～1936年14项，1937～1949年10项，1950～1957年16项，1958～1963年13项，1964～1978年9项。

采矿类工业遗产城市分布统计结果：抚顺、葫芦岛有8项，北京、克拉玛依、太原、铁岭有4项，大庆、韶关、石家庄、唐山、天津等城市有3项。可以看出，采矿类工业遗产的分布与其他类型工业遗产不同，主要集中在中国东北、华北、西北、西南、华中等内陆地区。

4）纺织

中国共有纺织类工业遗产128项，主要集中在以上海为中心的长三角地区，其他则主要分布在天津、青岛、济南、西安等地。根据行业类型进一步细分，其中棉纺织有43项，纺纱38项，印染14项，蚕丝场8项，针织厂8项，麻纺织7项，毛纺织7项，粗纺、纺线、绒线等各1项。

根据年代分布对我国纺织类工业遗产进行统计，1840～1894年5项，1895～1913年11项，1914～1936年57项，1937～1949年12项，1950～1957年19项，1958～1963年12项，1964～1978年6项。可以看出，在1914年"一战"之后以及1927～1937年，我国纺织类工业遗产数量最多。

我国纺织类工业遗产数量最多的城市为上海有23项，无锡有13项，杭州有10项，济南、西安有8项，天津有7项，青岛、苏州有6项。可以看出，我国纺织类工业遗产主要集中在东部沿海的天津、山东、上海及周边地区，我国纺织业曾经的"上青天"格局，得到了验证。

5）食品

中国食品类工业遗产主要集中在广州、上海以及山东、湖北、重庆等地，其中广州14项、上海8项、济南7项、杭州5项以及武汉5项，属于食品类工业遗产较多的城市。依据年代分布进行统计，1840～1894年有7项，1895～1913年有14项，1914～1936年有25项，1937～1949年有8项，1950～1957年有16项，1958～1963年有10项，1964～1978年有10项。

6）电器制造

中国电器制造类工业遗产依照年代来统计，1840～1894年有1项，1895～1913年有4项，1914～1936年有8项，1937～1949年有7项，1950～1957年有17项，1958～1963年有14项，1964～1978年有23项，电器制造类工业遗产在年代上主要分布在现代。根据空间分布进行统计分析，电器类工业遗产主要分布在长三角地区、广西和华北地区，其中柳州13项，南京8项，北京7项，济南和西安各5项，哈尔滨和苏州各4项。

7）化工

中国化工类工业遗产依照行业细分进行统计，合成材料制造业18项、化学肥料制造业8项、化学农药制造业1项、基本化学原料制造业19项、日用化学产品制造业17项、有机化学产品制造业9项、炸药及火工产品制造业1项。依照年代来统计，1840～1894年有0项，1895～1913年有1项，1914～1936年有20项，1937～1949年有8项，1950～1957年有17项，1958～1963年有12项，1964～1978年有14项。根据空间分布进行统计分析，化工类工业遗产主要集中在长三角、京津冀、山西、广州、吉林、兰州等地区。其中分布最多的如广州为有11项，杭州和上海有8项，天津有7项，太原有6项。

第 **6** 章

城市层级信息管理系统
建构及应用研究
——以天津工业遗产普查为例[①]

① 本章执笔者：张家浩、青木信夫、徐苏斌、吴葱。

6.1 天津市工业遗产普查的实施

天津是近代时期中国北方的经济中心与工业中心，素有"百年中国看天津"之称，可见其在中国近现代历史上的重要地位。当今，天津仍保存着许多优秀的近代建筑遗产、历史街区、工业遗产。1860年，天津开埠，以英法为首在海河沿岸逐渐开设"九国租界"。这个时期的近代工业多由外国资本建立。"洋务运动"时期，直隶总督李鸿章大力经营天津，先后建立了天津机器局、北洋水师大沽船坞等近代化军事工业。甲午中日战争之后，清政府战败，签订了丧权辱国的《马关条约》，导致帝国主义掀起了瓜分中国的大潮；1900年，八国联军侵华，攻陷了当时的北京城，次年签订了《辛丑条约》，中国彻底沦为半封建半殖民地国家。1901年，清政府推行了救亡图存的"清末新政"，袁世凯接替李鸿章成为直隶总督，在天津原外国租界区的北侧兴建新区，因地处海河北岸，故称"河北新区"；袁世凯为了促进天津近代工业的发展，派遣周学熙到日本进行实业考察，回国创办了直隶工艺总局，并先后设立了实习工场、劝业铁工厂，促进了天津近代民族工业的发展。

2010年开始，一直到2012年，笔者所在的天津大学中国文化遗产保护国际研究中心在天津市规划局的牵头下，对天津市市域范围内的工业遗产进行了全面普查。根据天津近现代工业的发展历程，普查的时间范围限定在1860年代～1970年代。这次普查工作使用了统一的《工业遗产调查表》，调查表分为《厂区情况调查表》和《建（构）筑物调查表》，调查表的内容如表6-1-1所示。

天津工业遗产普查工作历时两年，对天津市市域范围内的工业遗产进行了普查，在2012年结束时，共发现工业遗产120项。但由于工业遗产拆除等原因，经过笔者不断的跟踪调查，截止于2018年6月，最终确定的天津的工业遗产为108项，具体情况如表6-1-2所示。需要特别指出的是，由于笔者团队当时对工业遗产的认知不足，导致在该次天津工业遗产的专项普查中没有对设备遗产进行信息采集，因此，在本次研究中先不作具体讨论，在未来的研究中，笔者将进行补足，在数据库和管理系统的讨论中，笔者也充分考虑了设备遗产。

天津《工业遗产调查表》内容　　　　　　　　　　　　　　表6-1-1

分类	内容
厂区调查表	原名称、现名称、设计人、地址、厂区范围界定、始建年代、遗存位置、历史建筑面积、厂区面积、产权单位、原使用功能、现使用者、现状使用类型、历史沿革、是否正处在地块策划中、保护再利用模式、环境要素（小品、雕塑、原始围墙、古树名木）、其他
建（构）筑物调查表	建筑编号、建筑名称、单体建筑面积、层数、建筑高度、始建年代、原使用功能及变迁情况、修缮及改造情况（年代/内容）、现状照片编号（包括外立面、内部、细节）、建筑质量、设备情况、建筑价值、保留策略

天津市工业遗产名录

表6-1-2

原名	现名	区县	年代
宝成裕大纱厂旧址	天津棉三创意街区	河东区	1914~1936年
北宁铁路管理局旧址	天津铁路分局	河北区	1937~1949年
北洋工房	北洋工房旧址	河西区	1914~1936年
北洋水师大沽船坞	天津市船厂	滨海新区	1840~1894年
比商天津电车电灯股份有限公司旧址	天津电力科技博物馆	河北区	1895~1913年
陈官屯火车站	陈官屯火车站	静海区	1895~1913年
城关扬水站闸	城关扬水站闸	静海区	1958~1963年
大沽灯塔	大沽灯塔	滨海新区	1964~1978年
大沽息所	英国大沽代水公司旧址	滨海新区	1840~1894年
大红桥	大红桥	红桥区	1840~1894年
大清邮局旧址	天津邮政博物馆	和平区	1840~1894年
大朱庄排水站	大朱庄排水站	蓟州区	1958~1963年
丹华火柴厂职员住宅	丹华火柴厂职员住宅	红桥区	1914~1936年
东亚毛呢纺织有限公司旧址	东亚毛纺厂	和平区	1914~1936年
东洋化学工业株式会社汉沽工厂	天津化工厂	滨海新区	1937~1949年
独流给水站	独流给水站	静海区	
耳闸	耳闸	河北区	1914~1936年
法国电灯房旧址	法国电灯房旧址	和平区	1895~1913年
港5井	港5井	滨海新区	1964~1978年
沟河北采石场	沟河北采石场	蓟州区	1840~1894年
国民政府联合勤务总司令部天津被服总厂第十分厂	天津针织厂	河东区	1950~1957年
国营天津无线电厂旧址	国营天津无线电厂旧址	河北区	1937~1949年
海河防潮闸	海河防潮闸	滨海新区	1958~1963年
海河工程局旧址	天津航道局有限公司	河西区	1895~1913年
汉沽铁路桥	汉沽铁路桥旧址	滨海新区	1840~1894年
合线厂旧址	合线厂旧址	西青区	1964~1978年
华新纺织股份有限公司旧址	华新纺织股份有限公司旧址	河北区	1914~1936年
华新纱厂工事房旧址	天津印染厂	河北区	1914~1936年
黄海化学工业研究社	黄海化学工业研究社旧址	滨海新区	1914~1936年
济安自来水股份有限公司旧址	金海岸婚纱	和平区	1895~1913年
甲裴铁工所	天津动力机厂	河北区	1914~1936年
交通部材料储运总处天津储运处旧址	铁路职工宿舍	河北区	1937~1949年
金刚桥	金刚桥	河北区	1895~1913年
津浦路西沽机厂旧址	艺华轮创意工场	河北区	1895~1913年

原名	现名	区县	年代
静海火车站	静海火车站	静海区	1895～1913年
久大精盐公司码头	天津碱厂原料码头	滨海新区	1914～1936年
开滦矿务局塘沽码头	开滦矿务局码头	滨海新区	1895～1913年
宁家大院（三五二二厂）	宁家大院（三五二二厂）	南开区	1937～1949年
启新洋灰公司塘沽码头	永泰码头	滨海新区	1895～1913年
前甘涧兵工厂旧址	前甘涧兵工厂旧址	蓟州区	1964～1978年
日本大沽化工厂旧址	大沽化工厂	滨海新区	1937～1949年
日本大沽坨地码头旧址	日本大沽坨地码头旧址	滨海新区	1937～1949年
日本塘沽三菱油库旧址	中国人民解放军某部驻地	滨海新区	1937～1949年
日本协和印刷厂旧址	天津环球磁卡股份有限公司	河西区	1937～1949年
三岔口扬水站	三岔口扬水站	蓟州区	1964～1978年
三五二六厂旧址	天津三五二六厂创意产业园	河北区	1937～1949年
盛锡福帽庄旧址	盛锡福帽庄旧址	和平区	1937～1949年
十一堡扬水站闸	十一堡扬水站闸	静海区	1958～1963年
双旺扬水站	双旺扬水站	静海区	1964～1978年
水线渡口	水线渡口	滨海新区	1840～1894年
唐官屯给水站	唐官屯给水站	静海区	1895～1913年
唐官屯铁桥	唐官屯铁桥	静海区	1895～1913年
唐屯火车站	唐屯火车站	静海区	1895～1913年
塘沽火车站	塘沽南站	滨海新区	1840～1894年
天津玻璃厂	万科水晶城天波项目运动中心	河西区	1937～1949年
天津达仁堂制药厂旧址	达仁堂药店	河北区	1914～1936年
天津电话六局旧址	中国联合网络通信有限公司天津市河北分公司	河北区	1914～1936年
天津电话四局旧址	中国联通天津河北分公司	河北区	1914～1936年
天津电业股份有限公司旧址	中国国电集团公司天津第一热电厂	河西区	1937～1949年
天津广播电台战备台旧址	天津广播电台战备台旧址	蓟州区	1964～1978年
天津利生体育用品厂旧址	天津南华利生体育用品有限公司	河北区	1914～1936年
天津美亚汽车厂	天津美亚汽车厂	西青区	1950～1957年
天津内燃机磁电机厂	辰赫创意产业园	河北区	
天津酿酒厂	天津酿酒厂	红桥区	1950～1957年
天津石油化纤总厂化工分厂	中石化股份有限公司化工部	滨海新区	1964～1978年
天津市公私合营示范机器厂	天津第一机床厂	河东区	1950～1957年
天津市外贸地毯厂旧址	天津意库创意街	红桥区	1950～1957年
天津手表厂	天津海鸥手表集团公司	南开区	1964～1978年
天津铁路工程学校	天津铁道职业技术学院	河北区	1950～1957年

原名	现名	区县	年代
天津拖拉机厂	天津拖拉机融创中心	南开区	1950～1957年
天津涡轮机厂两栋红砖厂房	U-CLUB上游开场	南开区	
天津西站主楼	天津西站主楼	红桥区	1895～1913年
天津橡胶四厂	巷肆文创产业园	河北区	
天津新站旧址	天津北站	河北区	1895～1913年
天津仪表厂	C92创意工坊	南开区	1937～1949年
天津造币总厂	户部造币总厂旧址	河北区	1895～1913年
铁道部天津基地材料厂办公楼	中国铁路物资天津公司	河东区	1950～1957年
铁道第三勘察设计院属机械厂	红星·18创意产业园A区天明创意产业园	河北区	1950～1957年
万国桥	原万国桥	和平区	1895～1913年
西河闸	西河闸	西青区	1958～1963年
新港船闸	新港船闸	滨海新区	1937～1949年
新港工程局机械修造厂	新港船厂	滨海新区	1914～1936年
新河铁路材料厂遗址	老码头公园	滨海新区	1895～1913年
兴亚钢业株式会社	天津市第一钢丝绳有限公司	滨海新区	1937～1949年
亚细亚火油公司油库	天津京海石化运输有限公司	滨海新区	1914～1936年
扬水站	扬水站	滨海新区	1964～1978年
杨柳青火车站大厅	杨柳青火车站大厅	西青区	1895～1913年
洋闸	洋闸	滨海新区	
英国太古洋行塘沽码头	天津港轮驳公司	滨海新区	1895～1913年
英国怡和洋行码头	日本三井公司塘沽码头	滨海新区	1840～1894年
英美烟草公司北方运销公司总部旧址	大王庄工商局	河东区	1914～1936年
英美烟草公司公寓	英美烟草公司公寓	河东区	1914～1936年
永和公司	新河船厂	滨海新区	1914～1936年
永利碱厂	天津渤海化工集团天津碱厂	滨海新区	1914～1936年
永利碱厂驻津办事处	永利碱厂驻津办事处	和平区	1914～1936年
原法国工部局	原法国工部局	和平区	1914～1936年
原久大精盐公司大楼	乔治玛丽婚纱	和平区	1914～1936年
原开滦矿务局大楼	原开滦矿务泰安道5号院局大楼	和平区	1914～1936年
原太古洋行大楼	天津市建筑材料供应公司	和平区	1914～1936年
原天津电报局大楼	中国联通赤峰道营业厅	和平区	1840～1894年
原天津印字馆	中糖二商烟酒连锁解放路店	和平区	1840～1894年
原怡和洋行大楼	威海商业银行	和平区	1840～1894年
原英商怡和洋行仓库	天津6号院创意产业园	和平区	1914～1936年
原招商局公寓楼	峰光大酒楼	和平区	1914～1936年

原名	现名	区县	年代
争光扬水站	争光扬水站	静海区	1958～1963年
制盐场第四十五组	制盐场第四十五组	滨海新区	1937～1949年
子牙河船闸	子牙河船闸	西青区	1958～1963年

6.2 天津工业遗产普查信息管理系统建构研究

天津工业遗产普查信息管理系统的建构是为了探索中国"普查信息管理系统"的技术路线，其数据库框架是基于"城市层级"标准，并结合普查的实际情况、研究的需要进行了一定的调整。笔者的设计中，该系统所使用的人群为管理者、普查成果评审专家、城市管理者、文化遗产管理者等专业性较强的人群，因此，为信息安全的考虑，天津工业遗产普查信息管理系统只采用桌面客户端版的形式进行开发。基于主要用户，天津工业遗产普查信息管理系统应在基本的空间信息浏览、查询、统计分析等功能模块下加入专家评审功能模块和普查成果的文件浏览功能模块（图6-2-1）。

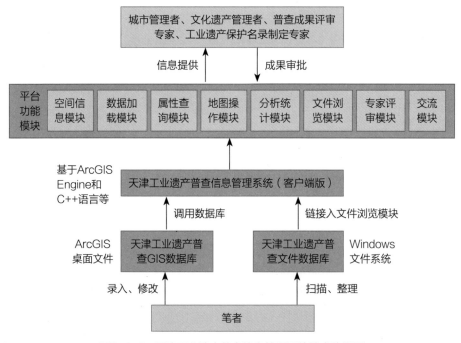

图6-2-1 天津工业遗产普查信息管理系统技术路线图

6.2.1 天津工业遗产普查GIS数据库建构

GIS数据库是整个信息管理系统的核心。天津工业遗产普查GIS数据库的框架是依据
"城市层级"的数据库标准建立的，并且本研究中，为了更清晰地对分析成果进行展示，
该GIS数据库的底图要素样式在中国行业标准的基础上作出了一定调整。数据库采用的是
Geodababase技术，数据库的框架主要包括天津工业遗产要素和底图要素两大类。工业遗产
要素包括工业遗产厂区面要素、建（构）筑物面要素、设备点要素；底图要素包括天津市域
边界要素、天津区县边界要素、主要河流要素、主要铁路要素、城市道路要素等。工业遗产
要素的来源为天津市工业遗产普查的成果，底图要素的来源为国家基础地理信息系统，具体
情况如表6-2-1所示。

天津工业遗产普查GIS数据库框架　　　　　　　　　　　　　　表6-2-1

要素集名称	要素分类	要素类型	属性表
工业遗产厂区要素集	工业遗产	点	名称、行业类型、保护等级、是否存在危险、年代、权属人、联系人方式、地址、GPS点、现状描述、历史沿革、重要产品（生产流程）、占地面积、调查者等
	工业遗产厂区	线	名称、面积等
工业遗产建（构）筑物要素集	工业建（构）筑物遗产	面	编号、名称、位置、年代、功能、结构、面积、层高等
	普通工业建（构）筑物	面	名称、面积、层高等
	设备遗产	点	编号、名称、位置、年代、功能、制造商、尺寸等
天津市底图要素	天津市域	面	名称、面积等
	天津区县边界	面	名称、面积等
	主要河流	面	名称、长度等
	主要铁路	线	名称、长度等
	城市道路	线	名称、长度等

基于ArcGIS10.2软件建立天津工业遗产普查GIS数据库，成果如图6-2-2所示。

6.2.2 天津工业遗产普查文件数据库建构

工业遗产普查中，普查表、测绘图、照片以及录音、视频、相关参考文献等，都需要建立
文件数据库来进行储存管理。本研究中文件数据库采用Windows10操作系统下的文件夹管理系统
来实现。通过多层级的系统的文件夹来实现天津工业遗产普查文件的系统管理，并将文件夹的
访问路径链接入"天津管理系统"的"文件浏览"模块。本研究中，"天津工业遗产普查文件数
据库"由三个层级组成：总文件夹（内含各工业遗产点文件夹）；各工业遗产点文件夹（内含普

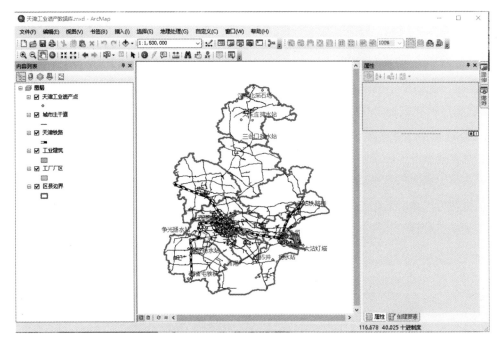

图6-2-2　天津市工业遗产普查GIS数据库截图

查表、测绘图、照片、其他相关文献四个子文件夹）；普查文件（图6-2-3）。

6.2.3　天津工业遗产普查信息管理系统建构

　　基于GIS数据库的地理信息管理系统的开发需要计算机专业的介入。为了地理信息、计算机编程等从业人员可以更好地完成地理信息系统的开发，ArcGIS软件集成了自己的一套软件开发引擎：ArcGIS Engine。基于ArcGIS Engine和C++语言可以开发出一套完备的GIS信息管理系统，从而使GIS数据库可以脱离ArcGIS软件本身进行调取和运行。笔者基于上述开发工具，通过自学编程知识，开发了天津工业遗产普查管理系统的桌面版客户端，现已经获得国家知识产权局颁发的软件著作权证书。

　　该系统可实现对天津市工业遗产普查成果的展示、查询、管理、统计分析、成果审批、文件查看等功能，与全国工业遗产信息管理系统相比，除了传统的空间信息、数据加载、属性查询等功能模块外，增加了"专家评审"、"文件浏览"功能模块，具体情况如图6-2-4～图6-2-8所示。

　　天津工业遗产普查管理系统中的统计功能包括天津各区县工业遗产数量统计、各行业统计、各年代统计以及保护、再利用情况的统计分析与可视化（图6-2-6）。

　　在"专家评审"的功能模块中，包括两个功能：一是对天津市工业遗产普查的工作成果进行审查，二是对拟加入《工业遗产保护名录》的工业遗产进行筛选（图6-2-7）。

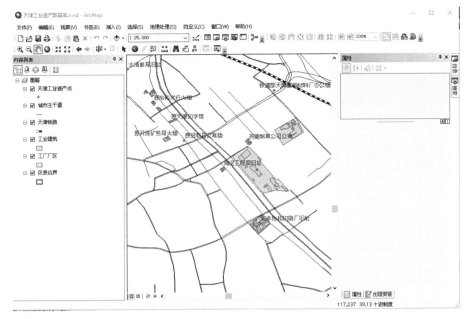

图6-2-3　天津市工业遗产普查GIS数据库截图

天津工业遗产普查文件数据库　　　　各工业遗产点文件夹　　　　　　普查文件
　　　　"总文件夹"　　　　　　　　包括：普查表、测绘图、照
　　　　　　　　　　　　　　　　　片、其他相关文献

图6-2-4　天津工业遗产普查文件管理系统的组织结构图

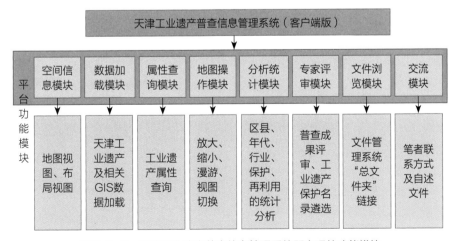

图6-2-5　天津工业遗产普查信息管理系统所实现的功能模块

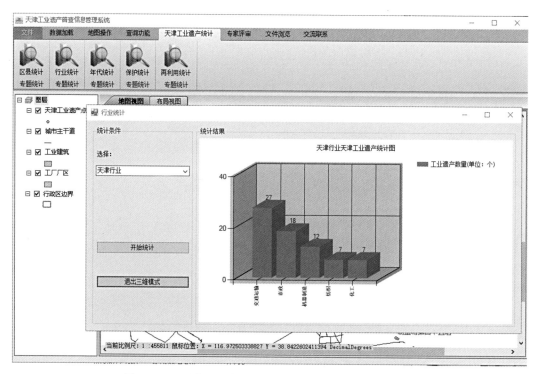

图6-2-6 天津工业遗产普查信息管理系统的行业统计功能

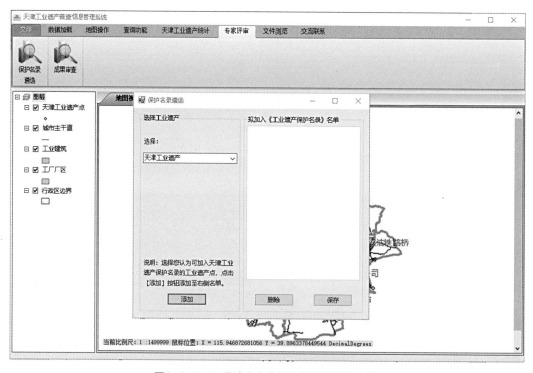

图6-2-7 工业遗产文物保护单位的遴选功能

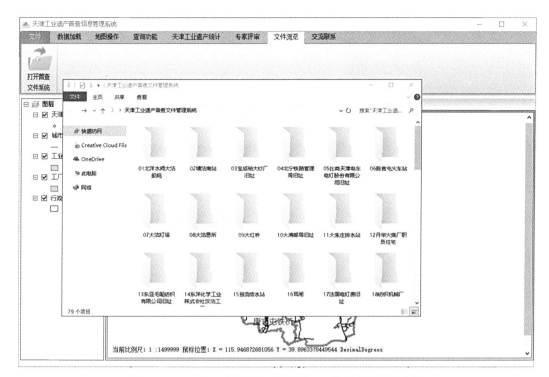

图6-2-8　天津工业遗产普查信息管理系统的文件浏览功能

6.3　基于GIS的天津工业遗产分析研究

由于对原料、运输、排污等方面的需求，工业厂区的分布与河流、铁路等具有较强的依附性。依据一定的交通干道进行天津工业遗产廊道规划的研究，有利于确定天津工业遗产的重要特殊价值和分布规律，制定合理的保护区域，有利于建构工业遗产旅游通道，开发天津市工业旅游线路。研究基于GIS技术，首先对天津工业遗产的年代、行业、保护与再利用的潜力等情况进行了可视化分析研究，然后以海河、京奉铁路和津浦铁路的天津段为廊道主干对天津市工业遗产廊道规划进行了探讨。

6.3.1　天津工业遗产年代构成

天津在近代是中国北方工业的中心城市，天津的近代化工业发展始于1860年的开埠，根据中国近现代工业发展的历程与本研究可知，天津的工业发展可分为七个阶段：①1860～1894年11项；②1895～1913年20项；③1914～1936年26项；④1937～1949年19项；⑤1950～1957年9项；⑥1958～1963年7项；⑦1964～1978年10项。另有6项始建年代存疑，不参加统计，结果如图6-3-1所示。可以看出，天津工业遗产最多的时期为1914～1936年，这也侧面说明了当时是天津工业发展的高峰时期。利用GIS技术对各年代工业遗产进行核密度分析，结果如图6-3-2～图6-3-8所示。

如图6-3-2所示，天津"1860～1894年"的工业遗产主要分布在市内六区和滨海新区的海河入海口处。典型的案例如大红桥、大清邮局旧址（今天津邮政博物馆）、原天津电报局大楼、塘沽火车站、北洋水师大沽船坞等。

如图6-3-3所示，天津"1895～1913年"的工业遗产主要分布在市内六区、滨海新区的海河入海口处以及静海区，在静海区境内主要沿津浦铁路分布。典型的工业遗产为：天津西站主楼、天津北站、原万国桥（今解放桥）等。

如图6-3-4所示，天津"1914～1936年"是工业遗产最多的时期，这个时期工业遗产主要集中在市内六区，少量分布在海河入海口处。主要的典型工业遗产为：黄海化学工业研究社、东亚毛呢纺织有限公司旧址等。

如图6-3-5所示，天津"1937～1949年"的工业遗产主要分布在市内六区和滨海新区，主要的典型工业遗产有：新港船闸、天津纺织机械厂（今1946文创产业园）、塘沽三菱油库旧址等。

如图6-3-6所示，天津"1950～1957年"的工业遗产主要集中在市内的河东区、河北区、南开区和红桥区，主要的典型工业遗产为：天津市外贸地毯厂旧址（今天津意库创意产业园）、天津拖拉机厂（今天津拖拉机融创中心）等。

如图6-3-7所示，天津"1958～1963年"的工业遗产主要集中在西青区、静海区，这个时期的工业遗产以一些水利、船闸等工业设施为主，实业类型的工业遗产几乎没有。主要的典型工业遗产有：争光扬水站、子牙河船闸。

如图6-3-8所示，天津"1964～1978年"的工业遗产主要集中在西青区、蓟州区、

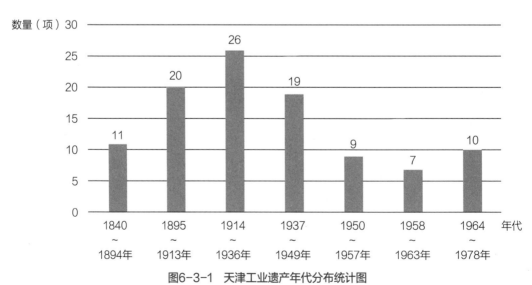

图6-3-1 天津工业遗产年代分布统计图

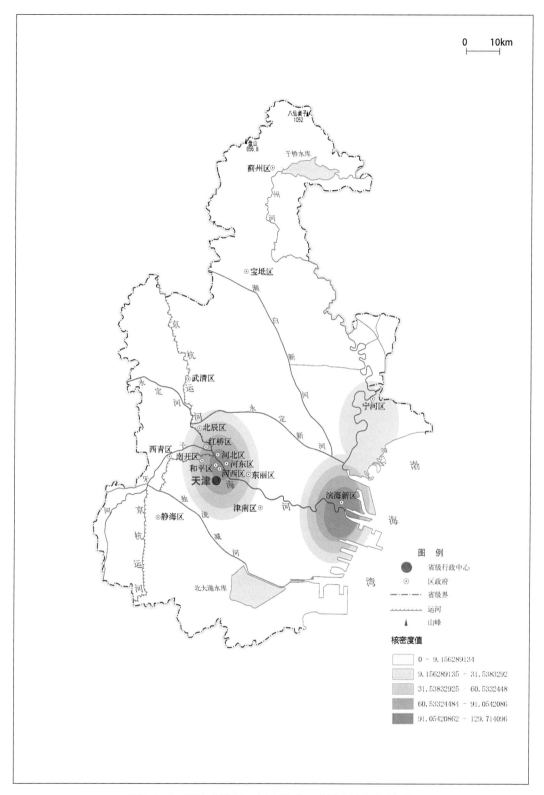

图6-3-2 天津"1860~1894年"工业遗产核密度分析图

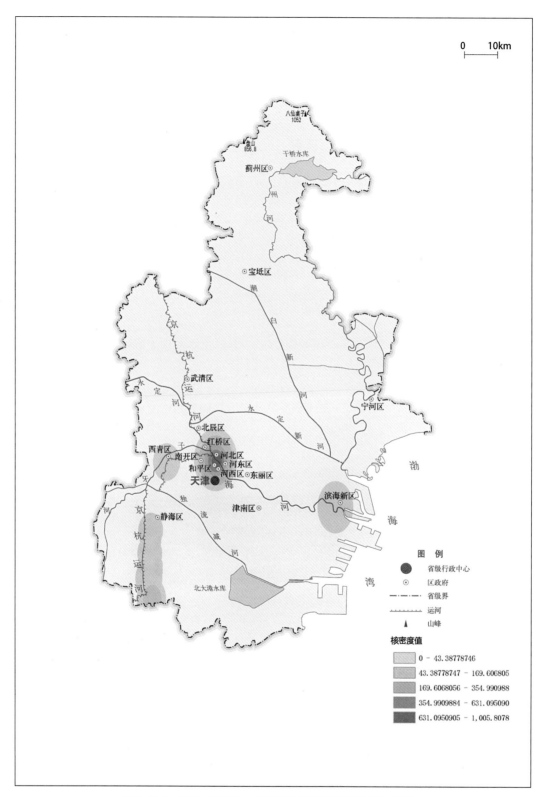

图6-3-3　天津"1895~1913年"的工业遗产核密度分析图

　　　　　　　　　　　　　　　　　　　　第二卷　工业遗产信息采集与管理体系研究

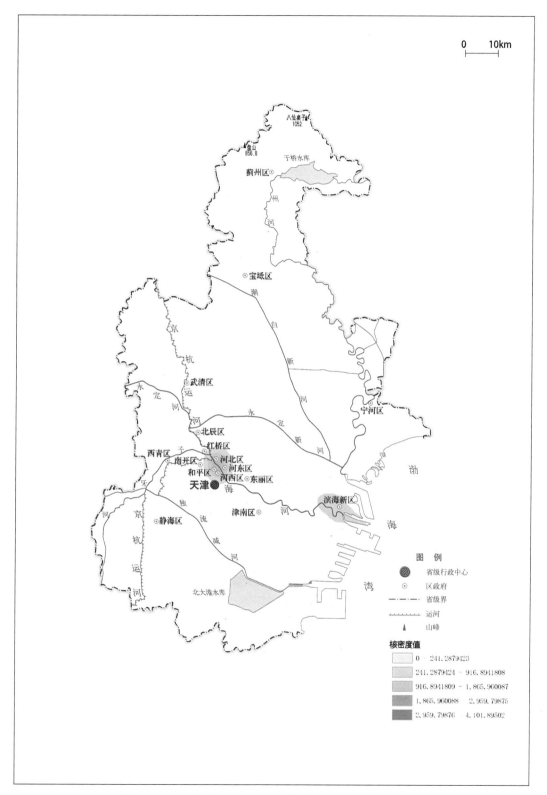

图6-3-4 天津"1914～1936年"的工业遗产核密度分析图

第6章 城市层级信息管理系统建构及应用研究——以天津工业遗产普查为例

149

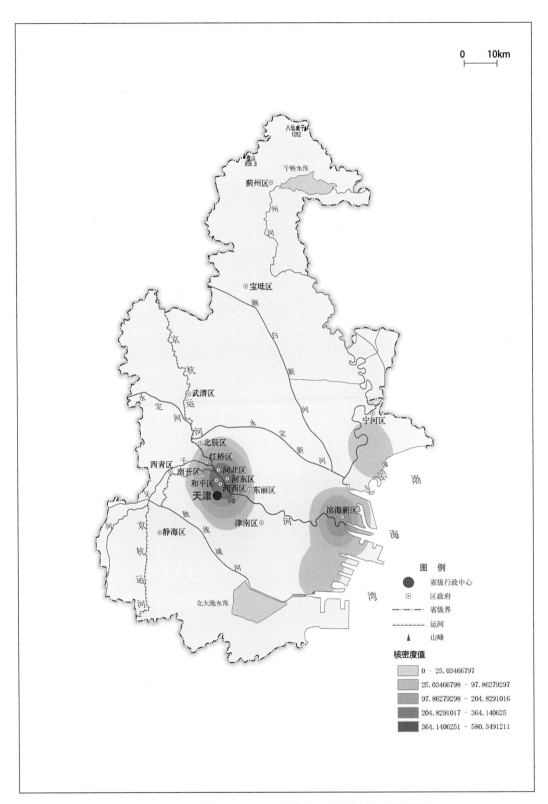

图6-3-5 天津"1937~1949年"的工业遗产核密度分析图

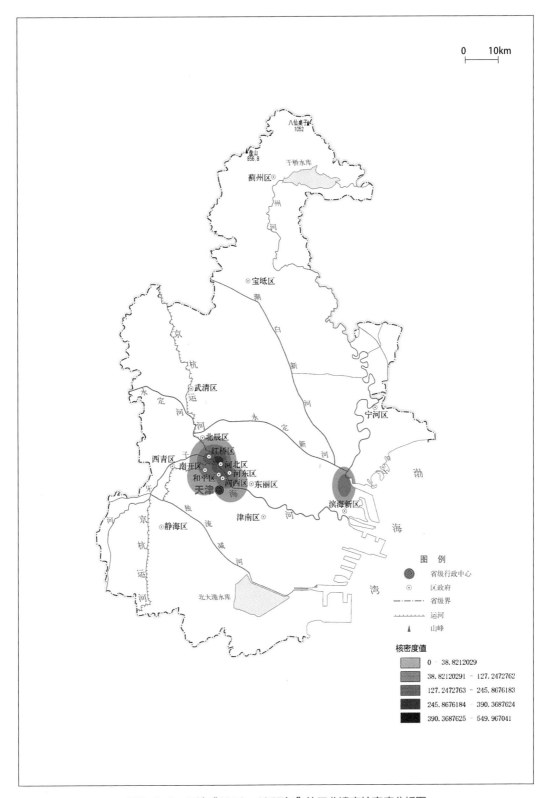

図例

●	省级行政中心
⊙	区政府
—	省级界
┄	运河
▲	山峰

核密度值

	0 ~ 38.8212029
	38.82120291 ~ 127.2472762
	127.2472763 ~ 245.8676183
	245.8676184 ~ 390.3687624
	390.3687625 ~ 549.967041

图6-3-6 天津"1950~1957年"的工业遗产核密度分析图

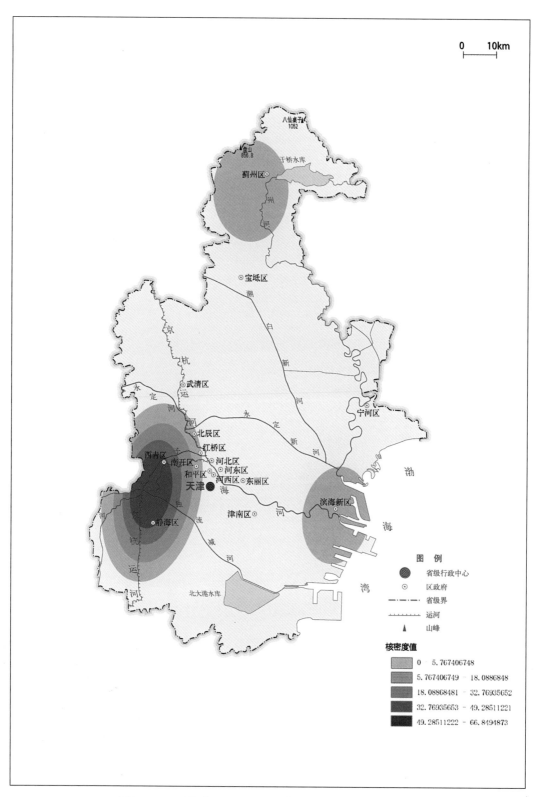

图6-3-7 天津"1958~1963年"的工业遗产核密度分析图

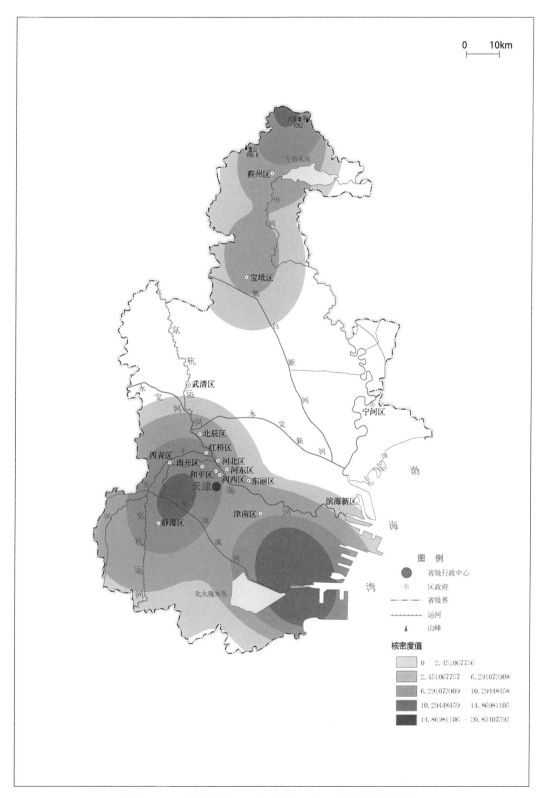

图6-3-8 天津"1964~1978年"的工业遗产核密度分析图

图 例

⬤ 省级行政中心
⊙ 区政府
-·-·- 省级界
······ 运河
▲ 山峰

核密度值

0	2.451067756
2.451067757	6.291073908
6.291073909	10.29448458
10.29448459	14.86981105
14.86981106	20.83407593

河北区、静海区、滨海新区，主要的典型工业遗产为：港5井、大沽灯塔、天津涡轮机厂（今U-CLUB上游开场）、天津橡胶四厂（今巷肆文创产业园）等。

综上所述，通过对各时代天津工业遗产的空间分布情况的核密度分析可知，在中华人民共和国成立之前，天津市内六区和滨海新区海河入海口处是工业遗产分布的重点地区，其他地区在这个时期的工业遗产数量较少，有极明显的沿铁路线等交通线路进行分布的特征。中华人民共和国成立后至1978年，天津工业遗产的空间分布开始向市区周边的西青区、静海区、蓟州区等地扩展，滨海新区的工业遗产也不再局限于海河入海口处，这从一个侧面说明了中华人民共和国成立前后天津各时期工业发展布局的不同。

6.3.2　天津工业遗产行业类型构成

利用GIS技术对天津工业遗产的行业类型进行分析，天津的工业遗产共有行业类型23种，分别为交通运输类26处、市政类18处、纺织类9处、化工类7处、机器制造类7处、通信类5处等，具体情况如表6-3-1所示。可以看出，天津工业遗产的主要类型为交通运输、市政、纺织、化工和机器制造，这与天津近现代工业发展的主要方向具有极大的关系。首先，天津自古是北京的海上门户，海上运输本就发达；其次，自洋务运动时期开始，李鸿章、袁世凯多次以天津为起始站建设铁路，先后建成了京奉铁路、津浦铁路等中国重要的铁路线，天津由此成为中国北方铁路交通的一个枢纽城市，在沟通南北、连接关内外方面具有重要的作用；然后，天津滨海新区（原塘沽地区）因离海较近，化工行业发展较早，如侯氏制碱法发明人侯德榜所在的永利碱厂等。纺织工业作为中国近代时期重要的轻工业支柱，在天津的工业中所占的比重也很大，如天津国营棉纺三厂（现在的棉三创意街区）。下面对天津分布最多的交通运输类、市政类、纺织类、化工类和机器制造类利用GIS核密度分析进行研究。

天津市各行业类型工业遗产统计 　　　　　　表6-3-1

行业类型	频率	行业类型	频率	行业类型	频率
交通运输	26	仓储	3	建材	1
市政	18	船舶修造	3	金属加工	1
纺织	9	附属	3	金属冶炼	1
化工	7	军工	3	能源	1
机器制造	7	食品	3	汽车制造	1
通信	5	烟草	2	造币	1
轻工制造	4	印刷	2	制药	1
采矿	3	电器制造	1		

图6-3-9所示为天津交通运输类工业遗产核密度分析的结果，主要集中在和平区、河北区、红桥区、河东区和滨海新区，因为这几个区是天津近现代发展的中心，也是海河、津浦铁路、京奉铁路经过的区域。典型案例有：塘沽南站、天津西站主楼、天津北站、万国桥（今解放桥）等。

如图6-3-10所示，天津市政设施类工业遗产主要分布在市内六区和静海区、西青区、蓟州区、滨海新区。天津市内六区原为租界区，在这一区域的该类工业遗产主要为城市设施，如法国电灯房旧址、比商天津电车电灯股份有限公司旧址（今天津邮政博物馆）、济安自来水股份有限公司旧址等；静海区、西青区、蓟州区和滨海新区的市政设施以与农业灌溉、市民供水等有关的水利设施为主，如双旺扬水站、三岔口扬水站等。

如图6-3-11所示，天津化工类工业遗产主要集中在滨海新区的海河入海口处，这与取海水进行化学提炼有直接的关系。典型的案例有：天津碱厂（已拆迁）、黄海化学工业研究社、大沽化工厂旧址等。

如图6-3-12所示，天津纺织类工业遗产主要分布在河东区、河西区、南开区、河北区等，这些区域是天津近代最先发展的区域，包括当时的租界和1900年之后袁世凯所兴建的"河北新区"。典型的案例有：宝成裕大纱厂旧址（今天津棉三创意街区）、东亚毛呢纺织有限公司旧址、华新纺织股份有限公司旧址等。

如图6-3-13所示，天津机器制造类工业遗产主要分布在河北区、河东区、红桥区和南开区。典型的案例有：天津拖拉机厂（今天津拖拉机融创中心）、天津纺织机械厂（今1946产业园）等。天津在"洋务运动"时期就兴建了天津机器局（东局）、海光寺机器局（西局）等，应该说天津机器制造业的开端在中国是很早的，但这些重要的历史见证都没有留存下来，现存的机器制造类工业遗产都是在中华人民共和国成立后创办的。

6.3.3　天津工业遗产保护现状分析

天津市内的108项工业遗产中，受到保护的有16项，其他92项不在国家或地方的保护体系当中。其中全国重点文物保护单位4项，天津直辖市级文物保护单位10项，天津历史建筑2项（图6-3-14）。

天津具有全国重点文物保护单位身份的工业遗产有北洋水师大沽船坞、黄海化学工业研究社、塘沽南站和天津西站主楼。前三者都位于天津滨海新区的原塘沽区域内，天津西站主楼位于红桥区，在2009年，为了新火车站的修建，将其迁至现"天津西站"东侧进行异地保护。

天津具有市级文物保护单位身份的工业遗产有唐官屯铁桥、陈官屯火车站、静海火车站、港5井、亚细亚火油公司油库、原招商局公寓楼、杨柳青火车站大厅、原法国工部局、海河防潮闸、大清邮局旧址。和平区、滨海新区、静海区各拥有3项，西青区有1项，其他区县没有分布（表6-3-2）。

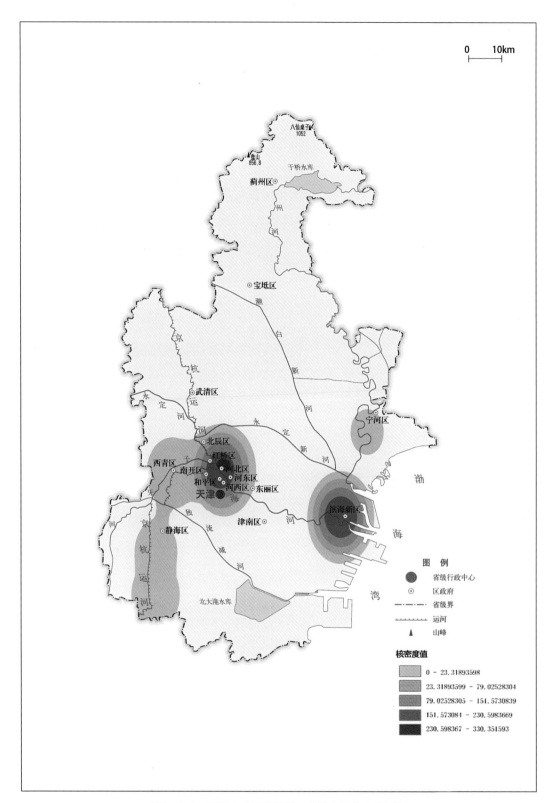

图6-3-9 天津市交通运输类工业遗产核密度分析图

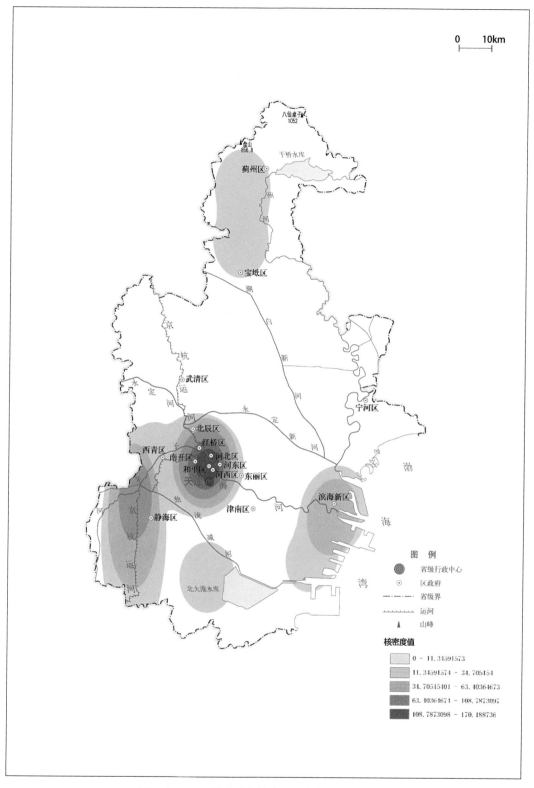

0   10km

八仙桌子
1052

盘山
856.8

于桥水库

蓟州区

蓟
州
河

宝坻区

潮

京
杭
运
河

水
定
河

武清区

白

新
河

永
定
新
河

宁河区

北辰区

西青区

红桥区

子
牙
河

河北区

河东区

南开区

河西区

东丽区

和平区

天津

海
河

滨海新区

静海区

津南区

独
流
减
河

海

渤

京
杭
运
河

北大港水库

湾

图　例

⬤　省级行政中心

⊙　区政府

—·—·—　省级界

⊥⊥⊥⊥⊥　运河

▲　山峰

核密度值

	0 - 11.34591573
	11.34591574 - 34.705154
	34.70515401 - 63.40364673
	63.40361671 - 108.7873097
	108.7873098 - 170.188736

图6-3-10　天津市政设施类工业遗产核密度分析图

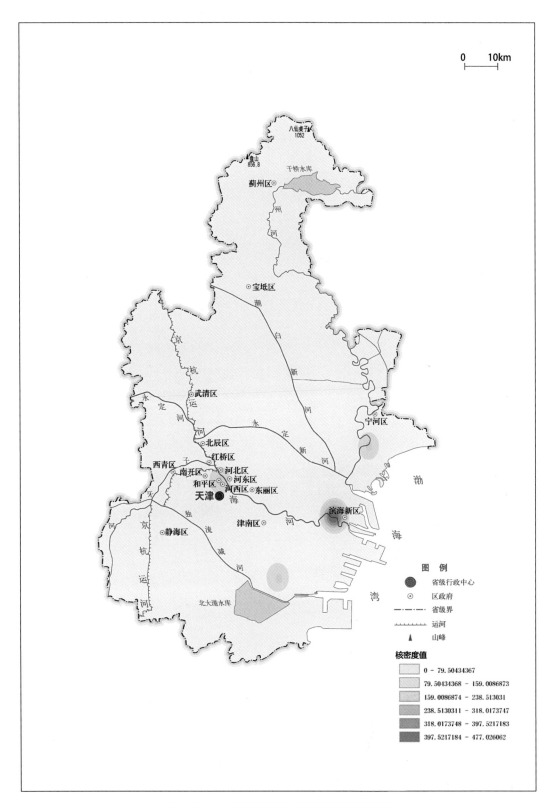

图6-3-11 天津化工类工业遗产核密度分析图

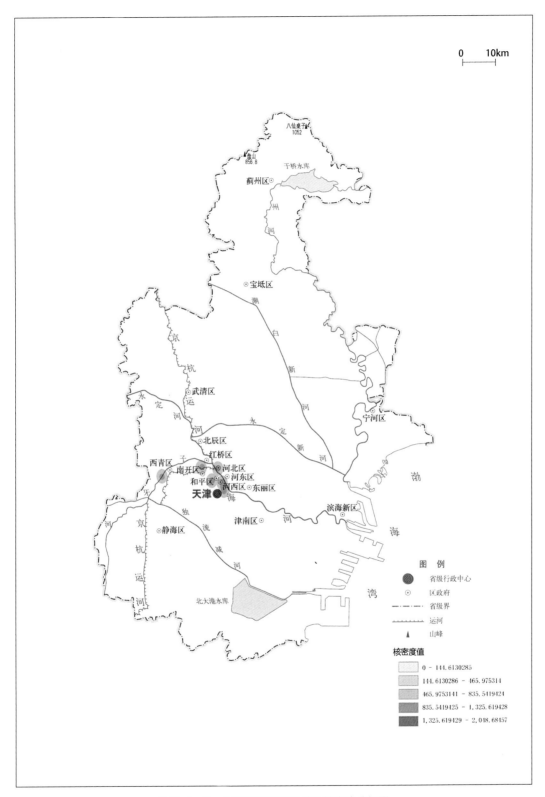

图6-3-12 天津纺织类工业遗产核密度分析图

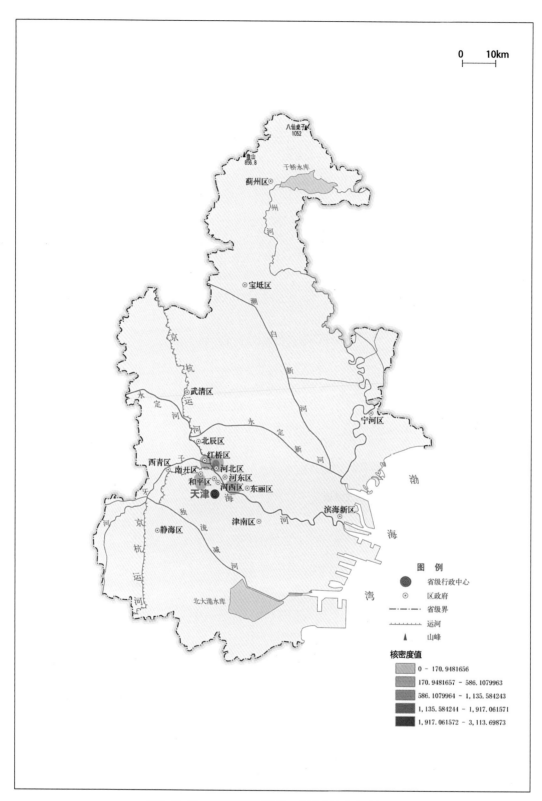

图6-3-13 天津机器制造类工业遗产核密度分析图

　　　　　　　　　　　　　　　　　第二卷　工业遗产信息采集与管理体系研究

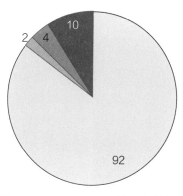

图6-3-14　天津市工业遗产保护等级统计图

| 无保护 | 天津历史建筑 |
| 全国重点文物保护单位 | 直辖市级文物保护单位 |

天津市级文物保护单位中的工业遗产　　　　　　　　表6-3-2

遗产名称	区县	行业类型	分布年代	保护等级
唐官屯铁桥	静海区	交通运输	1895～1913年	天津市级文物保护单位
陈官屯火车站	静海区	交通运输	1895～1913年	天津市级文物保护单位
静海火车站	静海区	交通运输	1895～1913年	天津市级文物保护单位
港5井	滨海新区	采矿	1964～1978年	天津市级文物保护单位
亚细亚火油公司油库	滨海新区	仓储	1914～1936年	天津市级文物保护单位
原招商局公寓楼	和平区	附属	1914～1936年	天津市级文物保护单位
杨柳青火车站大厅	西青区	交通运输	1895～1913年	天津市级文物保护单位
原法国工部局	和平区	市政	1914～1936年	天津市级文物保护单位
海河防潮闸	滨海新区	市政	1958～1963年	天津市级文物保护单位
大清邮局旧址	和平区	通信	1840～1894年	天津市级文物保护单位

　　具有天津历史建筑身份的工业遗产有原久大精盐公司大楼和比商天津电车电灯股份有限公司旧址。前者位于和平区，后者位于河北区，均位于天津市区内，且都为办公楼性质的工业附属遗产，因此以"近代建筑"的身份受到保护。

　　综上所述，天津工业遗产的保护现状较差，受保护的工业遗产数量极少，仅占到总数的14.8%，并且，目前在天津受到保护的工业遗产以办公楼等工业附属遗产为主，对工业遗产厂区的保护较少。这些问题都应在天津市工业遗产的相关部门、相关规划中引起重视。

第 7 章

遗产本体层级信息管理系统建构及应用研究
——以滨海新区工业遗产为例

工业遗产的信息采集与管理体系的本体层级包括文保单位信息管理系统（以下简称"专业系统"）和BIM信息模型，其对象是中国各级工业遗产类型的文物保护单位，目的是对工业遗产保护单位的全面信息进行储存、管理、展示及应用，支持工业遗产的保护规划、保护工程及再利用改造的方案编制、工程施工和后期管理。其中的信息管理系统面向的是工业遗产及周边环境，主要用于保护规划领域；信息模型主要面向工业遗产单体，如建（构）筑物遗产和设备。本章内容包括两部分，一是对文保单位信息管理系统建构和应用进行研究；二是以相关工业遗产的建（构）筑物及设备为例，探讨BIM信息模型的建构和应用。

工业遗产文保单位信息管理系统的信息采集：第一类是现场采集信息，第二类是文献资料信息，第三类是工业遗产相关者访谈信息，第四类是生产工艺流程信息。本章节首先对北洋水师大沽船坞遗址的文物构成、保护现状进行简介，然后对其遗产本体层级的信息采集内容、过程、成果等进行论述，最后对信息管理系统和信息模型的建构进行研究（图7-0-1）。

北洋水师大沽船坞的遗产本体层级主要应用到GIS和C++语言等技术。针对厂区层面，基于GIS技术，建构了北洋水师大沽船坞遗产本体信息管理系统，用于北洋水师大沽船坞厂区层面的信息管理、历史沿革研究、价值评估、保护规划的编制等。

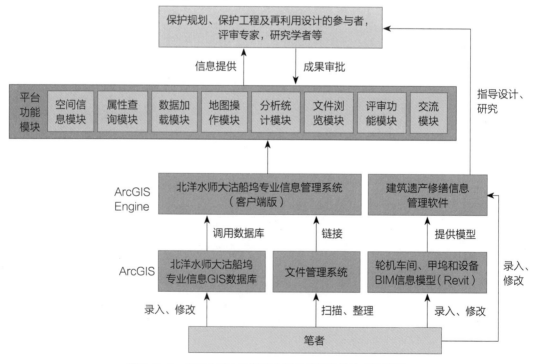

图7-0-1 北洋水师大沽船坞文保单位层级的技术路线图

7.1　北洋水师大沽船坞遗产本体信息管理系统建构研究[①]

北洋水师大沽船坞遗产本体信息管理系统建构的目的是为了探索GIS技术在工业遗产文物保护单位厂区层面的遗产本体信息管理、保护规划中的实际应用。在笔者的设计中，北洋水师大沽船坞遗产本体信息管理系统的使用对象是保护规划编制者、研究专家、相关评审专家等，其功能是通过管理系统的客户端软件，调取GIS数据库中的数据和文件数据库内的文件来实现的。北洋水师大沽船坞遗产本体信息管理系统的管理模块除了应具备传统的空间信息浏览、属性查询、数据加载、分析统计等功能外，还应具备评审功能模块，具体内容如图7-1-1所示。

7.1.1　GIS数据库框架建构

北洋水师大沽船坞遗产本体层级GIS数据库的框架更为复杂，主要依据"遗产本体层级"GIS数据库的框架标准制定，并结合了北洋水师大沽船坞的行业、历史等特点。首先，我们基于ArcGIS[②]进行了数据库框架设计，根据北洋水师大沽船坞遗址的自身特性设定了相应的"专题要素集"，主要包括历史地图要素集、周边环境要素集、工业遗产本体要素集、厂区环境要素集，每个要素集包含若干的要素类。数据库框架以及所包含的相关属性信息如表7-1-1所示。

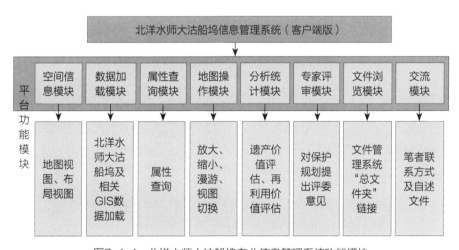

图7-1-1　北洋水师大沽船坞专业信息管理系统功能模块

---

①　本节执笔者：张家浩、青木信夫、徐苏斌、吴葱。

②　数据库框架的设计基于ArcGIS的Geodatabase个人地理数据库，Geodatabase是ArcGIS的一种数据格式。

大沽船坞要素分类信息表　　　　表7-1-1

要素集名称	要素名称	要素类型	属性表
历史地图要素集	厂区边界	面	边界始建年代、边界消失年代、面积、名称
	历史建筑	面	建筑名称、功能、面积、始建年代、消失年代
	历史船坞	面	船坞名称、功能、面积、始建年代、消失年代
周边环境要素集	周边建筑	面	建筑功能、名称、大致高度、始建年代
	周边地块	面	地块面积、功能
	周边道路	面	道路宽度、名称、路面材质等
	周边河流	面	河流名称、宽度等
工业遗产本体要素集	文物历史环境边界	面	名称、行业类型、保护等级、是否存在危险、年代、权属人、联系人方式、地址、GPS点、现状描述、历史沿革、重要产品（生产流程）、占地面积、调查者等
	轮机车间	面	名称、始建年代、面积等
	船坞	面	名称、始建年代、灭失年代，面积、技术
	海神庙	面	名称、始建年代、灭失年代、已知面积
	设备遗产	点	名称、功能、年代、制造商、制造国家
	其他可移动文物	点	名称、功能、年代
厂区环境要素集	道路	面	宽度、名称、路面材质
	防潮堤	线	名称、高度
	普通建筑	面	名称、始建年代、功能、层数、面积
	厂区边界	面	名称、面积
	厂区功能区	面	功能、面积
	厂区污染	面	面积、中心经纬度坐标、污染物
	厂区杂草	面	面积、中心经纬度坐标
	厂区绿化	点	名称、品种等
	厂区给水	线	名称、管线宽度
	厂区排水	线	名称、管线宽度
	厂区附属设施	点	名称、功能
	停车位区域	面	名称、面积、车位面积
	厂区景观节点	点	名称
	文物管理	点	名称

　　然后，将北洋水师大沽船坞遗址对应信息录入GIS数据库，用于后期信息的管理及应用分析的研究，成果如图7-1-2所示。

7.1.2 文件数据库的建构

北洋水师大沽船坞遗产本体信息管理系统的文件数据库是建立在Windows10操作系统的文件管理系统的基础上的，用于北洋水师大沽船坞相关文献资料的储存与管理，并连接入大沽船坞专业系统进行统一的管理。

北洋水师大沽船坞的文件数据库包括现场勘查、文献资料、相关者访谈以及生产工艺流程的信息采集的数据资料（图7-1-3、图7-1-4）。

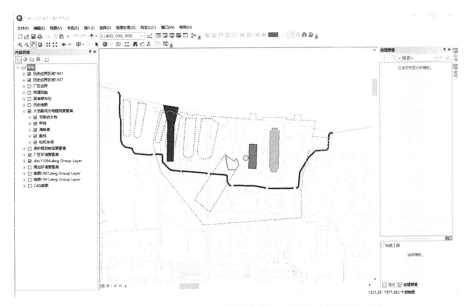

图7-1-2　北洋水师大沽船坞文保单位层级GIS数据库截图

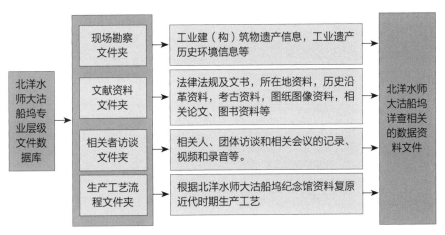

图7-1-3　北洋水师大沽船坞文保单位层级文献管理系统结构图

7.1.3 北洋水师大沽船坞遗产本体信息管理系统的建构

以北洋水师大沽船坞的GIS数据库和文件数据库为数据源，基于C++编程语言和ArcGIS Engine开发组件，开发了北洋水师大沽船坞遗产本体信息管理系统，并实现了空间信息、数据加载、地图操作、属性查询、分析统计、文件浏览、专家评审等功能，基本满足了建筑史研究学者、保护规划编制者以及评审专家等用户的需求（图7-1-5）。

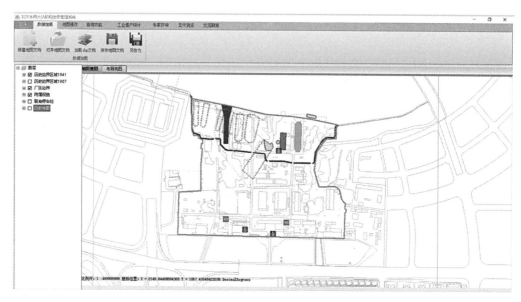

图7-1-4　北洋水师大沽船坞信息管理系统截图

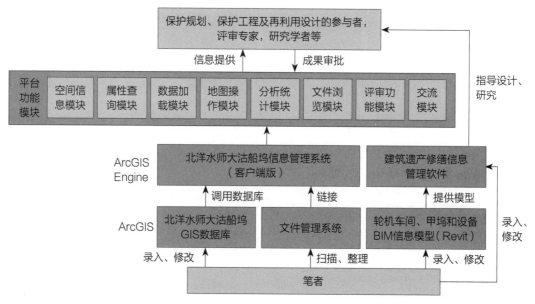

图7-1-5　北洋水师大沽船坞信息管理系统结构图

7.2 GIS在北洋水师大沽船坞保护规划中的应用研究[①]

7.2.1 基于时态GIS的大沽船坞历史沿革探究

利用GIS（Geographic Information System）时态数据，在原有的北洋水师大沽船坞GIS数据库的基础上，加入时间属性使之成为GIS时态数据库。时态属性的加入使GIS系统的研究对象从"三维空间"扩展到"三维空间+时间"，基于此项技术，我们可以利用时间先后顺序对研究对象的图形、文献等信息进行系统组织，对研究对象的演变历程进行动态的可视化研究分析，还可通过导出视频等方式进行直观表达。将GIS时态数据技术引入工业遗产乃至其他文化遗产和历史文化名城名镇名村的历史研究及保护规划中，可以更为有效地组织历史及现状的文献、图纸等数据，为研究与保护提供科学有效的研究系统及方法。

北洋水师大沽船坞经历清末、民国时期的数据来源主要有：成文于1928年（民国17年）的《大沽船坞历史沿革》[②]，成书于1907年（光绪三十三年）的《直隶工艺志初编》中的清末时期格局示意图，1926年的《海军实纪》中记载的1926年的格局，1941年的测绘图（图7-2-1），塘沽区文化局编制的《北洋水师大沽船坞》文集等；中华人民共和国成立后的数据来源有：滨海新区规划部门提供的2008年1∶1000现状CAD图、航拍图，天津市船厂编制的《图文大沽船坞》，课题组通过实地调研、采访厂内员工、测绘等手段获得的一手资料。

建构北洋水师大沽船坞GIS时态数据库框架，将收集的数据进行整理录入。在此数据库中，对各个年代的历史格局进行了还原、再现，通过对"时间滑块"的拖动（图7-2-2），

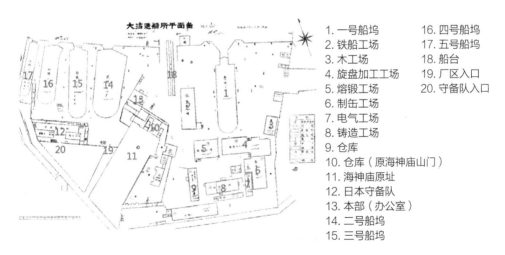

1. 一号船坞　　　　　16. 四号船坞
2. 铁船工场　　　　　17. 五号船坞
3. 木工场　　　　　　18. 船台
4. 旋盘加工工场　　　19. 厂区入口
5. 熔锻工场　　　　　20. 守备队入口
6. 制缶工场
7. 电气工场
8. 铸造工场
9. 仓库
10. 仓库（原海神庙山门）
11. 海神庙原址
12. 日本守备队
13. 本部（办公室）
14. 二号船坞
15. 三号船坞

图7-2-1　大沽船坞1941年测绘图

---

① 本节执笔者：张家浩、青木信夫、徐苏斌、吴葱。
② 作者为1931年时大沽造船所工务科一等科员王毓礼。

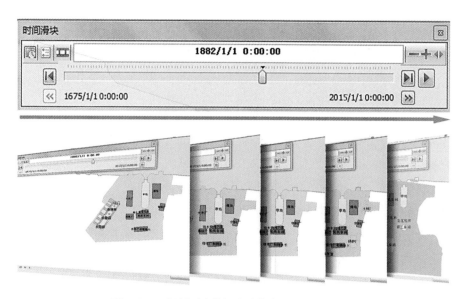

图7-2-2 通过时态数据库功能实现格局动态研究

动态化地反映出北洋水师大沽船坞从始建至今随时间产生的厂区边界、厂区功能等的格局演变以及各年代建筑的建设、毁损、功能等的变化。通过这种新手段,我们能更直接有效地进行相关历史研究与表达,从而在北洋水师大沽船坞的保护规划中更加科学地确定历史环境的分布区域,为保护范围的划定和将来地下遗址的发掘提供科学指导。

通过对数据库整理成果的分析,我们可以发现北洋水师大沽船坞遗址格局演变有五个重要时期,分别为:初创期(1880～1897年),停滞期(1898～1916年),中兴期(1917～1925年),破坏期(1926～1948年),重建改造期(1949～1998年),保护期(1999年至今)(表7-2-1)。

1)初创期(1880～1897年)

这一时期虽经历了甲午海战失败,但大沽船坞并没有遭受损失,生产建设未曾停止,先后完成了大沽船坞中各厂房、船坞等重要建筑的建设,奠定了大沽船坞在1951年之前的规模。王毓礼《大沽船坞历史沿革》一文中记载:"是年庚辰二月,购用民地一百十亩,建筑各厂,各坞。"由此可知,大沽船坞初期厂址面积应为110亩。根据数据库中依据历史信息复原的大沽船坞格局,我们可以测得总面积有83246.6平方米,清朝尺约为"32～34.35厘米",每亩面积与现今相当,约为125亩,这与记载不相符。后经验证,海神庙为皇家庙宇,并非民地,面积约为11亩,厂区其余部分围绕海神庙,面积为114亩,与记载大致相符。这也证明,大沽船坞在创建时是有意以海神庙为中心的。通过对数据库内历史地图的研究,可发现以海神庙西山墙为界,厂区被明显分为两部分,并且"东厂"是大沽船坞最早修建的区域,主要的生产性厂房也分布于此,如图7-2-3所示。

北洋水师大沽船坞遗址历史沿革表

表7-2-1

朝代	时期	重要事件	时间	名称
清朝	初创期（1880～1897年）	购地110亩，5月开始兴建，先后建造甲坞、轮机厂房、马力房、抽水房、大木厂、码头、起重架、绘图楼、办公房、库房（模样厂楼上、铸铁厂楼下）、熟铁厂、锅炉厂	1880年	大沽船坞（1880～1903年）
		乙坞，丙坞	1884年	
		丁坞，戊坞	1885年	
		办公房，报销房，西坞抽水房，西坞军械库，两土坞	1886年	
		兴建炮厂	1892年	
		西坞水雷营，营房	1897年	
	停滞期（1898～1916年）	俄国占领	1900年	
		俄国掠夺设备	1901年	
		李鸿章赎回，袁世凯测绘	1902年	
		更名为铁工厂分厂	1904年	铁工厂分厂（1903～1912年）
		厂区部分被宪兵学堂借用	1906年	
		甲坞淤塞	1907年	
		甲坞竣工	1909年	
		船厂修整	1910年	
		辛亥革命成功，建设停滞	1911年	
民国		更名为大沽处造船所	1913年	大沽造船所（1913～1928年7月）
	中兴期（1917～1925年）	兴建1号炮场，扩建轮机厂	1917年	
		兴建2号炮场、铜厂，扩建熟铁厂	1918年	
		兴建3号炮场，扩建1号炮场	1919年	
		在海神庙内创建大沽海军管轮学校	1920年	
		学校失火，海神庙烧毁，扩建1号炮场	1922年	
	破坏期（1926～1948年）	国奉交战，大沽造船所机器、物资被转移至青岛	1926年	
		机器、工人被奉军转移至奉天，后被国民军占领，又遭到破坏，7月更名为平津机械厂大沽分厂	1928年	平津机械厂大沽分厂（1928年7月～1942年）
		日本占领	1937年	
		兴建木工厂房	1938年	
		更名为天津浮船株式会社	1942年	天津浮船株式会社（1942～1945年）
		厂房、仓库等损失过半，戊坞被填平	1945年	
		中华人民共和国成立前夕又遭到破坏，损失惨重	1948年	大沽造船所（1944～1948年）

朝代	时期	重要事件	时间	名称
中华人民共和国	重建改造期（1949～1998年）	解放军接管	1949年	天津区港务局第一修船厂（1949～1953年）
		1953年新河船舶修船厂与大沽修船厂合并，人员、设备调到新河船厂	1953年	新河船舶修船厂大沽坞（1953年）
		1954年撤销新河船厂大沽坞，全部并入新河船厂；塘沽机器厂接管大沽坞厂区并扩建	1954年	塘沽机器厂（1953～1956年7月）
		更名为天津市船舶修造厂	1956年7月	天津市船舶修造厂（1956年7月～1960年11月）
		更名为天津市渔轮修造厂	1960年11月	天津市渔轮修造厂（1960年11月～1982年10月）
		地震倒塌房屋8000余平方米，1977年恢复最高生产水平	1976年	
		丁坞被改造成半坞式机械化船台	1978年	
		更名为天津市船厂	1982年10月	天津市船厂（1982年10月至今）
		乙坞被填平	1986年	
		丙坞被填平	1998年	
	保护期（1999年至今）	筹建大沽船坞遗址纪念馆	1999年	
		厂礼堂被改造为北洋水师大沽船坞遗址纪念馆	2000年6～9月	
		北洋水师大沽船坞遗址被评为全国重点文物保护单位	2013年6月	

2）停滞期（1898～1916年）

这一时期，大沽船坞经历了八国联军侵华、清末新政以及辛亥革命胜利。在八国联军侵华时被俄国占领，设备遭到掠夺，后由李鸿章赎回，于1904年更名为铁工厂分厂，1906年，厂区南部被宪兵学堂借用，1913年，又更名为大沽处造船所。这一时期由于政局动荡，大沽船坞多次更名，建设和维护也一度陷入停滞（图7-2-4）。

图7-2-3 大沽船坞1880年格局　　　　图7-2-4 大沽船坞1898年格局

3）中兴期（1917～1925年）

这一时期，在"直隶督军"曹锟的经营下，大沽船坞的建设多为在"初创期"基础之上的加建项目，根据数据库中对这一时期的格局的还原，可以看出这一时期的建设重点依然是厂区的东部。"东厂"的历史、社会等价值在这一时期又得到了提升，而在1922年，海神庙的不幸烧毁对整个厂区的格局产生了重要的影响，如图7-2-5所示。

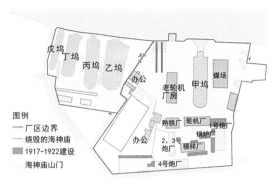

图7-2-5　大沽船坞1922年格局图

4）破坏期（1926～1948年）

在这一时期，大沽船坞先后经历了军阀混战、抗日战争与解放战争。在军阀混战中，大沽船坞的设备、物资、人员等先后被劫掠到青岛、奉天等地；日占时期，由于缺乏维护，厂内建筑损失过半，戊坞也在这一时期被填平；解放战争时期，国民党撤离时带走大量物资，同时也对大沽船坞造成了巨大破坏。

5）重建改造期（1949～1998年）

1949年后，大沽船坞经过多次改组，1954年更名为塘沽机器厂，并进行了扩建。这次扩建由于原"核心区"海神庙区域的烧毁以及在"破坏期"的损失，完全打破了原有的格局，并形成了较规整的道路系统（图7-2-6）。后经多次改造，乙、丙、戊坞不复存在，丁坞被彻底改造，仅存甲坞、轮机车间和2005年发掘的海神庙遗址。

图7-2-6　大沽船坞（天津市船厂）1998年至今的格局

6）保护期（1999年至今）

1999年之后，北洋水师大沽船坞的文物价值开始受到关注。1999年，天津市船厂在厂区内筹建大沽船坞遗址纪念馆，并在次年将厂礼堂改造为纪念馆，拉开了北洋水师大沽船坞保护的序幕。2013年6月，北洋水师大沽船坞遗址被公布为第七批全国重点文物保护单位，目前，对它的保护与利用方案仍在制定当中。

综上所述，基于GIS时态数据库的可视化分析研究，笔者梳理出了北洋水师大沽船坞的历史沿革、各时期的演变，进行了详细、直观的分析与表达，确立了北洋水师的主要地下遗址埋藏区为1880年始建厂区的范围，以"东厂"边界为准，而核心保护区的范围应以1881年之后的厂区边界为准，不能以1880年始建时的边界为依据，为保护规划的编制提供了坚实的依据。

7.2.2 基于GIS技术的价值评估研究

对北洋水师大沽船坞进行价值评估，是保护规划科学编制的重要前提。目前，中国工业遗产的价值评估体系仍处于探讨研究的阶段，还没有形成统一的标准体系。主要的评价体系有：许东风于2013年提出的评价体系，体系内包括历史价值、技术价值、社会价值、经济价值、审美价值和真实性、完整性等几个评价指标；天津大学重大课题组于2014年提出的《中国工业遗产价值评价导则（试行）》，将工业遗产的评估分为物质资本、人力资本、自然资本和文化资本四个方面。因此，基于前人经验的总结，本研究出于方法探索的目的，对北洋水师大沽船坞的价值评估有两个方面：一是定量地分析大沽船坞内工业建（构）筑物遗产和遗址的本体价值的高低以及保存现状的好坏，确定保护的重点范围及对象；二是评估非文物建（构）筑物的再利用价值，确定值得保留并进行改造的建（构）筑物，拆除保留价值较低者，对厂区环境进行整合治理。利用GIS数据库的价值评估的定量操作和可视化表达，有利于更系统、更直观地研究与展示。

综上所述，本研究中，笔者将工业遗产的评估对象确定为工业建（构）筑物，项目分为两个方面：即遗产评估和非遗产评估。遗产评估分为对工业建（构）筑物遗产的价值评估和保存情况评估。价值评估包括历史价值、艺术价值、科学价值、社会文化价值，涉及文物的本体价值；现状评估包括真实性评估与完整性评估，涉及文物的保存现状。非遗产评估的再利用价值评估分为建筑风貌、建筑面积、保存情况三个方面，具体情况如图7-2-7所示。在数据库中，针对各评价项目设定打分标准，进行定量评价，并利用数据库对评价结果进行可视化表达。本研究中，评估的各类项目均设有定量的好（3分）、中（2分）、差（1分）三档，具体内容如表7-2-2所示。首先，由专家带领团队对各工业建（构）筑物遗产和非遗产的建（构）筑物进行单独的评估，然后再由专家判断各分项之间的重要性的高低，并采用加权的

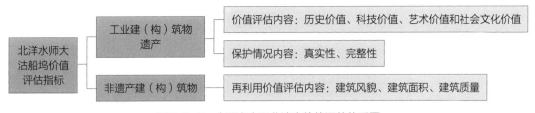

图7-2-7 本研究中工业遗产价值评估体系图

北洋水师大沽船坞价值评估指标 表7-2-2

北洋水师大沽船坞价值评估指标	工业建（构）筑物遗产	价值评估内容	历史价值	建于17世纪（3分） 建于1880年（2分） 建于1881年或以后（1分）
			科技价值	工业生产主要发生场所（3分） 工业生产附属场所（2分） 非工业生产场所（1分）
			艺术价值	具有很高的艺术价值，如可代表当时建筑风格，著名建筑师作品等（3分） 具有较高的艺术价值（2分） 具有一般的艺术价值（1分）
			社会文化价值	具有很高的社会文化教育意义（3分） 具有较高的社会文化教育意义（2分） 具有一般的社会文化教育意义（1分）
		保护情况内容	真实性	保存了较多的始建时期的历史信息（3分） 保存了较少的始建时期的历史信息（2分） 保存了极少的始建时期的历史信息（1分）
			完整性	建构筑物遗产保存情况较好，结构体系、围护结构完好（3分） 建构筑物遗产保存情况一般，结构体系完好（2分） 保存情况较差，结构稳定性存在问题或已倒塌（1分）
	非遗产建构筑物		建筑风貌	具有较好的工业建筑风貌（3分） 具有一般的工业建筑风貌（2分） 不具有工业建筑风貌（1分）
			建筑面积	建筑面积在2000平方米之上的（3分） 建筑面积在1000～2000平方米的（2分） 建筑面积在1000平方米以下的（1分）
			建筑质量	建筑主体结构、围护结构、附属构件保存完好（3分） 建筑主体结构保存完好（2分） 建筑结构问题性存在隐患（1分）

方式判定其加权系数，再对工业建（构）筑物遗产进行总体的评价。基于GIS技术的各分项的评估结果如图7-2-8～图7-2-16所示。

经过对工业建构筑物遗产的各分项进行评估，可发现历史价值最高的是海神庙遗址，其次是甲坞和轮机车间；社会文化价值最高的是海神庙，代表了中国古代优秀的祭海传统，也是整个北洋水师大沽船坞厂区的中心，其次是轮机车间和甲坞，见证了中国近代海军的诞生和发展；科技价值最高的是轮机车间和甲坞，是中国近代船舶制造业的典型物证；艺术价值最高的是轮机车间，是当时厂房建筑的典型代表；真实性和完整性最好的均是甲坞和轮机车

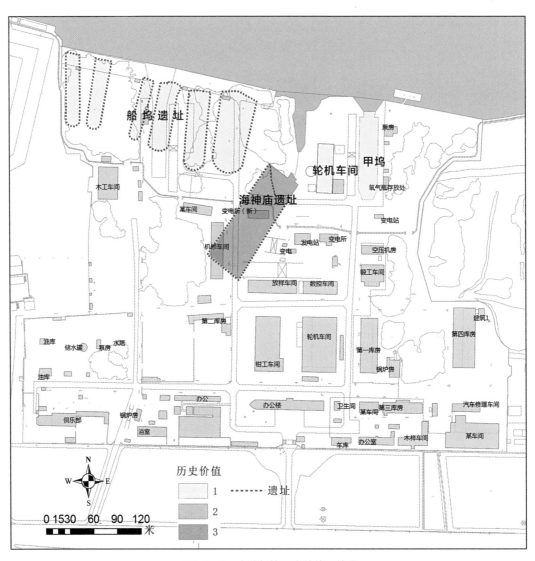

船坞遗址

轮机车间 甲坞

海神庙遗址

木工车间

某车间   变电所（新）

机修车间   变电

放样车间   数控车间

第二库房

油库 储水罐 泵房 水塔

油库

俱乐部 锅炉房

浴室

办公

办公楼

钳工车间

轮机车间

泵房

氧气瓶存放处

变电站

空压机房

锻工车间

建筑1

第四库房

第一库房

锅炉房

卫生间

某车间 第三库房

车库

办公室

汽车修理车间

木样车间

某车间

历史价值

1

2

3

遗址

N

W   E

S

0 15 30   60   90   120
米

图7-2-8 大沽船坞历史价值评估图

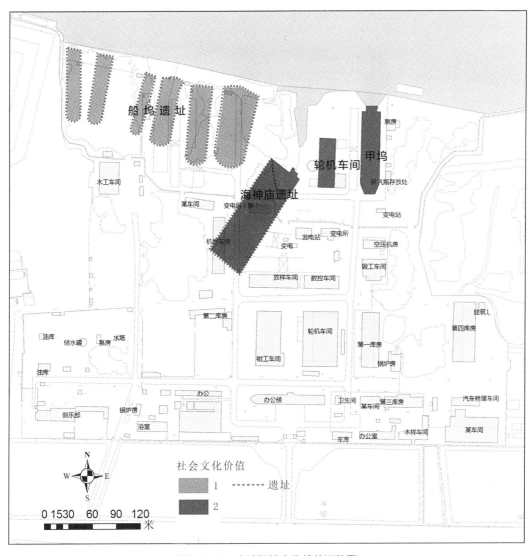

图7-2-9　大沽船坞文化价值评估图

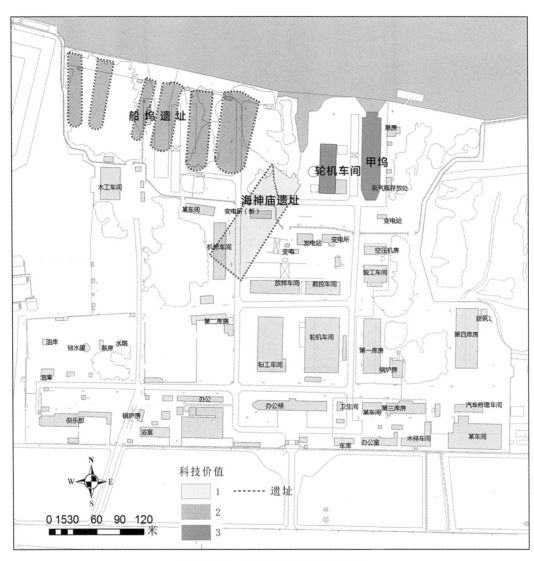

船坞遗址

泵房

轮机车间 甲坞

海神庙遗址

木工车间

某车间 变电所（新）

氧气瓶存放处

变电站

机修车间

发电站 变电所

空压机房

变电

锻工车间

放样车间 数控车间

第二库房

轮机车间

建筑1

油库 储水罐 水塔

第四库房

泵房

第一库房

制工车间

锅炉房

油库

办公

办公楼

卫生间

汽车修理车间

俱乐部 锅炉房

某车间 第三库房

浴室

车库 办公室

木样车间

某车间

科技价值

1 ┈┈┈ 遗址

W━E
N
S

2

0 1530　60　90　120
米

3

图7-2-10　大沽船坞科技价值评估图

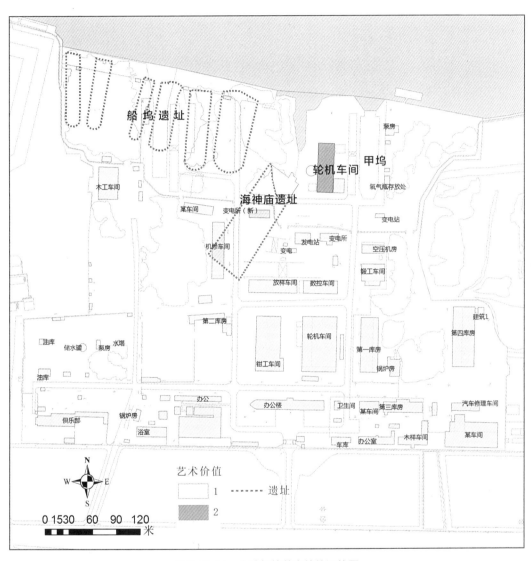

图7-2-11 大沽船坞艺术价值评估图

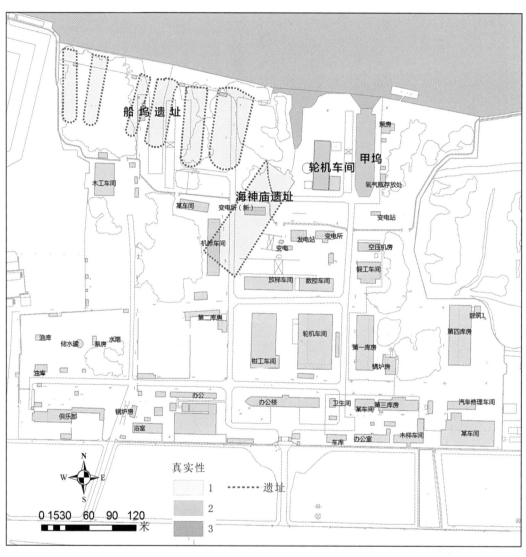

船坞遗址

海神庙遗址

轮机车间

甲坞

泵房

氧气瓶存放处

木工车间

某车间

变电所（新）

变电站

机修车间

变电

发电站

变电所

空压机房

锻工车间

放样车间

数控车间

建筑1

第二库房

轮机车间

第四库房

油库

储水罐

泵房

水塔

钳工车间

第一库房

捣炉房

油库

俱乐部

锅炉房

浴室

办公

办公楼

卫生间

某车间

第三库房

汽车修理车间

木样车间

某车间

车库

办公室

真实性

1 ——— 遗址

2

3

0 15 30 60 90 120
米

N
W E
S

图7-2-12 大沽船坞真实性评估图

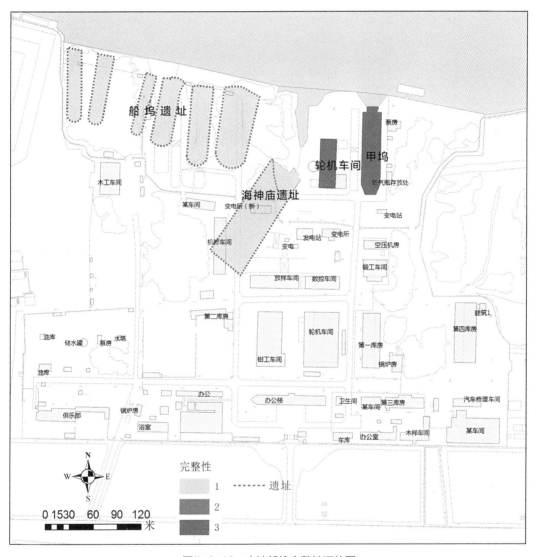

图7-2-13 大沽船坞完整性评估图

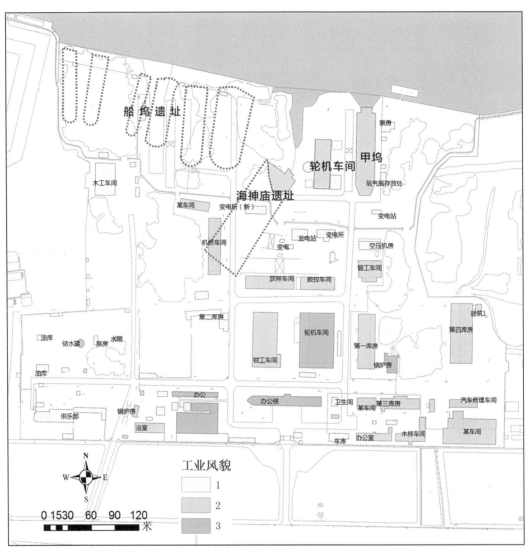

图7-2-14　非遗产建（构）筑风貌评估图

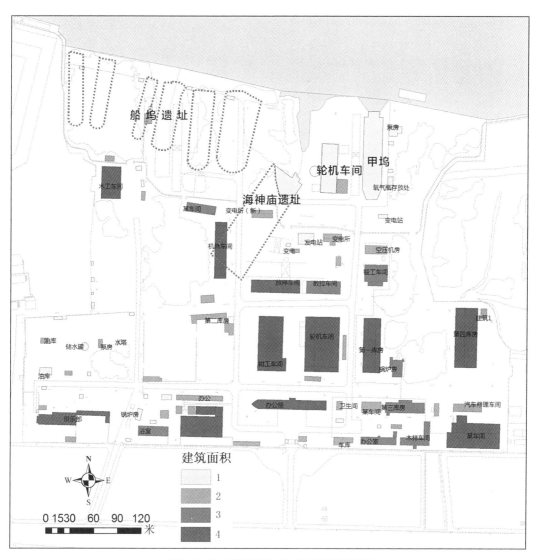

图7-2-15 非遗产建（构）筑面积评估图

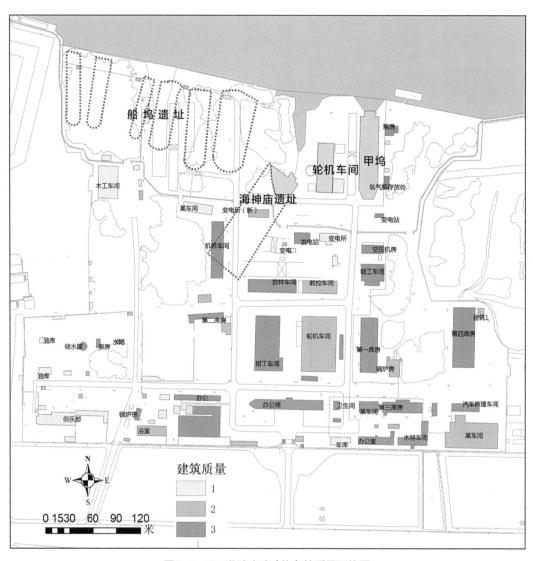

图7-2-16 非遗产建（构）筑质量评估图

间，其他泥坞和海神庙遗址的保存情况较差。对于非遗产建构筑物的再利用价值的评估中，可以明显地看出，天津市船厂入口处的办公楼、新轮机车间、钳工车间、纪念馆等一系列建筑组群的再利用价值较高。

然后，基于加权法，得出各单项的加权系数。首先，分别设文物建筑和非文物建筑的总加权分值为1，然后通过比较各个单项的重要程度，计算得出各单项的加权系数，结果如表7-2-3所示。

北洋水师大沽船坞文物价值与再利用价值评估加权系数统计表　　　　表7-2-3

大沽船坞文物评估	文物价值评估	历史价值	0.1914
		科学价值	0.1738
		艺术价值	0.0638
		文化价值	0.071
	保存现状	真实性	0.25
		完整性	0.25
非文物建筑评估	再利用价值	建筑质量	0.3334
		建筑风貌	0.3333
		建筑面积	0.3333

最后，根据加权值，利用GIS技术对各个文物建（构）筑物要素和非文物建筑要素的价值评估的相应属性值进行计算，并利用GIS技术进行可视化展示表达，结果如图7-2-17、图7-2-18所示。通过分析可知，目前北洋水师大沽船坞的工业建（构）筑物遗产中，甲坞的遗产价值最高，轮机车间次之，其他的地下船坞和海神庙遗址已发掘的区域遗产价值较低。对于普通建筑而言，再利用价值最高的为天津市船厂办公楼、目前的北洋水师大沽船坞纪念馆以及新轮机车间和钳工车间等，而木工车间、机工车间、机械厂仓库等的再利用价值较低。

确定其中遗产价值较高的为轮机车间、甲坞以及海神庙遗址，在保护规划中应突出这三者的重点地位；而大沽船坞遗产本体的保存现状均较差，尤其是埋藏于地下的船坞遗址及海神庙遗址，在保护规划中应重视文物建筑的修缮恢复以及遗址的勘察发掘和保护利用。对于厂区非遗产的建构筑物，通过评估确定再利用价值较高与较低的建筑，在保护规划的制定中应根据评估结果确定保留下的非遗产建筑并对其再利用方案进行探讨。

7.2.3　GIS技术指导下的保护规划编制研究

基于GIS技术进行工业遗产保护规划的编制工作，应制定相应的保护规划的GIS数据库框架。北洋水师大沽船坞保护规划的GIS数据库要素如表7-2-4所示。GIS作为一种地理信息技术，对工业遗产保护规划的前期信息采集成果的管理、历史格局研究、价值评估、保护规

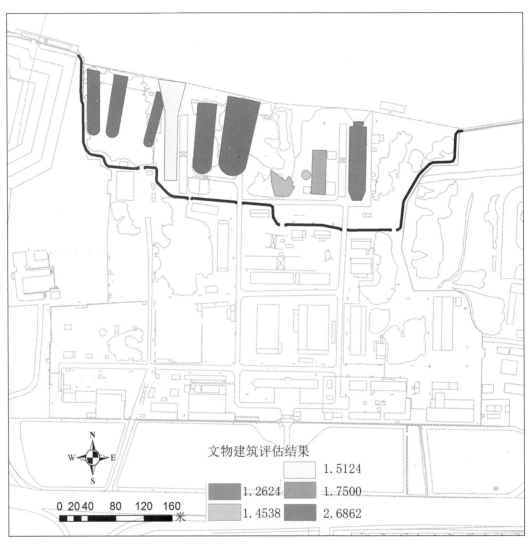

文物建筑评估结果

1.5124
1.2624   1.7500
1.4538   2.6862

图7-2-17 北洋水师大沽船坞文物建构筑物价值评估结果图

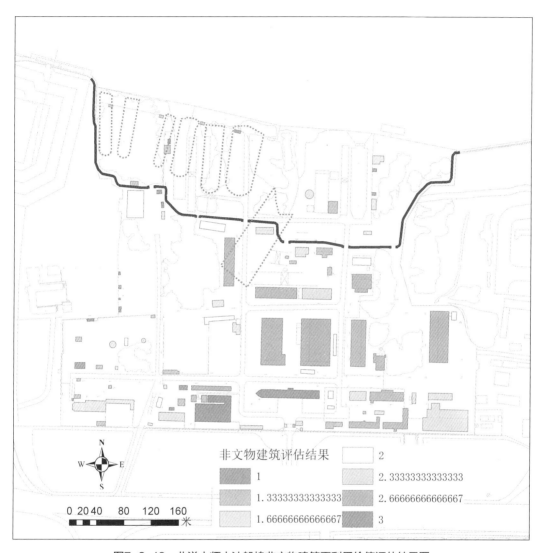

非文物建筑评估结果

▢	2
▨ 1	▨ 2.33333333333333
▨ 1.33333333333333	▨ 2.66666666666667
▨ 1.66666666666667	▨ 3

0 20 40   80   120 160
米

图7-2-18 北洋水师大沽船坞非文物建筑再利用价值评估结果图

划图纸绘制以及后期的保护规划成果和实施状况管理等工作具有重要的指导和辅助意义。总而言之，对于工业遗产保护规划的编制，GIS技术可应用于从前期信息采集、规划编制到规划实施管理的全周期。本研究中，笔者已经依据GIS技术实现了对北洋水师大沽船坞的历史沿革和价值评估的研究，确定了大沽船坞的遗产分布位置、保护重点以及具有再利用价值的非遗产建（构）筑物，为保护区划的划分、保护措施的制定、再利用方案的确定等提供了科学依据。为了规划图纸绘制而建构的保护规划GIS数据库，也将在未来的工业遗产的保护管理中发挥重要的作用。

笔者和课题组基于所建构的保护规划GIS数据库，利用GIS技术对保护规划的图纸进行了绘制，还需将GIS生成的图纸导出到Photoshop软件中进行进一步加工，获得最后的图纸成果。

北洋水师大沽船坞保护规划GIS数据库要素 表7-2-4

要素集名称	要素名称	要素类型	属性表
保护范围要素集	重点保护区	面	名称、面积
	一般保护区	面	名称、面积
	一级建控地带	面	名称、面积
	二级建控地带	面	名称、面积
	环境控制区	面	名称、面积
	功能分区（面要素）	面	名称、功能、面积
	规划分期	面	名称、规划年限、实施年限
管理规划要素集	值班室	面	名称、功能
	摄像头（点要素）	点	编号
	巡逻路线（线要素）	线	路线名称
展示规划要素集	展示路线（线要素）	线	路线名称
	主题展馆（要素）	面	名称、功能、面积、层数
整治规划要素集	环境整治	面	名称、面积、整治手段
	道路整治	面	名称、整治手段
基本设施规划要素集	座椅	点	编号、名称
	垃圾桶	点	编号、名称
	卫生间	点	编号、名称
	给水管线	线	名称、管线宽度
	排水管线	线	名称、管线宽度
消防规划要素集	消火栓	点	编号、名称
	消防通道	线	编号、名称
普通建筑要素集	防潮堤调整	线	名称、高度、材质
	厂区保留建筑	面	名称、改造后功能、面积、层数、层高
	厂区拆除建筑	面	名称
	新建建筑	面	名称、功能、面积、层数、层高

7.3 工业遗产建（构）筑物信息模型的建构——以黄海化学工业研究社、大沽船坞轮机车间为例[①]

前面主要探讨了基于GIS技术的北洋水师大沽船坞信息管理系统建设路径研究，后文将会讨论BIM技术在工业遗产信息管理中的应用。

工业遗产建（构）筑物是工业遗产的重要组成内容。信息内容广泛，通过建模的方式对各类信息进行集成化表达。在信息采集中提到，厂区内的建筑分为工业建筑和民用建筑两类，它们在建筑形式和功能上差异较大，应予以分开讨论。本书选取大沽船坞轮机车间为厂区内工业建筑的代表，以黄海化学工业研究社作为厂区内民用建筑的代表。通过阐述二者建模的工作方法，找出工业遗产中两类建筑建模的异同点。

7.3.1 基于BIM的工业遗产建（构）筑物信息准备

从信息管理的角度讲，BIM建模是将非结构化信息转化为结构化信息的过程。从历史资料、档案、现场采集到的信息都处于非结构化的状态，这样的信息采集是不完整的，需要通过人工解读，将信息转化成为结构化形式才能够达到信息为保护工作所用的目标。进行信息结构化的第一步就是对已采集的信息进行整合、处理，对BIM模型包含信息的详细程度及范围做到心中有数。

现有研究采用对信息进行分级的方式进行信息准备。分级依据测绘信息与模型搭建工作的相关性，越直接影响模型构建的信息（如尺寸、形状等）在分级中越靠前，依次分为几何信息、组成信息、物理信息、价值信息。笔者认为这种分级方式能够有条理地组织采集到的信息，但这种分级与BIM模型搭建关系微弱，在与建模的衔接上缺少对应关系。实际操作中，不能通过分级后的信息直接对应到BIM建模中的信息。因此，在信息准备阶段还需研究分级后的信息如何映射到BIM模型中。

准备映射信息：采集后的信息根据信息结构化程度进行信息划分，按照由易结构化到难结构化的方式进行排列：几何信息、构造与材料信息、保存信息和价值信息。

映射完成信息：BIM模型信息载体是模型，以最常用的Revit软件为例，模型的组成单元是图元，分为模型图元、基准图元和视图专用图元。

映射通过现有的设置或者自行添加属性等方式完成信息录入，将现有的非结构信息纳入到BIM已有的结构化框架之中。对二者进行映射，可以得知双方的关系，进而得知已采集到的信息能够通过何种形式在BIM模型中得以表达。进行这样的信息准备后，能够轻松地将现

---

① 本节执笔者：石越、青木信夫、徐苏斌、吴葱。

有信息转化到BIM模型中。值得一提的是这一过程离不开工作者对工业遗产的认识，这方面已有研究进行阐述，这里不再赘述。

7.3.2 表意模型搭建

在完成信息准备阶段后便可以搭建模型。必须明确建模的目的——充分表达工业遗产信息，因此首先要了解需要建立什么样的模型。在张掖大佛殿建筑测绘的实践中总结并定义了两种模型作为成果的表达方式：表意模型和表象模型。"表象模型"追求与物体本身的"形似"，尽全力真实客观地反映建筑的现状，以成果传达视觉信息。"表意模型"追求"神似"，是在对建筑深入理解的基础上建立的，能够反映建筑特征，但对于细枝末节的问题不进行反映，本质是一种索引。表意模型不是百分百与现状相同，讲究反映有重要意义的、符合模型构建逻辑的信息，对于某些不能在模型里反映的信息，需要在其索引指导下在其他模型、照片等媒介下去得到。在对表意模型和表象模型深入理解后，不难看出，工业遗产建（构）筑物信息模型应该搭建成为表意模型。需要记录的工业遗产建（构）筑物信息的重点在于建筑的特征和本质而不单单是形态，表象模型无法满足需求。通过表意模型表达建筑结构形式、构造方式，各类构件尺寸、材料等信息。工业遗产建（构）筑物中有些信息也是不便通过信息模型反映的，比如由于工业遗产建筑建成时间久，各构件多少发生了形变，造成了建筑尺寸、形制方面的偏差，这种形变信息不便在模型中反映，不会出现在表意模型中。利用点云能够忠实地反映建筑细小偏差的特性，以表意模型为索引，使用点云表示形变信息。

中国近代工业建筑遗产主要有两种来源，即由传统建筑改建或依照外来建筑方法新建而成，但两者在BIM软件的建模方式上一致，这点对于工业遗产BIM建模有着极大的好处，工业遗产建模的操作流程与工业建筑BIM模型搭建基本一致。

BIM建模中，信息结构化的顺序与信息易结构化程度相关。信息结构化的顺序是指在从信息到模型的过程中，哪些信息先添加到模型中，哪些信息后放到模型中需要被说明。毫无逻辑地建立信息模型对后续的信息模型分析利用非常不利，同时容易遗漏信息。易结构化的信息应优先实现结构化，因为这些信息非常容易在实体物件上反映出来。不易结构化的信息可以附着在已经建立起来的模型之上，因而在建模中相继完成几何信息、构造与材料信息、保存信息、价值信息的结构化。几何信息、构造与材料信息是模型建立的基础，是完成工业遗产建筑实体模型的重要信息。完成这二者的结构化，就是完成了一个工业遗产建筑的理想模型。这个理想模型反映了建筑初始形态和原始设计意图的记录，作为基础平台，保存信息、价值信息可随时添加至其上。

首先，完成建筑的参考标准信息的结构化。根据Revit链入的点云和手测数据确立建筑的控制尺寸：标高、轴网（图7-3-1）。几何信息中的参考标准信息，描述的是建筑的开间、进深、高度等整体信息，是整个理想模型的基础。后续建立的所有建筑构件都直接或间接地

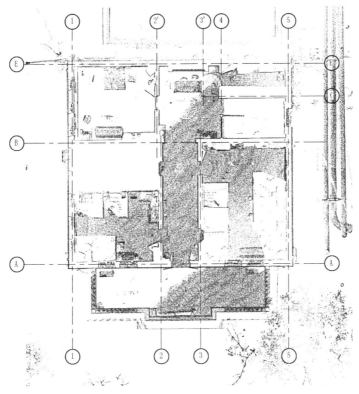

图7-3-1 黄海社控制尺寸的确定

与轴线、标高等控制尺寸联系，因此在确立控制尺寸时尽量准确，要拾取完整清晰的点云数据作为定位的依据来减小误差。

　　然后，完成实体几何信息的结构化，在此过程中同步完成构造与材料信息的结构化。常用的BIM建模软件有Autodesk Revit、ArchCAD等，遵循墙体、柱、梁、楼板、屋顶、门窗、楼梯、台阶等构件体系框架来进行模型搭建。绘制中同步定义构件属性，如尺寸、构造做法、材料信息。族属性、实例属性不断被定义出来。一些遗漏的物理信息在这一阶段很容易暴露出来。以黄海社外墙为例，同一墙体在一层和二层的厚度不同，在建模过程中需体现，因为其成因与力学原理有关。上层墙体受到的荷载比下层小，上层墙体可以比下层薄，这样，节约材料，更为经济，也反映了当时的认知水平和技术水平。具体操作中，将这一段墙确定为层叠墙，自上而下设定为三段，单独设定其属性（图7-3-2）。每段墙的属性中不仅包括厚度，还包括了墙的构造做法，相当于建模过程中对每一构件都进行了翔实的记录。这一局部充分展现了基于BIM的信息采集相比传统信息采集的成果优势。传统二维图纸中，剖面可以反映墙体上薄下厚的特点，但是没有被剖切到的墙体的这种特点不能清晰反映。即便剖面能够反映，也无法像信息模型这样反映薄厚变化是由于哪一层构造厚度改变引起的。因而信息模型的搭建能够更加深刻地反映工业遗产建（构）筑物的特征。

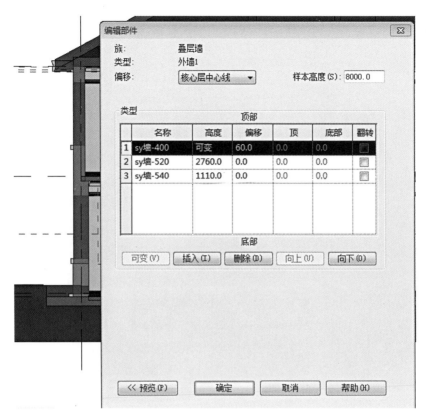

图7-3-2　层叠墙的设置

接着，完成保存信息的结构化。这部分信息结构化的实现依赖于BIM三维模型索引、族属性的设定。

最后，价值信息的结构化。许多价值信息在上述建模过程中已经完成了信息结构化。价值信息不只通过建模方式解决，还需要通过设定构件属性、模型阶段化等手段进行结构化。此外，价值信息的数量与对工业遗产建构筑物的研究相关，实践中许多信息是在完成一轮信息模型后才挖掘出的，所以需要再次将价值信息录入信息模型。信息模型处于不断完善和不断记录的状态。工业遗产的保存状况是工业遗产影响价值评估的因素之一，属于价值信息，也可以理解为构件的物理信息。

工业遗产建（构）筑物模型是通过BIM索引的一个持续完善的模型，是动态的，能够不断补充建筑全生命周期的内容。

7.3.3　工业遗产中工业建筑特殊构件建模

工业建筑除了具有常规建筑都有的墙体、柱、梁、楼板、门窗等外，还包括了牛腿柱、桁架这些特殊的工业构件。它们的构造与材料信息在结构化的过程中需要重点说明。

牛腿柱的处理上，采用自定义结构柱族的方式实现牛腿柱的建模。Revit中，柱分为结构柱和建筑柱，牛腿柱属于结构柱。通过Revit自定义编辑族并载入或从预设的文件中加载族，实现在模型中加载牛腿柱。如文件"预制-带有牛腿的矩形柱 - BZO34-037"是单侧都带有牛腿柱的工字形混凝土结构柱，与新港船厂轮机车间的牛腿柱形式吻合，可以直接加载到模型中，通过定义长、高、宽等几何信息完成对牛腿柱的建模。通过自定义编辑族则由操作者定义尺寸和形态，衍生出更为复杂与多样的牛腿柱。以新港船厂为例，通过自定义结构柱族可实现牛腿柱的建模（图7-3-3、表7-3-1）。

工业遗产中工业建筑内桁架建模仅通过自定义族的方式不能够完全解决问题。同牛腿柱一样，在Revit中，带有桁架族样板。但在现有桁架族样板下创建桁架族只能粗略表达桁架形式，能够满足对结构的表达要求，但不能满足细节的表达需求。在现代建筑设计工业预制化构件的条件下，这样的精度能够满足建模需要，但工业遗产不然。桁架这类能够反映遗产科技价值、美学价值的构件需要精细化的表达，仅仅依赖现有建模软件中的桁架族样板无法满足要求（图7-3-4）。例如大沽船坞和新港船厂轮机车间都采用了三角桁架，使用桁架族样板只能反映出二者材料的不同；但利用自建样板的方式对桁架中各个零件进行定义，能够完全表达桁架的连接方式。

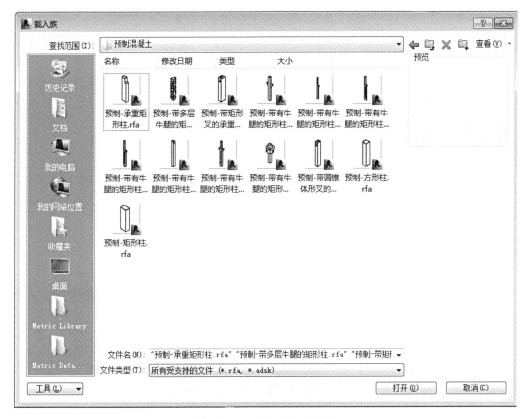

图7-3-3　牛腿柱的可载入族

案例	桁架形式	照片	牛腿柱族
新港船厂轮机车间	材料：钢 形式：实腹式		
新港船厂机加工车间	材料：钢筋混凝土 形式：实腹式		
新港船厂机加工二车间	材料：钢筋混凝土 形式：实腹式		

在这样的情况下，需要发挥BIM的框架索引特质，通过桁架族+详图/体量模型的方式解决这一问题。桁架族能够反映桁架的几何信息和受力特点，是研究桁架受力问题的基础，有其存在的必要。与牛腿柱相同，在桁架样板下通过自定义族给定桁架具体的形态和约束，创建与所需桁架相同样式的族，

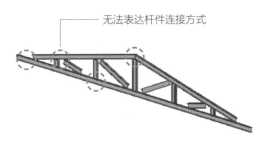

图7-3-4 使用桁架族样板建立的桁架

能够满足表达桁架几何信息和受力情况的要求（表7-3-2）。上文提到的杆件之间的空间关系、杆件之间的连接关系通过详图或体量模型的方式反映出来。详图能够表达杆件之间的连接关系，通过索引的形式与桁架族产生联系，相当于传统测绘中节点大样的精度。另外，也可以建立体量模型并赋予相关属性，杆与杆之间衔接的垫板通过建立零件加入到已有杆件的模型上，组成桁架的建筑模型。但体量建模的方式忽视了BIM索引功能，不是最优解决方式。桁架族+详图是解决桁架建模问题的最优方式（图7-3-5、图7-3-6）。

工业遗产中工业建筑的桁架形式举例   表7-3-2

案例	桁架形式	照片
大沽船坞轮机车间	节点：铆接 材料：木材、钢 形式：三角式桁架	
新港船厂轮机车间	节点：螺栓连接 材料：钢 形式：芬克式桁架	

案例	桁架形式	照片
新港船厂机加工车间	节点：焊接 材料：钢、混凝土 形式：拱式桁架	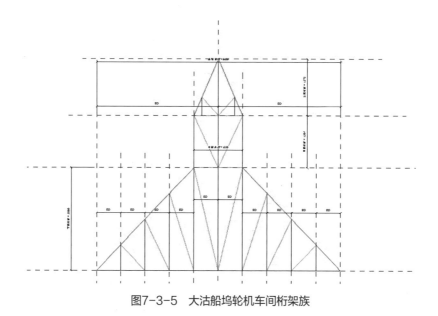

图7-3-5 大沽船坞轮机车间桁架族

7.3.4 模型阶段化

完成理想模型后，需要对模型进行阶段化，充分满足了工业遗产信息结构化的需求，能够更多地储存和管理工业遗产信息。BIM模型阶段化是BIM软件的一大特点，其他软件并不具备，是目前模型表达建筑时空信息的主要手段。工业遗产在已经历的生命周期中，其使用功能、周边环境、构件状况均有改变，这些在传统测绘中难以表达。通过BIM模型的阶段化，可得到各个阶段建筑和环境的情况，了解工业遗产在已有的生命周期中各个阶段的情况，记录建筑在自然下的变化和人为干预史。这样有利于找出引起这种变化的社会、经济、文化等

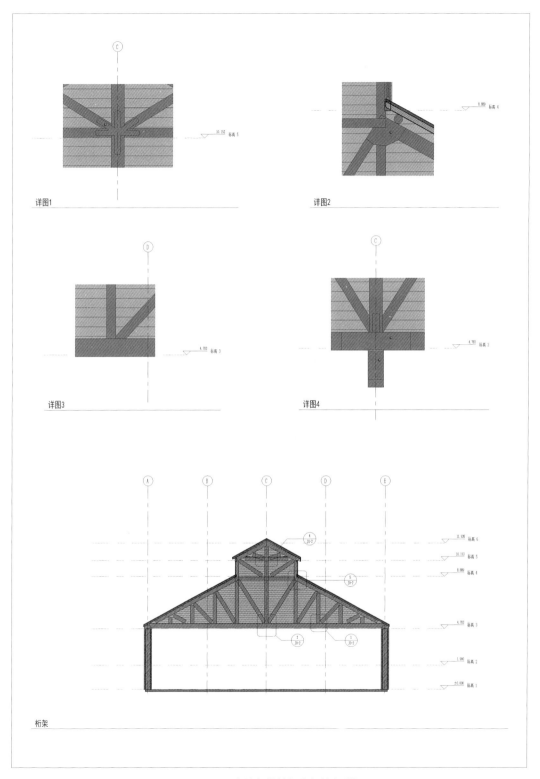

图7-3-6 大沽船坞轮机车间桁架详图

方面的原因，为遗产的价值评估提供依据。模型阶段化指依据现有信息和研究需要拟定建筑经历的某几个重要历史阶段，再根据需要调取不同时期的视图。操作分为三个步骤：拟定历史阶段，赋予构件信息的创建与拆除阶段值及借助"阶段过滤器"来控制各阶段图元显示。

在实践中，拟定历史阶段对整个模型阶段化处理起着决定性的作用。工业遗产在发展历程中经过了若干个历史生长阶段，但受到建造数据能否支持建构模型及研究需要等条件的制约，只能提出几个最为典型的历史阶段。在对工业遗产进行进一步研究时可以根据最新历史阶段划分情况对现有BIM模型阶段化定义进行补充和修改，以符合后期研究与应用的需要（图7-3-7）。

以黄海社为例，根据黄海社现存的建筑历史照片、历史地图、现状建筑痕迹、文字记录等，判断出黄海社经历的3个历史阶段（表7-3-3）：

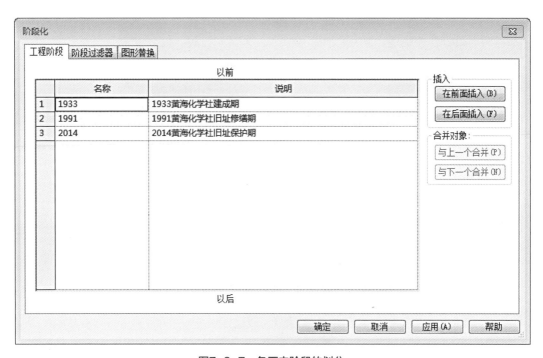

图7-3-7　各历史阶段的划分

表7-3-3

序号	时间	阶段	说明
1	1933年	始建阶段	初期建成状态
2	1991年	改建和修缮阶段	已不再用于生产，并对其进行了局部的修缮改造
3	2014年	现状阶段	作为调研现状予以记录

根据上述资料，对黄海社BIM模型进行阶段化，补充构件的时间信息，加入历史变更或拆除的构件信息，在一个BIM模型中表达黄海社在3个历史阶段的建筑状态（图7-3-8）。通过对模型分阶段显示，信息得到综合显示，从中挖掘引起黄海社变化的影响因素。

1）自然因素

建筑建成时前廊高于室外地面3步台阶，前廊为水泥饰面。1991年，已变为由室外路面下3步台阶来到前廊空间下，原室外平台消失了。这是为适应日益抬高的室外路面而进行的改造。由于这一地区建筑的不断更迭变化、道路的不断修缮和垫高，导致室外路面不断被抬高。

2）环境因素

黄海社建成初期，北立面与南立面采用相近的立面开窗形式，但到1991年，北立面已是一面石墙。这是由于在周边建筑拆除和更新的过程中，紧邻黄海社北侧3m新建了一层高的建筑，用途为卫生间，出于卫生和视线的考虑，黄海社北立面窗均被拆卸，更换为实墙。

3）人为干预

在黄海社使用期间，为了保证建筑美观、热工性能、安全等条件，人为对建筑构件进行了修缮、替换，对建筑进行了改造和装修。黄海社建成初期采用朴素的红砖露明处理，在后期改造中，为了美观，对正立面进行了涂料粉刷。此外，1991年至今室内外高差没有变化，但现状是原有室外平台部分采用瓷砖铺面。从建成至今，门窗仍保存完好，没有被破坏，为了减少热传导、保证冬季室内温度，在原窗子之内新建了现代白色塑钢窗。建筑一层的大门进行了更换，换为金属防盗门。

上述内容，在传统测绘中无法被记录或者直接表达，而BIM将时间的概念引入模型中，通过BIM下的阶段化处理，能够直观地被反映，对了解工业遗产的全生命周期有重要意义。

1933年（建成期）　　　　　1991年（修缮期）　　　　　2014年（保护期）

图7-3-8　阶段模型图

7.3.5　工业遗产建（构）筑物残损表达

工业遗产建（构）筑物价值判断中，需要根据建（构）筑物保存情况和人为干预进行了解，阶段化解决了表达大部分人为干预和自然环境变化因素所引起的建（构）筑物变化情况的问题。但是对于建筑构件自身局部发生缺失、损坏、人为修补的情况表达不够准确清晰，需要运用BIM技术表达工业遗产残损信息。表达要求了解残损的类型、范围、阶段，残损范围包括一个构件局部残损，也包括一个残损范围跨越多个构件的情况，还包括一个构件有多种残损的情况。另外，表达残损出现的时间、修补的时间。由于BIM技术多应用于现代建筑设计，因而在这方面没有进行专业化处理，在信息模型构建方法中，没有适合直接表达工业遗产残损的方法。在这样的情况下，需要利用现有的条件、方法表达残损信息。

以大沽船坞轮机车间墙体为例，墙体存在砖块松动、砖块剥落、砖块缺失、瓦片缺失等残损情况。在同一面墙上就存在多处残损，仅仅通过族属性表中残损信息项的描述不能够充分反映残损范围、类型、阶段。利用以下条件方法表达残损信息：

1）利用二维注释方式或拆分面方式表达残损范围

在Revit中，二维区域注释手段可完成在二维视图中对残损区域的标注，同时，在其属性中可以显示标记的区域面积，对于保护修缮时统计更换砖块面积十分有利。其局限是因通过注释手段解决所以在三维显示中不能够得以显示。根据需要，可以通过拆分面的手段对问题墙面进行拆分和填充标记，实现在三维视图中表达残损的目的，其局限在于无法定义其属性。

2）利用标记表达残损类型

二维注释的面域图元的属性中可以输入其类型标记，由此可以通过标记类型的操作手段实现区分不同残损情况的目的。

3）利用索引方式与残损处照片链接

利用二维注释的面域图元的属性中的URL属性可以索引到残损具体情况的照片，充分表象地反映残损情况。

4）通过嵌套族实现残损标记的阶段化

Revit项目中的二维注释图元没有时间属性，不能够进行阶段化显示。因而，若各种残损出现在不同时间内，可以通过公制族嵌套详图项目族的方式进行模拟。

通过以上方式能够清晰准确地反映工业遗产建构筑物的残损情况，但是对于综合完整地表达残损情况还待进一步研究解决（图7-3-9）。

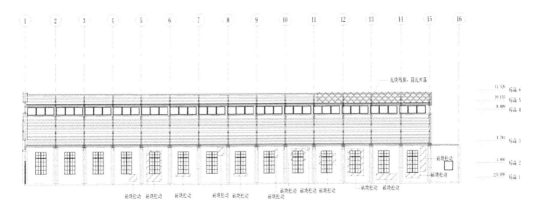

图7-3-9 轮机车间东立面墙面残损情况

7.4 设备与生产工艺模型的建构——以新港船厂轮机车间设备为例①

设备与生产工艺在单体级别上指单一生产环节的生产流程，包括设备本体信息与设备布局；在厂区级别指生产线，包括设备本体信息与设备布局。利用建模的方式，能够清晰记录设备的几何信息、历史信息，记录各个设备间的空间布局，设备与厂房的空间关系，三维展示生产流程等。

下文将以新港船厂为例论述设备与生产工艺模型的建构。新港船厂东邻天津港，与大沽船坞都位于天津塘沽地区，依托于海河设立，较大沽船坞更接近入海口，在建立时期上晚于大沽船坞，但规模比大沽船坞大。新港船厂前身为日本修筑新港时所建的机械工厂，后发展成华北地区最大的专业造船基地②。它是日本侵华的见证，也是中国造船工业遗产。其中的设备从1939年开始逐步引进和增加。

通过历史图纸（图7-4-1）了解到，新港船厂轮机车间（序号19）建于1949年。在2012年天津大学中国文化遗产研究中心组织的工业遗产普查中，发现车间内完好保留了从美国、波兰、朝鲜等国进口的设备，并按原有位置摆放。2014年6月，再次调查，试图采集这批设备的信息。但轮机车间已变更为库房，轮机车间内设备已搬运到隔壁机加工车间（序号23）继续使用，因而对机加工车间内设备信息进行采集并以此作为建模对象（图7-4-2）。

---

① 本节执笔者：石越、青木信夫、徐苏斌、吴葱。
② 《沽口览遗》编委会. 沽口览遗[M]. 天津：百花文艺出版社，2010：12.

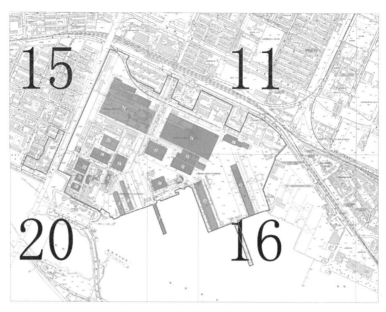

图7-4-1 新港船厂总平面图

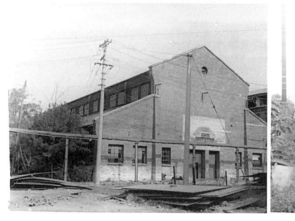

图7-4-2 新港船厂轮机车间历史照片

7.4.1 从信息框架索引出发的工业遗产设备信息表达技术路线

BIM建模软件如Revit自带设备建模功能，但工业遗产中的设备所指的是工业设备，是为生产服务的机器、管道等，而Revit中的设备专指为建筑自身服务的如卫浴、暖通设备、机械通风设备等，二者不能等同。因此，需要通过新的手段进行设备的建模，不能够通过Revit原有设备族进行建模。

设备作为实物存在，在建模过程中同建（构）筑物建模一样，首先要决策选用哪种模型类型。从信息记录的目的出发，有三类信息需要了解：设备本体信息、工艺流程、空间信息。对于设备本体的信息，需要记录的是其大体的空间尺寸、名称、性能、来源等信息，记录的信息足以支撑价值评估和保护与再利用设计，对于精细化的尺度、自身组成零件来说，不必细致了解。对于工艺流程，需要了解设备与设备的逻辑关系，孰先孰后，各工艺生产区的分界，需要得知设备间的空间信息布局次序，设备的大体尺寸、功能、效率，设备与运输的关系等，对于设备的来源、细部尺寸等信息不需要了解。空间信息包含了设备与设备间的空间信息、设备与建筑间的空间关系，需要了解设备的具体摆放位置、设备间距以及设备与墙、梁等的关系，同样，对于设备的来源、细部尺寸等信息不需要了解。

因而技术路线采用"表象"点云+"表意"族的方式。设备本体形体通过点云即可以三维地了解，对于细部的精度也足够，通过点云中直接量取的方法，可以获取空间几何信息，能够满足设备本体信息记录的要求；通过族模型"表意"地将每个设备做成独立体量并通过族参数和实例参数的设置实现设备名称、功能、效率等信息的输入；通过建筑模型与设备体量模型的结合，实现设备、建筑空间信息的记录；利用BIM模型索引各个设备的点云，完成整个设备与生产工艺的信息记录。

设备的信息采集同样依赖于三维激光扫描技术。设备相对于建筑来讲，体量小得多，只需要扫描外表面，略带上周边环境即可，但对于点的密度要求比扫描建筑高。相对于一幢建筑内外需要几十站甚至上百站的情况，小型的设备仅需要4～8站即可完成，效率较高。为了将"表象"点云做得更好，需要采集彩色点云，能够得到更好的视觉效果。通过Cyclone、Faro或其他软件拼站、处理，得到完整的设备点云，且为彩色。利用BIM软件数据的兼容性，可以将彩色点云链接到Revit中，实现点云的浏览。也可使设备点云与建筑模型处在同一个模型空间中，实现同步显示。利用"表象"点云与设备照片能够了解设备的视觉外观和自身空间关系（图7-4-3～图7-4-5）。

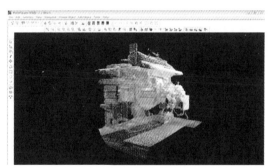

图7-4-3　Cyclone处理后的设备点云

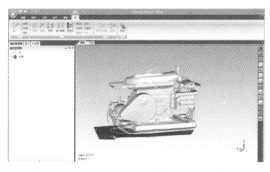

图7-4-4　Geomagic中的设备点云表面模型

图7-4-5　Revit中链接的设备点云文件

7.4.2　从类型学出发的工业遗产设备BIM建模方法

工业遗产中设备类型丰富，形态各异，需要寻找共同点，需要分门别类，制定建模的方法框架。在选用"表象"点云＋"表意"族的技术路线的基础上，发挥族的作用，体现了BIM的优势。

BIM中的族与类型学紧密相关，可以相互诠释。类型学（Typology）是一种常见的方法论，被应用于考古学、神学、建筑学、社会学及历史学等学科领域，并在各学科的具体应用中不断发展。类型学研究中的分类必须满足三点：分类是有层次的，且每一种类别都可以继续分下去；分类可依据不同的标准和不同的方法；分类不能将类与类之间本源上的联系割裂，各类别对立中仍要保留有同一的成分[①]。基于上述原则，类型学中按照类、型、式三个层级进行分类。

在刘慧媛的论文中，论述了类型学与Revit族分类的大致对应关系。其中，需要补充的是类型学中的个体与Revit中实例的对应关系。在工业遗产设备的"表意"模型建造中，需要根据类型学的原理，在Revit中作出针对设备的分类，归纳出类别、族、类型的内容是什么。对于设备的分类方法多种多样，依据Revit分类规则，族类别的分类依据是各个构件的功能差异，包括墙、梁、柱、楼板、门、窗、专用设备、机械设备、电气设备等。需要说明的是，Revit预设的专用设备、机械设备、电气设备是针对服务建筑的设备，与这里的工业遗产设备是不同的，在工业遗产设备族类别选择中可以进行借用。新港船厂中的各类设备就可以归结为机械设备。

---

① 汪丽君. 建筑类型学[M]. 天津：天津大学出版社，2005：12.

族的分类依据是构件的几何形态差异。在选择"表意"族的技术路线的条件下，设备与设备间的几何形态差异被大大弱化。同时，需要通过自定义的方式进行，Revit中不提供预设好的机械设备类别下的族分类。如新港船厂中各类设备形态均不相同，但可以采用长方体的形态进行笼统的归纳，形成彼此通用的形态。当然，在设备实例录入越来越多的情况下，可以有圆柱体、球体等几何形体参与设备形态的抽象，形成新的族。

类型的分类依据是构件的尺寸差异。在工业遗产设备的应用中，只能够通过自定义的方式进行，Revit中不提供预设好的类型。在类型层级上个体差异十分明显，可以落实具体的设备种类，如新港船厂中族类型可分为美产8米车床、朝鲜产3米车床、意产镗床等。

实例已经具体到了个体，反映了设备的摆放位置，对于后续的生产工艺等价值信息的反映有重要作用（图7-4-6、图7-4-7）。

通过上述说明可以认识到，工业遗产设备族不像梁、柱等建筑构件一样仅在族层级之下进行类型定义就能够实现模型的搭建，而是仅能够借用Revit预定的族类别，在族和类型层级上均需要自定义。换言之，设备族从类别到实例都需要自定义，因而自定义的内容、设定的属性参数项内容显得尤为重要，以便反映设备的各种属性，记录设备本质信息。在设备族定制中，对于族层级的划分较弱，但是在族层级需要解决族属性参数项的设置，这对于设备族定制的成功与否起着决定性的作用。以新港船厂机加工车间设备为例，均可以定义到机械设备类别中（图7-4-8）。而机械设备类别自带的属性包括注释记号、型号、制造商、URL、类型注释等，可以满足部分属性填写的需要。此外，需要参考建构筑物构件的属性表添加部分属性，如特殊痕迹、保存情况、长宽高等，以及采集表中列出的是否在使用、保存情况等信息（表7-4-1、图7-4-9）。这些属性的确定，主要用于支撑价值评估，因为机械设备的先进程度、生产工具的改进、工艺流程的设计和产品制造的更新等方面是工业遗产的科技价值的重要体现。

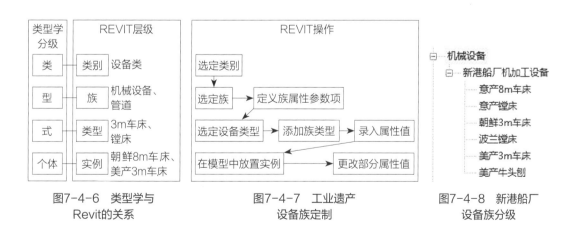

图7-4-6 类型学与Revit的关系　　　图7-4-7 工业遗产设备族定制　　　图7-4-8 新港船厂设备族分级

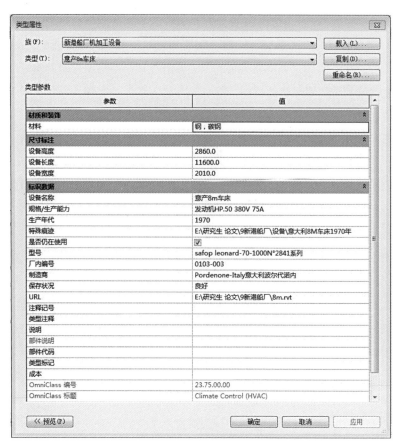

图7-4-9 设备通用类型属性

新港船厂设备属性表 表7-4-1

编号	参数数据	对应英文	属性值的类型 (结构化形式)	映射的信息	含义	软件原有属性/ 自定义属性
1	标记	ID	文字	组成信息	每一个构件在整个项目中独一无二的编号	原有属性
2	设备名称	name	文字	组成信息	对该构件的描述	原有属性
3	型号	type	文字	组成信息	对该构件的描述	原有属性
4	厂内设备编号	number	文字	组成信息	间接反映厂区对设备的管理情况	自定义属性
5	构件类别/ 类型标记	category	文字	组成信息	表明该构件所从属的类别	原有属性
6	长	length	长度	几何信息（实体几何信息）	基本几何参数，可以利用系统生成的构件明细表进行构件的相关研究	原有属性
7	宽	width	长度	几何信息（实体几何信息）		原有属性
8	高	height	长度	几何信息（实体几何信息）		原有属性

编号	参数数据	对应英文	属性值的类型 (结构化形式)	映射的信息	含义	软件原有属性/ 自定义属性
9	生产年代	date	文字	价值信息	建造年代，与阶段化相关，影响工业遗产价值	原有属性
10	规格/生产能力	specifications / production capacity	文字	物理信息	反映技术的先进水平	自定义属性
11	制造商/来源	factory / source	文字	价值信息		自定义属性
12	材料	material	材质	物理信息		原有属性
13	特殊痕迹	special marks	URL	价值信息	例如铭牌等，可见证设备的历史	自定义属性
14	保存状况	level of condition	文字	物理信息	标明保存优劣程度，是否残损，缺失零件等	自定义属性
15	是否仍在使用	service condition	是/否	价值信息	了解设备正在使用或废弃状态	自定义属性
16	创建的阶段		文字	物理信息	反映设备使用情况	原有属性
17	拆除的阶段		文字	物理信息		原有属性

在本次工业遗产设备族定制的过程中有以下几点需要进行说明：

（1）本次设备族定制不是惟一实现设备建模和管理的方法。目前工业设备信息采集十分紧迫且数量较大，信息建模研究尚不完善，因而亟需一套能够合理储存和管理采集回来的信息的体制。在这种情况下，采用本次提出的设备族定制有较强的适用性。本次设备族定制中对工业遗产设备形态进行了简化处理，只选取几何体量作为实物的代替，能够反映设备的大致体量，但对设备形态的模拟忽略较多。在设备族定制过程中，对于设备具体形态的模拟十分笼统，尚可以根据设备形态进行进一步模拟，在族层级上反映各类设备的形态特点，以设备种类进行划分。同时，等待BIM技术进一步发展，还可依据具体厂家自行预定的设备族细化工业遗产设备族。

（2）族类型中添加参数时，参数属性选择共享参数（图7-4-10）。共享参数可以在明细表中线束，这样做便可利用Revit的自身特性自动生成明细表，进行多个设备的属性对比查看。在项目中载入族后，

图7-4-10　设备族中的参数设置

可以在标签中查看和填写设备属性，实现设备信息的记录。

（3）表意模型与表象点云的衔接通过BIM的框架索引实现。在工业遗产设备族属性中有一项URL的属性项，指向索引的各个设备的Revit文件。

（4）本次研究中，对于大型机械设备、管道的三维激光扫描和建模尚未做出实例。现在仅有工业设计中对于管道建模已有应用，理论上，对于工业遗产设备建模同样适用。至于三维激光扫描密密麻麻的管道，对其采集的管径数据是否存在误差、是否容易操作等方面没有进行研究。

7.4.3　工艺流程信息表达

在建立设备的体量模型后，可以结合建筑模型，对工艺流程、设备空间关系进行研究。传统二维图不利于理解设备的三维关系，特别是在管道设备上，不利于应用。另外，对于大空间内生产流程阶段的划分需要进行研究。在BIM理念下，通过放置表意的设备模型在建筑空间内，实现对生产空间的理解（图7-4-11、图7-4-12）。

本例中，新港船厂机加工车间用于修补的设备布置上大致依次为划线平台、钻床、车床、镗床、铣床、刨床。以10t吊车为运输设备，负责大型构件在各个设备间的运输，满足加工需求。在空间上，设备的布局大致遵循了产品的制造顺序且有一定的弹性，比较灵活。充分利用设备和生产面积，工艺设计缩短产品在生产过程中的运输路线，节省运输又减少仓

图7-4-11　新港船厂机加工车间内生产设备布局点云

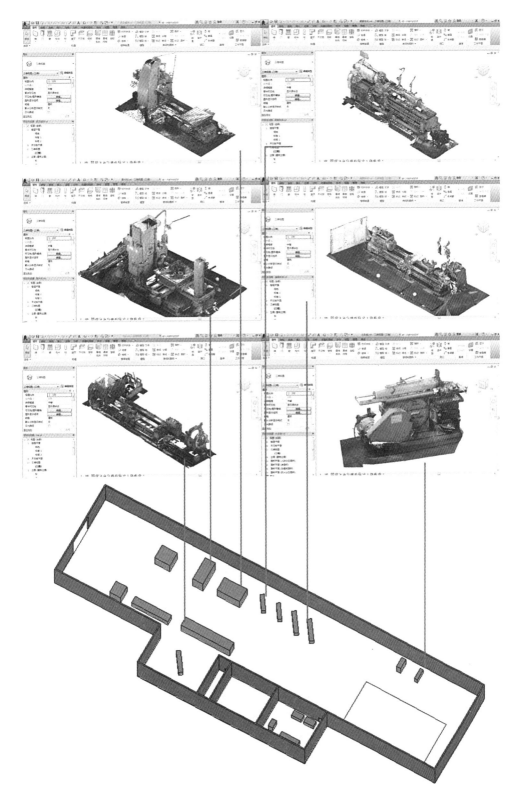

图7-4-12 新港船厂机加工车间三维设备模型布置图

库和生产面积的占用。加工从门口划线开始，加工到尾声，在堆料处可以暂存，利用吊车运输到门口，装车运走。布置如3米、5米、8米等各类尺寸的车床来适应大小变化的原件，符合生产需要。

根据信息成果（图7-4-13），得出新港船厂设备布置有以下特点：

1）单一流向

被加工工件始终大致沿着单一方向流动，尽量避免交叉或倒流的现象。从大门将被加工工件送入厂房，依靠吊车运送工件，加工结束后将加工后的工件放置在堆料处，再由吊车运回大门口，由其他运输设备运出车间。

2）工件加工不存在严格的流程

被加工的零件都为金属材质，是由其他车间提供原料或从用船上卸下来的，因而原材料已经为半成品。在这里完成的是精加工，送出车间。整个厂房没有严格的工序，常常是在不同设备间反复加工。零件大小不一、差异较大，不进行大规模流水作业，针对不同的加工件选用不同的方法。零件的加工工序大致为画线、车、镗、钻、铣、刨、磨。

3）设备成组布置

同类型设备成组摆放，同尺寸设备同组摆放。两部镗床靠近摆放成为一组，3米车床依次排列成为一组，磨床均摆放在同一房间内。

4）进出方便与安全生产

设备摆放尽量靠近两侧墙体，中间为通道，为物料的搬运留出足够的空间。同时考虑到人的使用空间和安全距离，设备间适宜的摆放距离，设备不宜太靠近墙壁。

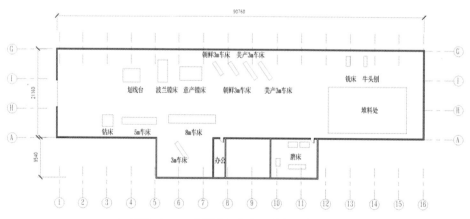

图7-4-13 新港船厂机加工车间设备布置

7.5 基于BIM信息管理模型的工业遗产信息管理[①]

基于BIM的工业遗产信息管理与应用是工业遗产信息服务的重要组成部分。工业遗产信息有效发挥作用正基于此。对比传统测绘，基于BIM的工业遗产信息管理能够提供更广泛的成果类型和基础服务。传统测绘成果通常为文字报告与一套图纸，成果利用效率低，存在较多非结构化信息，难以检索和统计。基于BIM的工业遗产信息管理以工业遗产信息模型、信息模型索引框架为基础，信息相互关联，多为结构化信息，可以实现可视化服务与查询功能。同时，工业遗产信息模型的信息协同性高，录入的信息可以在不同的软件中进行提取和传递，提供比以往更强的模型分析数据。

7.5.1 基于BIM的工业遗产信息服务概念

基于BIM的工业遗产信息服务对于工业遗产保护的各个领域起到了重要的指导作用，影响保护的成效。工业遗产保护分为若干领域：中国的工业近代化研究、信息采集、价值评估、保护规划、工业遗产改造再利用等。工业遗产的自身信息是所有工业遗产保护活动的基础和原则。由于对工业遗产信息把握不准、信息采集不充分、信息使用不当，工业遗产保护的活动无章可循现象突出。保护什么、哪些可以拆除、哪里应该种树、哪里可以加建建筑、工业遗产建筑应该置换为何种功能，都需要依据，这些依据来源于信息服务而不能够通过设计师主观定夺。而在实践中不论保护和改造成功还是失败，其活动多数还是由设计师主观定夺，原因一是掌握的信息不足，二是信息的分析欠缺，信息没能发挥作用。在前文解决了如何全面获取和储存信息的问题，下文内容为如何使信息高效充分地发挥作用，指导价值评估、保护规划、工业遗产改造再利用。

7.5.2 基于BIM的工业遗产信息服务对工业遗产价值评估的支持

工业遗产价值评估是整个工业遗产保护的核心内容，是对于工业遗产历史、科技、艺术价值的综合评判，关注工业遗产的真实性、完整性等内容。这些评判标准的每一项都需要信息支撑。工业遗产信息服务为价值评估提供两部分内容：被评估的工业遗产信息和涵盖较多工业遗产的信息数据库。有这两部分信息支撑，工业遗产的价值评估才能够开展，否则将成为空谈，毫无依据。被评估的工业遗产信息提供关于被评估的工业遗产建构筑物的历史情况、保存情况等，工业设备的类型、年代等，遗产周边环境变化、水系、树木情况等

---

① 本节执笔者：石越、青木信夫、徐苏斌、吴葱。

（图7-5-1）。涵盖较多工业遗产的信息数据库能够作为背景资料，是评估工业遗产的一把尺，提供工业遗产的普遍特征，有助于准确定位被评估工业遗产。

依靠BIM实现工业遗产信息的查询功能，提供工业遗产信息，支撑价值评估。借助信息索引框架，工业遗产BIM模型提供结构化信息，信息互相关联、可识别。这使得传统测绘成果不能提供的检索和统计功能变成可能。系统能够对模型信息进行统计和分析，并生成相应的图形和文档。研究者可方便地进行比对数据、生成明细表、提取构件等查询分析活动，方便价值评估工作的开展。如通过信息查询功能获取工业遗产设备信息，支撑工业遗产技术价

英国工业遗产价值认定指标汇总		国内工业遗产价值评价指标研究汇总	
物证价值 历史价值 （含建筑价值和科技价值）	• 年代 • 历史重要性 • 建筑价值 • 技术革新	历史价值	• 时间久远 • 时间跨度 • 与历史人物的相关度与重要度 • 与历史事件的相关度及重要度 • 与重要社团或机构的相关度及重要度 • 在中国城市产业史上的重要度
		科技价值	• 行业开创性 • 生产工艺的先进性 • 建筑技术的先进性 • 营造模式的先进性
		美学价值	• 产业风貌 • 建筑风格特征 • 空间布局 • 建筑设计水平
美学价值		社会文化价值	• 归属感 • 推动当地经济社会发展 • 与居民的生活相关度
共有价值	• 纪念和象征价值 • 社会价值 • 精神价值		• 企业文化
		精神情感价值	• 精神激励 • 情感认同
		生态环境价值	• 自然环境 • 景观现状 • 人文环境
真实性	• 重建和修复 • 现存状况	真实性	
完整性 群体价值	• 更广泛的产业文脉 • 完整的厂址 • 机器	完整性	
代表性	• 国家价值 • 地域因素		
稀缺性 脆弱性 多样性 文献记录状况 潜力		独特性 稀缺性、唯一性 濒危性、脆弱性	

图7-5-1 既往工业遗产价值评价研究

值。在已建立的工业遗产设备信息模型中，选取对于价值评估有意义的类型属性项，可以生成由研究者最关心的项目组成的工业遗产设备明细表（图7-5-2）。该表能够清楚地表明车间内设备的名称、类型、尺寸、编号、生产能力、年代等内容，特别是通过索引的方式能够与特殊痕迹相关的照片、设备点云模型进行链接，极大提高研究者的研究效率。通过表格可清晰得知，设备在1940年代～1970年代生产，引进自当时技术水平先进的国家，生产能力好，均在使用中。因此，设备有较长的历史，代表了当时先进的科学技术水平，具有较高的科技价值。设备的基本情况是本处工业遗产部分科技价值评估的事实依据。通过查询功能能够使信息在价值评估中发挥其作用。

7.5.3　基于BIM的工业遗产信息管理对保护规划的支持

工业遗产保护规划是落实工业遗产保护的纲领性文件。保护规划工作包含：前期调研和评估工作，包括了基础资料的收集与整理；现场踏勘与资料收集；分析研究；编制规划；补充调研；完善规划的程序。保护规划对工业遗产的历史、现在与未来都有研究，因而是串联工业遗产生命周期的线索。

保护规划范围通常在厂区及以上级别，信息支持来源于工业遗产信息服务，由BIM及GIS提供技术支持。工业遗产信息服务中GIS与BIM在厂区层级的管理上有交叉，信息层级高于厂区层级的通常由GIS管理，低于厂区层级的通常由BIM管理，因而以GIS对保护规划方面的支持为主，BIM对其支持为辅。

依靠工业遗产BIM模型以及可视化服务，提供工业遗产历史与现状信息支撑保护规划工作。BIM模型及可视化服务能够提供前期工作与专项评估中的现状评估这部分信息。前期工作中需要提供工业遗产及其周边环境的现状图文资料，如遗产管理现状、周边环境现状、遗产主要问题、设备情况等。现状评估是对工业遗产及其周边环境现存状况的真实性、完整性、延续性等的评估，也需要如工业遗产建（构）筑物残损情况、工业遗产空间分布情况等。

可视化（Visualization）涉及计算机图形学、图像处理、计算机视觉、计算机辅助设计等多个领域，是研究数据表示、数据处理、决策分析等一系列问题的综合技术。可视化用建筑行业的术语应该叫作"表现"。BIM化的工业遗产成果可实现多元化表达，可以通过直接查看的方式，也可以通过导成其他浏览格式的方式实现（图7-5-3）。如运用图纸空间对模型进行二维显示，得到二维平立剖、节点大样详图。对模型进行剖切可以得到水平和垂直方向上的剖透视，比二维图纸更为直观，适合表达工业过程和流线情况，在前文中已经运用。此外，可以通过Revit Architecture漫游方式制作动画，得到在工业遗产中身临其境的最直观的感受，特别适合组群化的工业遗产建筑。

设备明细表

设备名称	类型	设备长度	设备宽度	设备高度	厂内编号	型号	规格/生产能力	制造商	生产年代	保存状况	是否仍在使用	特殊痕迹	URL	族
美产牛头刨	美产牛头刨	1509	739	924	0303-001	25"B.G.		The Smith & Mills CO. Cincinnati, Ohio, USA美国卒辛那提	1940	良好	是	E:\研究生论文\9新港船厂\设备\美国牛头刨（1940年代）日战赔款	E:\研究生论文\9新港船厂\牛头刨.rvt	设备通用
意产8m车床	意产8m车床	11600	2010	2860	0103-003	safop leonard-70-1000N°284 1系列	发动机HP.5 0 380V 75A	Pordenone-Italy意大利波尔代诺内	1970	良好	是	E:\研究生论文\9新港船厂\设备\意大利8M车床1970年	E:\研究生论文\9新港船厂\8m.rvt	设备通用
意产镗床	意产镗床	5420	3183	3119	0516-003	Ceruti ac100		Miland-Italy意大利米兰	1970	良好	是	E:\研究生论文\9新港船厂\设备\意大利金刚镗床	E:\研究生论文\9新港船厂\意大利.rvt	设备通用
波兰镗床	波兰镗床	5322	2435	36170	0102-003	Dabrowskaf abrykaobra biarek, HWCa-110	NR FABR.5291	IM.ST.KRZ YNOWKA Dabrowa Gornicza Poland波兰朱布罗瓦古尔尼恰	1952	良好	是	E:\研究生论文\9新港船厂\设备\波兰镗床	E:\研究生论文\9新港船厂\波兰.rvt	设备通用
美产3m车床	美产3m车床	3601	886	1365	0102-003	Axelson manufacturing company NO.L.03 4-27-42		Axelson MFG.CO. Los Angeles Calif. USA	1940	良好	是	E:\研究生论文\9新港船厂\设备\美国车床两台（1940年代）来源日战赔款	E:\研究生论文\9新港船厂\美国车床.rvt	设备通用
朝鲜3m车床	朝鲜3m车床	3601	886	1365	0102-023			Korea朝鲜	1970	良好	是	E:\研究生论文\9新港船厂\设备\韩国车床70年代		设备通用

图7-5-2 Revit中自动生成的工业遗产设备明细表

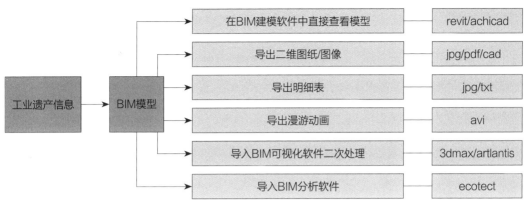

图7-5-3 工业遗产信息可视化表达方式

7.5.4 基于BIM的工业遗产信息服务对工业遗产改造再利用的支持

近年来工业遗产改造与再利用硕果累累，在改造中，设计师的主观判断很大程度上左右了改造的结果，保留部位、改造部位、开发模式、如何施工的问题多由设计师回答。对于信息的关注，以及对于空间分析、物理环境分析的重视薄弱。工业遗产再利用的规范性需要通过信息服务进行推动。通过提供改造再利用所需信息，帮助建筑师作出改造再利用的决策，使工业遗产再利用变得有理有据。具体言之，依靠BIM信息共享和转换功能，完成BIM模型分析，提供物理环境信息，支持工业遗产再利用活动。

1）BIM模型信息的高度共享与转换特性

BIM信息共享和转换性能较传统模式高，数据在多种软件中的传递顺畅。在传统测绘中，信息传递并不顺畅。市场上目前存在的建筑建模和分析软件数量众多，不同的工程和不同的研究者、工作人员在完成建模的过程中会选择不同的软件。由于软件开发商不同，不同的软件构建不同的模型，建模软件建立的模型信息不能顺畅地传递到分析软件中，也就是我们所谓的兼容性差。换言之，不同软件的模型难以共用，造成"信息孤岛"的现象。BIM软件拥有"共同语言"：BIM软件都遵循的IFC/IDM等标准，这样一来就解决了模型数据转换、信息共享的问题，虽然这些标准还没有发展成熟，但却是正在发展的方向，也是众多研究的课题。利用"共同语言"能够实现不同软件之间的"对话"，从而完成信息的共享和传递。研究者和工程人员不必浪费宝贵的时间和精力进行重复的建模劳动，提高分析的效率。如BIM建模软件Revit可以提供符合建构逻辑的建模功能，分析软件Autodesk Ecotect Analysis（图7-5-4）可以提供建筑室内光、热环境的分析结果，在Revit中建立的工业遗产信息模型能够通过简单的处理导入Autodesk Ecotect Analysis，从而对工业遗产建筑单体的室内光环境、热环境信息进行模拟。

在具体实践中，在工业遗产信息模型中包含了相当多的遗产信息，其中部分信息是分析软件所需要的。许多信息不需要交换到分析软件中，因而信息从BIM建模软件到BIM分析软件的第一步是对Revit建筑模型进行简化。这使模型所含信息是准备对分析有用的。一方面减少冗余的信息，另一方面使导入信息的实际操作变得高效和快捷。

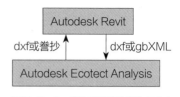

图7-5-4　BIM建模软件与BIM分析软件间模型信息交换

通过dxf和gbXML两种格式衔接两类软件信息（图7-5-5、图7-5-6），使得BIM模型具有了可分析性。gbXML格式文件可以用于分析热、光、能耗、环境影响、太阳辐射等物理属性，dxf格式可以用于分析光环境、阴影遮挡和可视度[①]。

2）厂区级信息模型分析对工业遗产再利用的支持

对再利用及改造的支持主要体现在物理环境的表达上，依托于BIM分析软件对建筑和场地模型进行分析模拟，也是BIM模型信息的一种表达方式。对于影响工业遗产改造再利用的物理环境信息体现在厂区层级，包括厂区日照情况、风环境、噪声、污染情况等。

通过分析厂区级日照情况，能够为厂区内建筑布局和工业环境再利用中的植物配置问题提供部分依据。对于厂区日照，可以利用Revit或Autodesk Ecotect Analysis进行分析，并

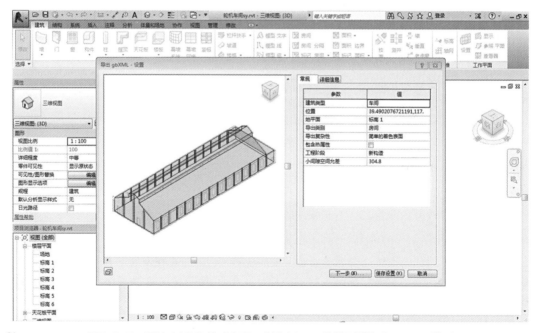

图7-5-5　通过gbXML格式实现工业遗产Revit的模型转换成ecotect模型

---

① 美国Autodesk公司，柏慕中国. Autodesk Ecotect Analysis 2011 建筑绿色分析应用[M]. 北京：电子工业出版社，2012.

可直接使用BIM模型进行分析（图7-5-7）。以大沽船坞为例，对其BIM模型进行日照分析（图7-5-8）。由于厂区内多为单层厂房或宿舍建筑，总高度较大且密度较低，建筑之间几乎没有日照遮挡问题。但若是在厂区南侧现状空地中加建高层办公建筑，将对厂区内众多建筑造成日照遮挡问题。

图7-5-6　通过dxf格式实现工业遗产Revit的模型转换成ecotect模型

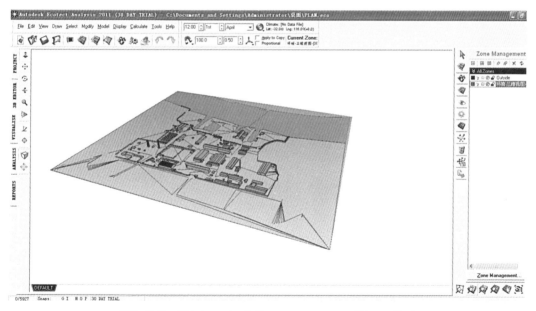

图7-5-7　导入Autodesk Ecotect Analysis后的厂区模型

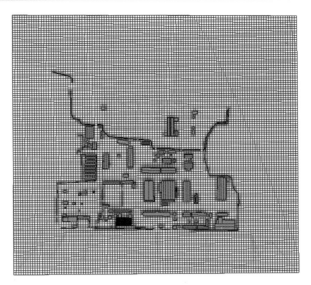

Insolation Analysis
Average Daily PAR
Value Range: 0.40 - 5.40 MJ/m2
(c) ECOTECT v5

图7-5-8　大沽船坞厂区日照分

另外，掌握日照情况，可以从生态的角度为厂区内植物配置找到依据，实现可持续的工业遗产环境再利用。植物是工业遗产环境的重要组成部分，植物对建筑具有遮阳降噪作用，可以利用植物改善室外微气候。植物分喜阳、喜阴和中性三类。常年被建筑阴影遮蔽处可以选择喜阴植物，同理，常年日照充足的场地上可以多种喜阳植物。分析结果：体量和高度较大的建筑物周边5m范围内，日照为50%上下，适宜种植喜阴植物；体量和高度较小的建筑物周边5m范围内，日照为50%～70%，适宜种植中性植物；而其他区域日照充足，非常适宜种植喜阳植物。

7.6　建筑遗产修缮信息管理软件的开发与应用研究[①]

7.6.1　Revit自带功能在工业遗产信息管理中的应用与弊端

前文中，以北洋水师大沽船坞轮机车间、甲坞以及新港船厂轮机车间生产线为案例对工业建筑遗产、构筑物遗产以及设备遗产的BIM信息模型的建构过程进行研究。通过BIM信息模型，首先进行储存和管理的是遗产的物质几何信息，如尺寸、材料、形制等。与工业遗产相关的信息还包括两大类：一是名称、功能、年代、历史情况、保存情况等属性信息；二是与遗产相关的时态信息，如不同历史阶段的信息以及在工业建筑遗产保护工程中的修缮前、

---

① 本节执笔者：张家浩、青木信夫、徐苏斌、吴葱。

修缮中、修缮后的相关信息等。这些信息还需要借助Revit自带的信息管理功能进行管理。

针对建筑遗产的属性管理，Revit2016软件"多应用于现代建筑设计，因此在这方面没有进行专业化设计"。但Revit自带的信息管理功能主要包括两大类：一类是与各个构件相关的属性表，该属性表与各构件直接相链接，通过点击构件可激活查看和修改（图7-6-1），该属性表可自定义，但并不灵活，对遗产构件无针对性。第二类是利用Revit软件的"注释"功能，在图形的特定视图之下，通过在2D视角下框选、注释的方式，标明建筑遗产具体的保存情况、残损位置等（图7-6-2），应该说"标注"功能，是2D时期功能的延续，信息与构件不对应，不具备信息化的特征。

对于工业建（构）筑物遗产各个历史时期的时态信息，Revit软件可利用"阶段化"功能中的"工程阶段"进行管理，通过对构件加入始建、破坏、拆除等的"时间信息"来展示不同时间节点遗产的不同面貌，如图7-6-3、图7-6-4所示。

基于Revit软件自身的信息管理功能，对于工业遗产历史时段的属性信息、残损信息等可以进行系统化的管理，一定程度上可以支撑工业建（构）筑物遗产的信息化研究和修缮工程的进行，但与此同时，也存在一些弊端。首先，针对各个历史时期、修缮前后的信息录入，需要对相应的构件重新建立模型，也就是说，有多少个阶段，就会存在多少个阶段化模型。因此，在实际操作中，过程较为繁琐，周期较长。其次，同一个构件如果在不同阶段具有不一样的形态，如被破坏、改变、破损等，不仅模型需要更改，其对应的属性表也会相应地产生为两个，这也造成了使用过程中的繁琐。

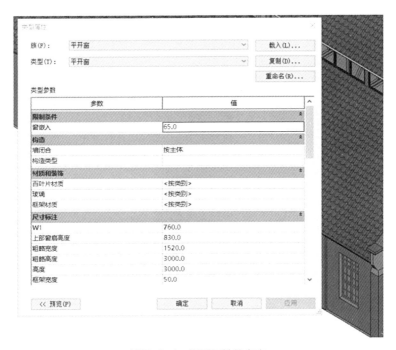

图7-6-1　类别属性信息表

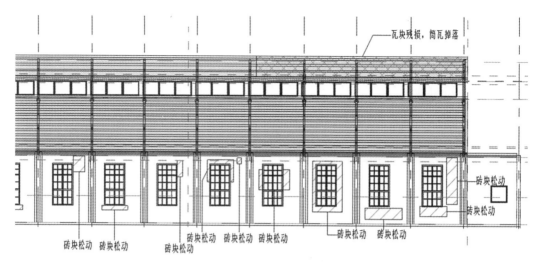

图7-6-2　Revit注释功能在立面视图中的应用

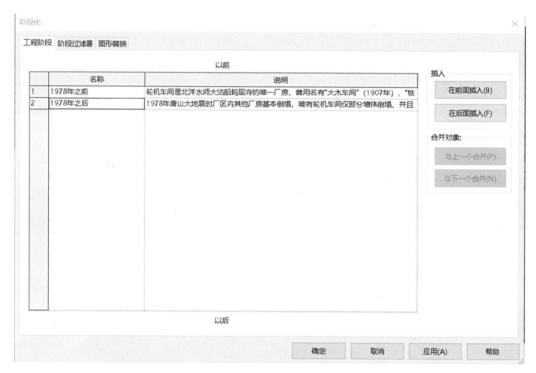

图7-6-3　大沽船坞轮机车间阶段化管理界面

　　综上所述，对于工业建（构）筑物遗产的构件信息管理，Revit自带的属性表的内容没有针对性，虽可自定义，但灵活性较差，不符合对遗产保护、修缮的要求；采用"注释"功能进行信息录入，"注释"存在于特定的2D视图中，信息与构件不对应，不具备信息化的特征，在本研究中不建议采用；对于建（构）筑物遗产的阶段化信息的管理，则存在功能繁琐、阶段化模型内容庞杂、建模工作量大等问题，不利于BIM技术在工业建（构）筑物遗产

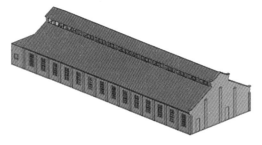 

始建后至1978年大地震之前阶段模型　　　　　　1978年大地震之后阶段模型

图7-6-4　大沽船坞轮机车间阶段化模型展示

的信息管理、修缮工程等方面的应用。

7.6.2　建筑遗产修缮信息管理软件的开发

Revit2016软件支持二次开发插件的应用。笔者通过自学C++等计算机编程语言，并利用Revit所提供的Revit SDK和Revit Lookup开发组件，自主开发了"建筑遗产修缮信息管理软件"，用来进行工业遗产建筑残损信息、修缮施工信息的系统化、阶段化的管理，解决了不同历史和工程阶段下，构件需要重新建模和信息录入的问题，将不同阶段的信息统一到一个构件模型中，实现了信息管理模式和流程的优化，使"理想模型"也可对建筑的残损信息进行管理，从而大大地节约了实际工程中的人力成本和工作时间（图7-6-5、图7-6-6）。

本研究中，笔者针对工业建（构）筑物遗产修缮工程中信息管理的需求，开发了"建筑遗产修缮信息管理软件"，该软件含有"残损信息录入""修缮成果信息录入"和"信息汇总管理"三大功能模块。笔者所开发的"建筑遗产修缮信息管理软件"已获得国家版权局颁发的软件著作权证书。

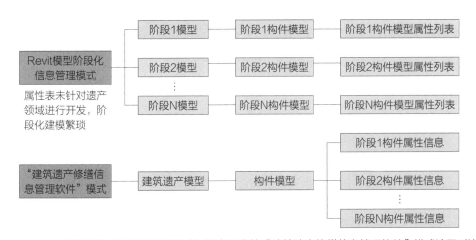

图7-6-5　Revit模型阶段化信息管理模式与笔者开发的"建筑遗产修缮信息管理软件"模式流程对比图

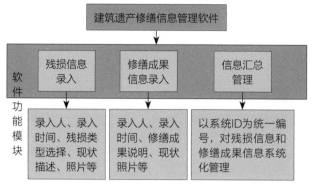

图7-6-6 "建筑遗产修缮信息管理软件"功能模块图

笔者所使用的开发工具为Visual Studio 2015软件环境下C++、Revit Lookup开发插件，Revit lookup是Autodesk公司所开发的二次开发专用插件，是Revit二次开发中不可缺少的工具。然后，将开发的.dll格式插件使用Revit提供的Add-In Manager插件载入Revit界面，通过鼠标点选需要进行信息录入的构件，对修缮前的残损信息和修缮后的成果信息进行录入（图7-6-7）。本软件中，各个不同构件的编号采用了Revit软件的系统自动编号，该编号名称为"图元ID"，在Revit软件中具有惟一性，可通过检索"图元ID"的方式锁定某个特定的构件。基于本软件，管理者可以通过笔者所开发的插件中的"信息汇总"功能，系统性地查看各构件的残损及修缮工程实施的信息。案例内容如图7-6-8～图7-6-11所示。

7.6.3 轮机车间残损信息管理研究

北洋水师大沽船坞轮机车间始建于1880年，至20世界90年代一直作为生产车间使用，其后闲置至今。自建成起，轮机车间整体经过四次修缮。首先是在天津解放后，对轮机车间进行维护，修缮了外墙、屋面等，并对立柱进行了加固。1976年，唐山大地震中，轮机车间外墙遭到破坏，1977年，按原貌进行了修缮。1985年，对屋面进行修缮。2002年，又对外墙进行了修缮，然后荒废至今。虽然轮机车间前后进行了多次修缮，但因荒废时间较长，加之年代久远，外墙多处缺失、开裂，门窗几乎全部遗失，屋面大面积坍塌，保存现状堪忧。

2017年开始，笔者参与了天津大学建筑规划设计研究院的北洋水师大沽船坞轮机车间保护修缮工程方案设计项目，对轮机车间的残损信息进行了全面的采集。基于轮机车间修缮工程实践，对轮机车间进行实地考察，对其保存现状进行信息采集，然后利用笔者所开发的"建筑遗产修缮信息管理软件"进行了项目上的实践工作，对轮机车间的残损情况进行了系统性的信息录入和管理（图7-6-12～图7-6-14）。最终的成果，基于Revit模型和笔者所开发的"建筑遗产修缮信息管理软件"，对轮机车间所有构件的残损信息进行了录入和系统化管理。

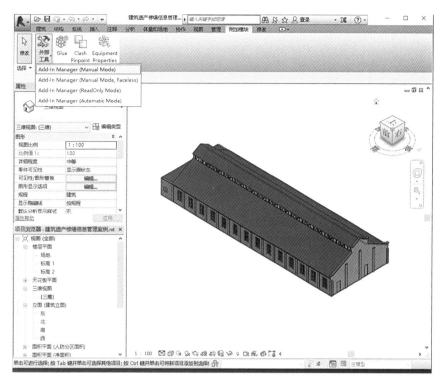

图7-6-7　通过Add-In Manager插件打开"建筑遗产修缮信息管理软件"

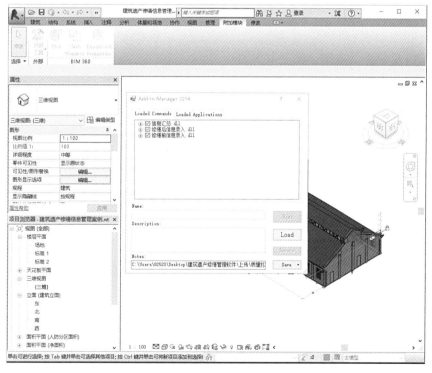

图7-6-8　打开"建筑遗产修缮信息管理软件"界面

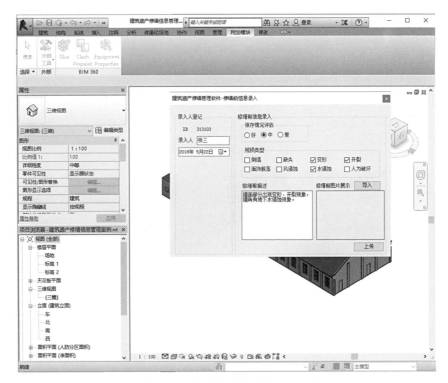

图7-6-9　建筑遗产残损信息录入界面

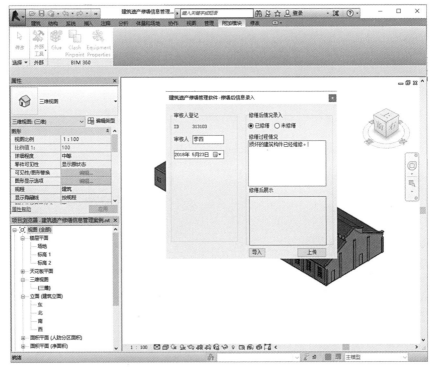

图7-6-10　修缮工程信息录入界面

图7-6-11 信息汇总管理界面

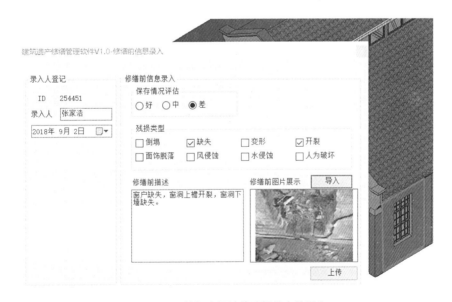

图7-6-12 轮机车间墙体残损信息的录入

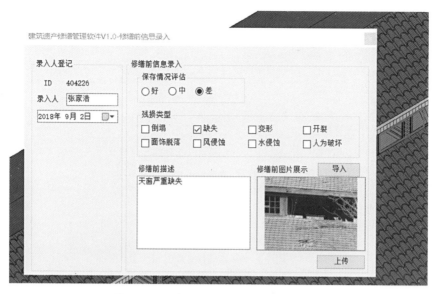

图7-6-13　轮机车间天窗残损信息的录入

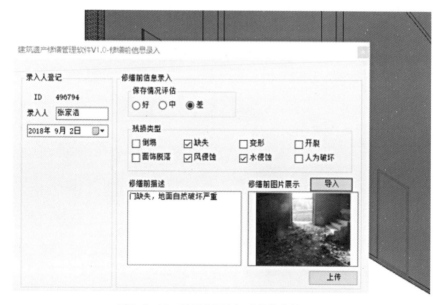

图7-6-14　轮机车间大门残损信息的录入

附录 中国工业遗产名录

（天津大学中国文化遗产保护国际研究中心重大课题组编制，张家浩主要负责，截至2018年6月1日近1540项）

现名	再利用模式	省/自治区/直辖市	市/州/区	年代
安徽省淮南大通国家矿山公园	矿山公园	安徽	淮南	1895～1913年
安徽邮务管理局旧址	无	安徽	安庆	1914～1936年
合肥老火车站	无	安徽	合肥	1914～1936年
安徽省淮北国家矿山公园	矿山公园	安徽	淮北	1958～1963年
合肥钢铁公司一厂区	无	安徽	合肥	1958～1963年
合肥钢铁公司二厂区	无	安徽	合肥	1958～1963年
合肥1958国际艺术馆	展览馆	安徽	合肥	1958～1963年
江淮汽车制造厂	无	安徽	合肥	1964～1978年
广德904厂旧址	无	安徽	宣城	1964～1978年
佛子岭水库大坝	无	安徽	六安市	1950～1957年
澳门益隆爆竹厂	无	澳门	澳门	1914～1936年
门头沟煤矿	无	北京	北京	1840～1894年
北京印钞厂	无	北京	北京	1895～1913年
正阳门火车站	无	北京	北京	1895～1913年
二七机车厂	无	北京	北京	1895～1913年
北京龙徽酿酒有限公司	无	北京	北京	1895～1913年
清华园火车站	无	北京	北京	1895～1913年
西直门火车站	无	北京	北京	1895～1913年
北京自来水博物馆	无	北京	北京	1895～1913年
京张铁路南口段至八达岭段	无	北京	北京	1895～1913年
北京大学核磁共振实验室	其他	北京	北京	1914～1936年
首钢总公司	无	北京	北京	1914～1936年
石景山热电厂	无	北京	北京	1914～1936年
前门有轨电车	无	北京	北京	1914～1936年
四九一电台旧址	无	北京	北京	1914～1936年
德寿堂药店	无	北京	北京	1914～1936年
北京平谷黄松峪国家矿山公园	矿山公园	北京	北京	1937～1949年
新华1949文化创意设计产业园	文创园	北京	北京	1937～1949年
方家胡同46号	文创园	北京	北京	1937～1949年
琉璃河水泥厂	无	北京	北京	1937～1949年
北京制浆造纸试验厂	无	北京	北京	1937～1949年
今日美术馆	展览馆	北京	北京	1937～1949年
金地国际花园	房地产	北京	北京	1950～1957年

现名	再利用模式	省/自治区/直辖市	市/州/区	年代
北京五方院精品湘菜馆	其他	北京	北京	1950～1957年
751D·PARK北京时尚设计广场	文创园	北京	北京	1950～1957年
竞园——北京图片产业基地	文创园	北京	北京	1950～1957年
718传媒文化创意园	文创园	北京	北京	1950～1957年
朝阳1919影视园	文创园	北京	北京	1950～1957年
北京广播器材厂	无	北京	北京	1950～1957年
首都航空机械公司	无	北京	北京	1950～1957年
北京第一热电厂	无	北京	北京	1950～1957年
北京东方电子集团股份有限公司	无	北京	北京	1950～1957年
莱锦文化创意产业园	无	北京	北京	1950～1957年
北京兆维电子集团有限责任公司	无	北京	北京	1950～1957年
北京飞行电子总公司	无	北京	北京	1950～1957年
北京玻璃仪器厂	无	北京	北京	1950～1957年
红旗机械厂	无	北京	北京	1950～1957年
798艺术区	艺术区	北京	北京	1950～1957年
双安商场	其他	北京	北京	1958～1963年
北京燕山水泥厂	无	北京	北京	1958～1963年
首钢通用机械厂	无	北京	北京	1958～1963年
北京大华电子集团	无	北京	北京	1958～1963年
北京化工二厂	无	北京	北京	1958～1963年
北京炼焦化学厂	无	北京	北京	1958～1963年
光学仪器厂	无	北京	北京	1958～1963年
造纸七厂	无	北京	北京	1958～1963年
牡丹园小区	房地产	北京	北京	1964～1978年
北京77创意产业园	文创园	北京	北京	1964～1978年
北京燕山石化	无	北京	北京	1964～1978年
北京第二热电厂	无	北京	北京	1964～1978年
东方化工厂	无	北京	北京	1964～1978年
宋庄铸造厂	无	北京	北京	1964～1978年
北京酒厂ART国际艺术园区	艺术区	北京	北京	1964～1978年
北京一号地国际艺术区D区	艺术区	北京	北京	1964～1978年
北京首云国家矿山公园	矿山公园	北京	北京	1964～1980年
北京史家营国家矿山公园	矿山公园	北京	北京	未查明
藏库酒吧	其他	北京	北京	未查明
官园批发市场	其他	北京	北京	未查明

现名	再利用模式	省/自治区/直辖市	市/州/区	年代
厂史陈列馆	展览馆	福建	福州	1840~1894年
泉州源和堂1916园区	文创园	福建	泉州	1895~1913年
福州第二脱胎漆器厂	无	福建	福州	1914~1936年
福州造纸厂	无	福建	福州	1914~1936年
福州芍园壹号	文创园	福建	福州	1950~1957年
厦门铁路文化公园	文创园	福建	厦门	1950~1957年
泉州针织厂	无	福建	泉州	1950~1957年
泉州染织厂（泉州织布厂）	无	福建	泉州	1950~1957年
泉州面粉厂	无	福建	泉州	1950~1957年
福州机器厂	无	福建	福州	1950~1957年
泉州卷烟厂	无	福建	泉州	1950~1957年
泉州制药厂	无	福建	泉州	1950~1957年
泉州衡器厂	无	福建	泉州	1950~1957年
泉州市工艺美术工业公司	无	福建	泉州	1950~1957年
泉州市人民电器厂	无	福建	泉州	1950~1957年
泉州麻纺织厂	无	福建	泉州	1950~1957年
泉州制革厂	无	福建	泉州	1950~1957年
泉州线厂	无	福建	泉州	1950~1957年
福州新华印刷厂	无	福建	福州	1950~1957年
福百祥1958文化创意园	文创园	福建	福州	1958~1963年
泉州拖拉机配件厂（内燃机配件厂）	无	福建	泉州	1958~1963年
福州抗菌素厂	无	福建	福州	1958~1963年
福州第二化工厂	无	福建	福州	1958~1963年
泉州工艺雕刻厂	无	福建	泉州	1958~1963年
五更寮炼铁高炉	无	福建	漳州	1958~1963年
晋江地区轻机厂	无	福建	泉州	1964~1978年
福州棉纺织印染厂	无	福建	福州	1964~1978年
福州啤酒厂	无	福建	福州	1964~1978年
福建日立电视机有限公司	无	福建	福州	1964~1978年
泉州电子仪器厂	无	福建	泉州	1964~1978年
泉州市无线电元件厂	无	福建	泉州	1964~1978年
泉州市海滨印刷机械厂	无	福建	泉州	1964~1978年
泉州第二衡器厂	无	福建	泉州	1964~1978年
泉州机电厂	无	福建	泉州	1964~1978年
泉州半导体器件厂	无	福建	泉州	1964~1978年

现名	再利用模式	省/自治区/直辖市	市/州/区	年代
泉州模具厂	无	福建	泉州	1964～1978年
泉州机床厂（泉州通用机器厂）	无	福建	泉州	1964～1978年
福建省福州寿山国家矿山公园	矿山公园	福建	福州	未查明
福建省上杭紫金山国家矿山公园	矿山公园	福建	龙岩	未查明
榕都318文化创意艺术街区	文创园	福建	福州	未查明
泉州罐头厂	无	福建	泉州	未查明
福州煤气厂	无	福建	福州	未查明
泉州第一针织厂	无	福建	泉州	未查明
甘肃制造局	无	甘肃	兰州	1840～1894年
兰州黄河铁桥	无	甘肃	兰州	1895～1913年
兰州新华印刷厂	无	甘肃	兰州	1937～1949年
玉门油田老一井	无	甘肃	酒泉	1937～1949年
鸳鸯池水库	无	甘肃	酒泉	1937～1949年
甘肃省白银火焰山国家矿山公园	矿山公园	甘肃	白银	1950～1957年
甘肃玉门油田国家矿山公园	矿山公园	甘肃	酒泉	1950～1957年
兰州自来水公司第一水厂	无	甘肃	兰州	1950～1957年
窑街陶瓷耐火材料厂	无	甘肃	兰州	1950～1957年
永登水泥厂	无	甘肃	兰州	1950～1957年
兰州炼油化工总厂	无	甘肃	兰州	1950～1957年
兰州化学工业公司	无	甘肃	兰州	1950～1957年
国营长风机器厂	无	甘肃	兰州	1950～1957年
国营万里机电总厂	无	甘肃	兰州	1950～1957年
兰州石油化工机器厂	无	甘肃	兰州	1950～1957年
兰州佛慈制药厂	无	甘肃	兰州	1950～1957年
榆中水烟厂	无	甘肃	兰州	1950～1957年
白银露天矿遗址	无	甘肃	白银	1950～1957年
酒泉钢铁厂	无	甘肃	酒泉	1958～1963年
酒泉卫星发射基地	无	甘肃	酒泉	1958～1963年
酒泉卫星发射中心	无	甘肃	酒泉	1958～1963年
西北铁合金厂	无	甘肃	兰州	1958～1963年
窑街煤矿	无	甘肃	兰州	1958～1963年
兰州石油化工研究院	无	甘肃	兰州	1958～1963年
兰州新兰仪表厂	无	甘肃	兰州	1958～1963年
兰州机床厂	无	甘肃	兰州	1958～1963年
兰州电力修造厂	无	甘肃	兰州	1958～1963年

现名	再利用模式	省/自治区/直辖市	市/州/区	年代
甘肃省金昌金矿国家矿山公园	矿山公园	甘肃	金昌	1964～1978年
兰州碳素厂	无	甘肃	兰州	1964～1978年
连城铝厂	无	甘肃	兰州	1964～1978年
永登粮食机械厂	无	甘肃	兰州	1964～1978年
兰州高压阀门厂	无	甘肃	兰州	1964～1978年
沙井驿砖瓦厂	无	甘肃	兰州	1964～1978年
兰州第三毛纺织厂	无	甘肃	兰州	1964～1978年
西北合成药厂	无	甘肃	兰州	1964～1978年
兰州真空设备厂	无	甘肃	兰州	1964～1978年
兰州轴承厂	无	甘肃	兰州	1964～1978年
车洞水车作坊	无	广东	广州	1840～1894年
柯拜船坞	无	广东	广州	1840～1894年
录顺船坞	无	广东	广州	1840～1894年
梁苏记遮厂	无	广东	广州	1840～1894年
广东机器局（石井兵工厂）	无	广东	广州	1840～1894年
广东邮务管理局旧址	无	广东	广州	1895～1913年
黄沙火车站	无	广东	广州	1895～1913年
增埗水厂旧址	无	广东	广州	1895～1913年
石围塘火车站	无	广东	广州	1895～1913年
亚细亚花地仓旧址	无	广东	广州	1895～1913年
渣甸仓旧址	无	广东	广州	1895～1913年
五仙门发电厂	无	广东	广州	1895～1913年
太古仓创意园	无	广东	广州	1895～1913年
日清仓旧址	无	广东	广州	1895～1913年
大沙头火车站	无	广东	广州	1895～1913年
广九铁路石龙南桥	无	广东	东莞	1895～1913年
原创元素创意园	无	广东	广州	1914～1936年
广州水泥厂	无	广东	广州	1914～1936年
何济公联合制药厂化工车间	无	广东	广州	1914～1936年
张安昌中药厂	无	广东	广州	1914～1936年
广州第一棉纺织厂	无	广东	广州	1914～1936年
德士古油库旧址	无	广东	广州	1914～1936年
马伯良制药厂旧址	无	广东	广州	1914～1936年
同盛机器厂旧址	无	广东	广州	1914～1936年
美孚仓旧址	无	广东	广州	1914～1936年

现名	再利用模式	省/自治区/直辖市	市/州/区	年代
922 宏信创意产业园	无	广东	广州	1914～1936年
诚志堂货仓旧址	无	广东	广州	1914～1936年
大阪仓旧址	无	广东	广州	1914～1936年
屈臣氏仓库旧址	无	广东	广州	1914～1936年
越秀山水塔	无	广东	广州	1914～1936年
海珠桥	无	广东	广州	1914～1936年
广州造币厂	无	广东	广州	1914～1936年
鱼窝头镇糖厂（原福隆糖厂）	无	广东	广州	1914～1936年
粤海关验货厂	无	广东	广州	1914～1936年
二天堂药厂	无	广东	广州	1914～1936年
太和巧明火柴厂	无	广东	广州	1914～1936年
擎宇营造厂	无	广东	广州	1914～1936年
白云机场	无	广东	广州	1914～1936年
广州造纸厂	无	广东	广州	1914～1936年
小东门桥	无	广东	广州	1914～1936年
大沙头机场	无	广东	广州	1914～1936年
东山火柴厂	无	广东	广州	1914～1936年
岭南大学水塔	无	广东	广州	1914～1936年
南海机械厂	无	广东	广州	1914－1936年
原国立中山大学发电所	无	广东	广州	1914～1936年
顺德糖厂	无	广东	佛山	1914～1936年
陈李济制药厂	无	广东	广州	1937～1949年
西村发电厂旧址	无	广东	广州	1937～1949年
日军侵华飞机库遗址一组（3）	无	广东	广州	1937～1949年
日军侵华飞机库遗址一组（2）	无	广东	广州	1937～1949年
日军侵华飞机库遗址一组（1）	无	广东	广州	1937～1949年
广州铝材厂	无	广东	广州	1937～1949年
二友牙膏厂	无	广东	广州	1937～1949年
乐善2号创意园	无	广东	广州	1937～1949年
义星橡胶厂	无	广东	广州	1937～1949年
广州重型机械厂	无	广东	广州	1937～1949年
广州第一橡胶厂	无	广东	广州	1937～1949年
广州双桥味精厂	无	广东	广州	1937～1949年
番禺县保健食品厂	无	广东	广州	1937～1949年
岑村机场	无	广东	广州	1937～1949年

现名	再利用模式	省/自治区/直辖市	市/州/区	年代
天心制药厂	无	广东	广州	1937～1949年
中山岐江公园	城市公园	广东	中山	1950～1957年
1506创意园（南风古灶）	文创园	广东	佛山	1950～1957年
T.I.T创意园	文创园	广东	广州	1950～1957年
红专厂创意园	文创园	广东	广州	1950～1957年
羊城创意园	文创园	广东	广州	1950～1957年
广州石灰厂旧址	无	广东	广州	1950～1957年
广州造船厂	无	广东	广州	1950～1957年
广彩加工场旧址	无	广东	广州	1950～1957年
广纺联创意园区	无	广东	广州	1950～1957年
市头糖厂酒精分厂	无	广东	广州	1950～1957年
紫坭糖厂	无	广东	广州	1950～1957年
广州百花香料厂	无	广东	广州	1950～1957年
广州锌片（前大生铜厂）	无	广东	广州	1950～1957年
广州市南方橡胶厂	无	广东	广州	1950～1957年
广州第十一橡胶厂	无	广东	广州	1950～1957年
广州刀剪厂	无	广东	广州	1950～1957年
包装印刷文化创意产业园	无	广东	广州	1950～1957年
交通部四航局船舶修造厂旧址	无	广东	广州	1950～1957年
广州玻璃厂	无	广东	广州	1950～1957年
广州氮肥厂	无	广东	广州	1950～1957年
黄埔造船厂	无	广东	广州	1950～1957年
文冲船厂	无	广东	广州	1950～1957年
507创意园区	文创园	广东	广州	1958～1963年
1850创意园	文创园	广东	广州	1958～1963年
信义会馆	文创园	广东	广州	1958～1963年
31路摄影创意园	文创园	广东	广州	1958～1963年
华糖低碳生活创意园	无	广东	广州	1958～1963年
广州果子食品厂旧址	无	广东	广州	1958～1963年
广州钢铁厂	无	广东	广州	1958～1963年
昌岗油库	无	广东	广州	1958～1963年
麻车粮食加工厂	无	广东	广州	1958～1963年
广州绢麻厂	无	广东	广州	1958～1963年
珠江大桥	无	广东	广州	1958～1963年
东山化学工业制造厂	无	广东	广州	1958～1963年

现名	再利用模式	省/自治区/直辖市	市/州/区	年代
广州乒乓球厂	无	广东	广州	1958～1963年
天源路804号厂区	无	广东	广州	1958～1963年
深圳力嘉文化产业园	文创园	广东	深圳	1964～1978年
中海联·8立方创意产业园	文创园	广东	广州	1964～1978年
广州联合交易园区	文创园	广东	广州	1964～1978年
1978创意园区	文创园	广东	广州	1964～1978年
珠海白蕉糖厂	无	广东	珠海	1964～1978年
广州市金源食品厂	无	广东	广州	1964～1978年
广州珠江钢琴厂	无	广东	广州	1964～1978年
广州市织金彩瓷工艺厂	无	广东	广州	1964～1978年
广州制漆厂	无	广东	广州	1964～1978年
铁路援外仓	无	广东	广州	1964～1978年
广州市煤气公司煤气罐	无	广东	广州	1964～1978年
广州火车站	无	广东	广州	1964～1978年
花城往事美食园	无	广东	广州	1964～1978年
广州气体厂	无	广东	广州	1964～1978年
广州丝绸印染厂	无	广东	广州	1964～1978年
广州虎头牌电池有限公司	无	广东	广州	1964～1978年
东方红印刷厂	无	广东	广州	1964～1978年
城安围船厂	无	广东	广州	1964～1978年
上滘船厂	无	广东	广州	1964～1978年
华农印刷厂	无	广东	广州	1964～1978年
大稳玻璃厂	无	广东	广州	1964～1978年
黄埔发电站	无	广东	广州	1964～1978年
南沙电厂	无	广东	广州	1964～1978年
国际单位一期	房地产	广东	广州	未查明
广东省梅州五华白石嶂国家矿山公园	矿山公园	广东	梅州	未查明
广东省韶关芙蓉山国家矿山公园	矿山公园	广东	韶关	未查明
广东凡口国家矿山公园	矿山公园	广东	韶关	未查明
广东大宝山国家矿山公园	矿山公园	广东	韶关	未查明
广西壮族自治区合山国家矿山公园	矿山公园	广西	来宾	1895～1913年
邑团桥	无	广西	柳州	1895～1913年
程阳风雨桥	无	广西	柳州	1914～1936年
柳州电灯公司	无	广西	柳州	1914～1936年
柳州旧机场旧址	无	广西	柳州	1914～1936年

现名	再利用模式	省/自治区/直辖市	市/州/区	年代
柳州机械厂	无	广西	柳州	1914～1936年
柳州柳江铁路桥	无	广西	柳州	1937～1949年
柳州联华印刷厂	无	广西	柳州	1937～1949年
蟠龙山工业供水设施旧址	无	广西	柳州	1937～1949年
梧州松脂厂	无	广西	梧州	1937～1949年
新圩贮木厂	无	广西	柳州	1950～1957年
柳州市大修厂	无	广西	柳州	1950～1957年
柳州铁路局办公楼等	无	广西	柳州	1950～1957年
广西柳州市钢铁集团	无	广西	柳州	1950～1957年
柳州第二压缩机总厂	无	广西	柳州	1950～1957年
柳州市木材厂	无	广西	柳州	1950～1957年
柳州市皮革厂	无	广西	柳州	1950～1957年
广西金嗓子集团	无	广西	柳州	1950～1957年
柳州市印刷厂	无	广西	柳州	1950～1957年
柳州市机器刀片厂	无	广西	柳州	1950～1957年
柳州市水轮机厂	无	广西	柳州	1950～1957年
柳州汽车厂	无	广西	柳州	1950～1957年
马鞍山居民供水设施旧址	无	广西	柳州	1950～1957年
柳州市白铁制品厂	无	广西	柳州	1950～1957年
柳州市卷烟厂仓库	无	广西	柳州	1950～1957年
柳州电机总厂	无	广西	柳州	1950～1957年
南宁机械厂	无	广西	南宁	1950～1957年
柳州水泥厂	无	广西	柳州	1958～1963年
柳州市工程机械股份有限公司	无	广西	柳州	1958～1963年
柳州市微型汽车厂	无	广西	柳州	1958～1963年
柳州市造纸厂	无	广西	柳州	1958～1963年
柳州市无线电总厂	无	广西	柳州	1958～1963年
柳州压缩机总厂	无	广西	柳州	1958～1963年
柳州供销社仓库	无	广西	柳州	1958～1963年
柳州市开关厂	无	广西	柳州	1958～1963年
柳州市糖果一厂	无	广西	柳州	1958～1963年
柳州市造漆厂	无	广西	柳州	1958～1963年
柳州市制药厂	无	广西	柳州	1958～1963年
柳州市灯泡厂	无	广西	柳州	1958～1963年
柳州市十一冶特种工程公司	无	广西	柳州	1964～1978年

现名	再利用模式	省/自治区/直辖市	市/州/区	年代
柳州市肉联厂	无	广西	柳州	1964～1978年
柳州市钢圈厂	无	广西	柳州	1964～1978年
柳州市无线电总厂	无	广西	柳州	1964～1978年
柳州市机车车辆厂	无	广西	柳州	1964～1978年
柳州市汽车维修厂	无	广西	柳州	1964～1978年
柳州市玻璃厂	无	广西	柳州	1964～1978年
柳州市铁路机电厂	无	广西	柳州	1964～1978年
柳州市微电机厂	无	广西	柳州	1964～1978年
柳州市化肥厂	无	广西	柳州	1964～1978年
柳州市电子管厂	无	广西	柳州	1964～1978年
柳州长虹机器制造公司	无	广西	柳州	1964～1978年
柳兴糖厂	无	广西	柳州	1964～1978年
柳州市商标印刷厂	无	广西	柳州	1964～1978年
柳州立宇集团有限公司（一棉，二棉）	无	广西	柳州	1964～1978年
广西柳州医药责任	无	广西	柳州	1964～1978年
柳州市制鞋厂	无	广西	柳州	1964～1978年
柳州市三柳化工厂	无	广西	柳州	1964～1978年
柳州市整流器厂	无	广西	柳州	1964～1978年
柳州市雅乐食品厂	无	广西	柳州	1964～1978年
柳州市无线电五厂	无	广西	柳州	1964～1978年
柳州市锅炉厂	无	广西	柳州	1964～1978年
柳州市仪表总厂	无	广西	柳州	1964～1978年
柳州市东风化工有限责任公司	无	广西	柳州	1964～1978年
柳州市电扇总厂	无	广西	柳州	1964～1978年
中国第一汽车集团柳州特种汽车厂	无	广西	柳州	1964～1978年
柳州市电器厂	无	广西	柳州	1964～1978年
西江造船厂（国营434厂）	无	广西	柳州	1964～1978年
柳州中特高压电器有限公司	无	广西	柳州	1964～1978年
广西柳江造纸厂	无	广西	柳州	1964～1978年
广西壮族自治区全州雷公岭国家矿山公园	矿山公园	广西	桂林	未查明
鲍家屯水利工程	无	贵州	安顺	1840～1894年
重安江水碾群	无	贵州	黔东南	1840～1894年
葛镜桥	无	贵州	黔南	1840～1894年
"二十四道拐"抗战公路	无	贵州	黔西南	1840～1894年
茅台酒酿酒工业遗产群	无	贵州	遵义	1840～1894年

现名	再利用模式	省/自治区/直辖市	市/州/区	年代
万山汞矿工业遗产博物馆	展览馆	贵州	铜仁	1840~1894年
贵阳钢铁厂	无	贵州	贵阳	1950~1957年
贵州铝厂	无	贵州	贵阳	1958~1963年
以安顺为中心的航空工业基地（01）基地	无	贵州	安顺	1964~1978年
双阳飞机制造厂	无	贵州	安顺	1964~1978年
清镇电厂	无	贵州	贵阳	1964~1978年
贵州航空工业集团	无	贵州	贵阳	1964~1978年
中国振华电子集团	无	贵州	贵阳	1964~1978年
贵阳耐火材料厂	无	贵州	贵阳	1964~1978年
六盘水煤炭基地	无	贵州	六盘水	1964~1978年
水城电厂	无	贵州	六盘水	1964~1978年
水城钢铁厂	无	贵州	六盘水	1964~1978年
水城水泥厂	无	贵州	六盘水	1964~1978年
三线时期都匀为中心的电子工业基地	无	贵州	黔南州	1964~1978年
遵义铁合金厂	无	贵州	遵义	1950~1957年
乌江渡水电站	无	贵州	遵义	1964~1978年
贵州钢绳厂	无	贵州	遵义	1964~1978年
遵义钛厂	无	贵州	遵义	1964~1978年
以遵义为中心的航天工业基地（061基地）	无	贵州	遵义	1964~1978年
贵州省万山汞矿国家矿山公园	矿山公园	贵州	铜山	未查明
临高角灯塔	无	海南	临高	1840~1894年
琼海关旧址	无	海南	海口	1914~1936年
唐山开滦国家公园	矿山公园	河北	唐山	1840~1894年
古冶区矿业遗存	无	河北	唐山	1840~1894年
中铁山海关桥梁集团有限公司	无	河北	秦皇岛	1840~1894年
唐胥铁路	无	河北	唐山	1840~1894年
唐山南站	无	河北	唐山	1840~1894年
滦河铁桥	无	河北	唐山	1840~1894年
临城煤矿遗址	无	河北	邢台	1840~1894年
唐山启新中国水泥工业博物馆	展览馆	河北	唐山	1840~1894年
沕沕水电厂旧址	无	河北	石家庄	1840~1894年
正丰矿工业建筑群	无	河北	石家庄	1895~1913年
秦皇岛港口近代建筑群	无	河北	秦皇岛	1895~1913年
井陉煤矿老井、皇冠塔	无	河北	石家庄	1895~1913年
井陉煤矿总办大楼	无	河北	石家庄	1895~1913年

现名	再利用模式	省/自治区/直辖市	市/州/区	年代
段家楼	无	河北	石家庄	1895～1913年
石家庄车辆厂法式别墅	无	河北	石家庄	1895～1913年
津浦铁路青县给水所	无	河北	沧州	1895～1913年
倒流水金矿遗址	无	河北	承德	1914～1936年
南大街绸布庄	无	河北	秦皇岛	1914～1936年
石家庄电报局营业厅旧址	无	河北	石家庄	1914～1936年
承德火车站主站房	无	河北	承德	1914～1936年
石家庄第七棉纺织厂	无	河北	石家庄	1914～1936年
石家庄焦化厂	无	河北	石家庄	1914～1936年
华新纺织厂	无	河北	唐山	1914～1936年
秦皇岛市玻璃博物馆	展览馆	河北	秦皇岛	1914～1936年
滦平铁路隧道遗址	无	河北	承德	1937～1949年
晋冀鲁豫军区西达兵工厂旧址	无	河北	邯郸	1937～1949年
承德锦承铁路	无	河北	承德	1937～1949年
原宣化造纸厂老厂区	无	河北	张家口	1937～1949年
华北制药集团有限责任公司	无	河北	石家庄	1950～1957年
承德钢铁公司	无	河北	承德	1950～1957年
承德铁路俱乐部	无	河北	承德	1950～1957年
石家庄三鹿集团股份有限公司	无	河北	石家庄	1950～1957年
石家庄常山纺织股份有限公司	无	河北	石家庄	1950～1957年
河北华电石家庄热电有限公司	无	河北	石家庄	1950～1957年
石家庄金石化肥有限责任公司	无	河北	石家庄	1950～1957年
石家庄建筑机械厂	无	河北	石家庄	1950～1957年
钢渣山公园	城市公园	河北	邯郸	1958～1963年
石家庄金刚内燃机零部件集团有限公司	无	河北	石家庄	1958～1963年
石家庄市化工十二厂	无	河北	石家庄	1958～1963年
华北制药股份有限公司玻璃分公司	无	河北	石家庄	1958～1963年
机车车辆厂地震遗迹	无	河北	唐山	1958～1963年
河北任丘华北油田国家矿山公园	矿山公园	河北	沧州	1964～1978年
山海关船厂	无	河北	秦皇岛	1964～1978年
唐山钢铁公司俱乐部地震遗迹	无	河北	唐山	1964～1978年
唐山陶瓷厂办公楼地震遗迹	无	河北	唐山	1964～1978年
河北武安西石门铁矿国家矿山公园	矿山公园	河北	邯郸	未查明
河北迁西金厂峪国家矿山公园	矿山公园	河北	唐山	未查明
焦作英福煤矿	无	河南	焦作	1895～1913年

现名	再利用模式	省/自治区/直辖市	市/州/区	年代
兴隆庄火车站	无	河南	开封	1895～1913年
黄河第一铁桥旧址	无	河南	郑州	1895～1913年
河南邮务管理局旧址	无	河南	开封	1914～1936年
民生煤矿旧址	无	河南	三门峡	1914～1936年
孝义兵工厂旧址	无	河南	郑州	1914～1936年
洛阳玻璃厂	无	河南	洛阳	1950～1957年
国棉三厂	无	河南	郑州	1950～1957年
洛阳涧西区10号街坊（洛阳涧西苏式建筑群）	无	河南	洛阳	1950～1957年
洛阳涧西区11号街坊（洛阳涧西苏式建筑群）	无	河南	洛阳	1950～1957年
洛阳矿山机械厂	无	河南	洛阳	1950～1957年
河南柴油机厂	无	河南	洛阳	1950～1957年
洛阳涧西区2号街坊	无	河南	洛阳	1950～1957年
洛阳涧西区36号街坊	无	河南	洛阳	1950～1957年
洛阳耐火材料厂	无	河南	洛阳	1950～1957年
洛阳热电厂	无	河南	洛阳	1950～1957年
洛阳铜加工厂	无	河南	洛阳	1950～1957年
洛阳轴承厂	无	河南	洛阳	1950～1957年
洛阳东方红农耕博物馆（洛阳涧西苏式建筑群）	展览馆	河南	洛阳	1950～1957年
河南省南阳独山玉国家矿山公园	矿山公园	河南	南阳	1958～1963年
开普化工厂	无	河南	郑州	1964～1978年
二砂集团	无	河南	郑州	1964～1978年
石漫滩水库大坝旧址	无	河南	平顶山	1964～1978年
清丰火车站旧址	无	河南	濮阳	1964～1978年
哈尔滨啤酒厂	无	黑龙江	哈尔滨	1895～1913年
哈尔滨卷烟厂	无	黑龙江	哈尔滨	1895～1913年
海林市中东铁路建筑群	无	黑龙江	牡丹江	1895～1913年
烟筒屯中东铁路建筑群	无	黑龙江	大庆	1895～1913年
前后代站中东铁路建筑	无	黑龙江	大庆	1895～1913年
泰康站中东铁路建筑	无	黑龙江	大庆	1895～1913年
高家站中东铁路建筑	无	黑龙江	大庆	1895～1913年
喇嘛甸站中东铁路建筑	无	黑龙江	大庆	1895～1913年
中东铁路松花江铁路大桥	无	黑龙江	哈尔滨	1895～1913年
香坊火车站中东铁路建筑	无	黑龙江	哈尔滨	1895～1913年
一面坡中东铁路建筑群	无	黑龙江	哈尔滨	1895～1913年
中东铁路俱乐部旧址	无	黑龙江	哈尔滨	1895～1913年

现名	再利用模式	省/自治区/直辖市	市/州/区	年代
阿城机械制造厂建筑群旧址	无	黑龙江	哈尔滨	1895～1913年
中东铁路管理处旧址	无	黑龙江	哈尔滨	1895～1913年
中东铁路哈尔滨总工厂俱乐部旧址	无	黑龙江	哈尔滨	1895～1913年
中东铁路职员竞技会馆旧址	无	黑龙江	哈尔滨	1895～1913年
霁虹桥	无	黑龙江	牡丹江	1895～1913年
绥芬河中东铁路建筑群	无	黑龙江	牡丹江	1895～1913年
横道河子中东铁路建筑群	无	黑龙江	牡丹江	1895～1913年
伊林站中东铁路候车室	无	黑龙江	牡丹江	1895～1913年
下城子站中东铁路候车室	无	黑龙江	牡丹江	1895～1913年
马桥河站中东铁路3号建筑	无	黑龙江	牡丹江	1895～1913年
太岭站中东铁路候车室	无	黑龙江	牡丹江	1895～1913年
细鳞河站中东铁路建筑	无	黑龙江	牡丹江	1895～1913年
绥阳站中东铁路候车室	无	黑龙江	牡丹江	1895～1913年
宽沟站中东铁路候车室	无	黑龙江	牡丹江	1895～1913年
碾子山中东铁路建筑群	无	黑龙江	齐齐哈尔	1895～1913年
鲁河站中东铁路建筑群	无	黑龙江	齐齐哈尔	1895～1913年
老道站中东铁路建筑群	无	黑龙江	齐齐哈尔	1895～1913年
龙江站中东铁路建筑群	无	黑龙江	齐齐哈尔	1895～1913年
黑岗站中东铁路建筑群	无	黑龙江	齐齐哈尔	1895～1913年
安达站中东铁路建筑	无	黑龙江	绥化	1895～1913年
肇东站中东铁路建筑群	无	黑龙江	绥化	1895～1913年
鸡西恒山矿山公园	矿山公园	黑龙江	鸡西	1914～1936年
呼海铁路建筑群	无	黑龙江	哈尔滨	1914～1936年
黑龙江木材公司（伐木场）	无	黑龙江	佳木斯	1914～1936年
伊春森林工业遗产	无	黑龙江	伊春	1914～1936年
鸡西煤机厂（矿业集团机电总厂）	无	黑龙江	鸡西	1914～1936年
侵华日军第七三一部队给水塔旧址	展览馆	黑龙江	哈尔滨	1914～1936年
侵华日军第七三一部队铁路专用线旧址	展览馆	黑龙江	哈尔滨	1914～1936年
中共黑龙江省委第一幼儿园	无	黑龙江	哈尔滨	1914～1936年
中东铁路霁虹桥	无	黑龙江	哈尔滨	1914～1936年
呼海铁路建筑群	无	黑龙江	哈尔滨	1914～1936年
振边酒厂	无	黑龙江	黑河	1914～1936年
齐齐哈尔火车站	无	黑龙江	齐齐哈尔	1914～1936年
五里木站中东铁路建筑	无	黑龙江	绥化	1914～1936年
里木店站中东铁路建筑	无	黑龙江	绥化	1914～1936年

现名	再利用模式	省/自治区/直辖市	市/州/区	年代
哈尔滨江畔公园饭店（原中东铁路松花江站场旧址）	无	黑龙江	哈尔滨	1937～1949年
中航工业哈尔滨东安发动机集团有限公司	无	黑龙江	哈尔滨	1937～1949年
阿继电器股份有限公司	无	黑龙江	哈尔滨	1937～1949年
侵华日军第七三一部队地下瓦斯储藏室旧址（侵华日军第七三一部队旧址之单体）	展览馆	黑龙江	哈尔滨	1937～1949年
侵华日军第七三一部队细菌弹壳生产厂旧址	无	黑龙江	哈尔滨	1937～1949年
富拉尔基中东铁路建筑群	无	黑龙江	齐齐哈尔	1937～1949年
伪满电报电话株式会社旧址	无	黑龙江	齐齐哈尔	1937～1949年
伪满亚麻厂旧址	无	黑龙江	齐齐哈尔	1937～1949年
双鸭山矿务局旧址	无	黑龙江	双鸭山	1937～1949年
哈尔滨灯泡厂	无	黑龙江	哈尔滨	1950～1957年
哈尔滨电表仪器厂	无	黑龙江	哈尔滨	1950～1957年
哈西机联机械厂	无	黑龙江	哈尔滨	1950～1957年
东北轻合金加工厂	无	黑龙江	哈尔滨	1950～1957年
哈尔滨飞机工业集团	无	黑龙江	哈尔滨	1950～1957年
哈尔滨第二工具厂	无	黑龙江	哈尔滨	1950～1957年
哈尔滨电站设备集团公司	无	黑龙江	哈尔滨	1950～1957年
哈尔滨量具刃具厂	无	黑龙江	哈尔滨	1950～1957年
哈尔滨亚麻集团	无	黑龙江	哈尔滨	1950～1957年
哈尔滨电机厂汽轮发电机车间	无	黑龙江	哈尔滨	1950～1957年
哈尔滨锅炉厂	无	黑龙江	哈尔滨	1950～1957年
哈尔滨汽轮机厂	无	黑龙江	哈尔滨	1950～1957年
哈尔滨东光机械厂	无	黑龙江	哈尔滨	1950～1957年
哈尔滨轴承厂	无	黑龙江	哈尔滨	1950～1957年
龙江电工厂文化宫	无	黑龙江	哈尔滨	1950～1957年
鹤岗东山1号竖井	无	黑龙江	鹤岗	1950～1957年
黑龙江华安工业（集团）公司	无	黑龙江	佳木斯	1950～1957年
齐齐哈尔重型机器厂	无	黑龙江	齐齐哈尔	1950～1957年
齐齐哈尔中国第一重型机械集团（中国第一重型机器厂）	无	黑龙江	齐齐哈尔	1950～1957年
齐齐哈尔钢厂（北满钢厂）	无	黑龙江	齐齐哈尔	1950～1957年
富拉尔基热电厂	无	黑龙江	齐齐哈尔	1950～1957年
中央建筑工程部直属公司旧址	无	黑龙江	齐齐哈尔	1950～1957年
松基一井	无	黑龙江	绥化	1950～1957年
黑龙江省大庆油田国家矿山公园	矿山公园	黑龙江	大庆	1958～1963年
哈尔滨电碳厂	无	黑龙江	哈尔滨	1958～1963年
大庆第一口油井	无	黑龙江	大庆	1958～1963年

现名	再利用模式	省/自治区/直辖市	市/州/区	年代
铁人第一口井	无	黑龙江	大庆	1958～1963年
三站排水站	无	黑龙江	大庆	1958～1963年
友好纤维板厂生产车间	无	黑龙江	伊春市	1958～1963年
漠河金沟林场	无	黑龙江	漠河	1964～1978年
黑龙江省大兴安岭呼玛国家矿山公园	矿山公园	黑龙江	大兴安岭	未查明
黑龙江省鹤岗市国家矿山公园	矿山公园	黑龙江	鹤岗	未查明
黑龙江省嘉荫乌拉嘎国家矿山公园	矿山公园	黑龙江	伊春	未查明
汉阳造文化创意产业园（824创意工厂）	文创园	湖北	武汉	1840～1894年
汉阳特种汽车制造厂	无	湖北	武汉	1840～1894年
武汉市第一棉纺织厂	无	湖北	武汉	1840～1894年
汉阳铁厂矿砂码头旧址	无	湖北	武汉	1840～1894年
张之洞与汉阳铁厂博物馆	展览馆	湖北	武汉	1840～1894年
平汉铁路南局旧址	无	湖北	武汉	1895～1913年
江岸车辆厂	无	湖北	武汉	1895～1913年
火车轮渡码头	无	湖北	武汉	1895～1913年
汉口既济水塔	无	湖北	武汉	1895～1913年
汉口电灯公司	无	湖北	武汉	1895～1913年
宗关水厂	无	湖北	武汉	1895～1913年
平和打包厂	无	湖北	武汉	1895～1913年
湖北黄石国家矿山公园大冶铁矿博物馆	展览馆	湖北	黄石	1895～1913年
汉口平汉铁路局旧址	无	湖北	武汉	1895～1913年
武泰闸	无	湖北	武汉	1895～1913年
兴山川汉铁路桥墩	无	湖北	宜昌	1895～1913年
"蓝湾俊园"小区	房地产	湖北	武汉	1914～1936年
空军天津路临江饭店	其他	湖北	武汉	1914～1936年
太平洋肥皂厂	无	湖北	武汉	1914～1936年
南洋烟厂	无	湖北	武汉	1914～1936年
武汉市毛纺织厂	无	湖北	武汉	1914～1936年
南洋大楼	无	湖北	武汉	1914～1936年
邦可面包房	无	湖北	武汉	1914～1936年
和利汽水厂	无	湖北	武汉	1914～1936年
福新面粉厂	无	湖北	武汉	1914～1936年
汉口电话局旧址	无	湖北	武汉	1914～1936年
赞育汽水厂	无	湖北	武汉	1937～1949年
"江城壹号"文化创意产业园	文创园	湖北	武汉	1950～1957年

现名	再利用模式	省/自治区/直辖市	市/州/区	年代
武汉绒印厂	无	湖北	武汉	1950~1957年
武汉锅炉厂	无	湖北	武汉	1950~1957年
青山红房子	无	湖北	武汉	1950~1957年
襄樊市水泥厂	无	湖北	襄樊	1950~1957年
华新水泥厂	无	湖北	黄石	1950~1957年
武汉重型机床厂	无	湖北	武汉	1950~1957年
武汉钢铁公司	无	湖北	武汉	1950~1957年
武汉长江大桥	无	湖北	武汉	1950~1957年
应城石膏矿第一分矿	无	湖北	孝感	1950~1957年
武汉万科润园	房地产	湖北	武汉	1958~1963年
武汉万科茂园（武汉万科金域华府）	房地产	湖北	武汉	1958~1963年
武汉肉类联合加工厂	无	湖北	武汉	1958~1963年
硚口民族工业博物馆	展览馆	湖北	武汉	1958~1963年
大冶钢厂职工俱乐部	无	湖北	黄石	1964~1978年
湖北潜江国家矿山公园	矿山公园	湖北	潜江	未查明
湖北宜昌樟村坪国家矿山公园	矿山公园	湖北	宜昌	未查明
湖北省应城国家矿山公园	矿山公园	湖北	应城	未查明
杨泗港码头	无	湖北	武汉	未查明
大智门火车站	无	湖北	武汉	未查明
湖南湘潭锰矿国家矿山公园	矿山公园	湖南	湘潭	1895~1913年
潇湘景观带——裕湘纱厂遗存	文创园	湖南	长沙	1895~1913年
万科紫台	无	湖南	长沙	1895~1913年
湖南电灯公司	无	湖南	长沙	1895~1913年
休闲广场	城市公园	湖南	长沙	1914~1936年
华昌烟厂旧址	无	湖南	长沙	1914~1936年
长沙锌厂	无	湖南	长沙	1914~1936年
长沙火车北站	无	湖南	长沙	1914~1936年
粤汉铁路株洲总机厂	无	湖南	株洲	1914~1936年
民国第十一兵工厂凤凰山旧址	无	湖南	株洲	1914~1936年
长株潭两型社会展览馆	无	湖南	长沙	1937~1949年
水上工人俱乐部	无	湖南	长沙	1950~1957年
苏援水泵房	无	湖南	长沙	1950~1957年
长沙船舶厂	无	湖南	长沙	1950~1957年
长沙第一制水有限公司	无	湖南	长沙	1950~1957年
潇湘路水泵站房	无	湖南	长沙	1950~1957年

现名	再利用模式	省/自治区/直辖市	市/州/区	年代
长沙肉类联合加工厂	无	湖南	长沙	1950～1957年
国营三三一厂	无	湖南	株洲	1950～1957年
株洲火车头广场	城市公园	湖南	株洲	1958～1963年
营田仓库	无	湖南	岳阳	1958～1963年
湖南省宝山国家矿山公园	矿山公园	湖南	郴州	1964～1978年
八道码头遗址	无	湖南	长沙	1964～1978年
湖南省郴州柿竹园国家矿山公园	矿山公园	湖南	郴州	未查明
鸭绿江采木公司	无	吉林	白山	1840～1894年
吉林机器局	无	吉林	吉林	1840～1894年
公主岭中东铁路建筑群	无	吉林	四平	1895～1913年
长白山酒业集团	无	吉林	吉林	1914～1936年
吉海铁路总站旧址	无	吉林	吉林	1914～1936年
丰满发电厂	无	吉林	吉林	1937～1949年
夹皮沟黄金矿业有限责任公司	无	吉林	吉林	1937～1949年
长春电影制片厂旧址博物馆	展览馆	吉林	长春	1937～1949年
通化葡萄酒厂地下贮酒窖	无	吉林	通化	1937～1949年
长春第一汽车制造厂	无	吉林	长春	1950～1957年
吉林碳素股份有限公司	无	吉林	吉林	1950～1957年
中钢集团吉林铁合金股份有限公司	无	吉林	吉林	1950～1957年
吉化化肥厂	无	吉林	吉林	1950～1957年
吉化染料厂	无	吉林	吉林	1950～1957年
中国石油吉林石化公司	无	吉林	吉林	1950～1957年
吉林省白山板石国家矿山公园	矿山公园	吉林	白山	1958～1963年
长春市拖拉机厂文化创意产业园	文创园	吉林	长春	1958～1963年
吉林化纤集团	无	吉林	吉林	1958～1963年
中国航空工业技术总公司第一集团公司	无	吉林	吉林	1964～1978年
吉林省辽源国家矿山公园	矿山公园	吉林	辽源	未查明
吉林汪清满天星国家矿山公园	矿山公园	吉林	汪清	未查明
和龙林业局制材厂	无	吉林	吉林	未查明
晨光1865科技·创意产业园	文创园	江苏	南京	1840～1894年
礼舍蚕茧所	无	江苏	无锡	1840～1894年
江尖纸业公会所旧址	无	江苏	无锡	1840～1894年
许记磨面作坊旧址	无	江苏	无锡	1840～1894年
盛宣怀故居	无	江苏	苏州	1840～1894年
雷允上诵芬堂	无	江苏	苏州	1840～1894年

现名	再利用模式	省/自治区/直辖市	市/州/区	年代
无锡运河公园	城市公园	江苏	无锡	1895～1913年
苏纶场	文创园	江苏	苏州	1895～1913年
下关码头	无	江苏	南京	1895～1913年
锡金钱丝两业公所旧址	无	江苏	无锡	1895～1913年
惠元面粉厂旧址	无	江苏	无锡	1895～1913年
储业公所	无	江苏	无锡	1895～1913年
无锡县商会旧址	无	江苏	无锡	1895～1913年
南通油脂厂	无	江苏	南通	1895～1913年
苏纶纺织厂	无	江苏	苏州	1895～1913年
镇江火车站工务段用房	无	江苏	镇江	1895～1913年
自来水厂	无	江苏	镇江	1895～1913年
大生纱厂	无	江苏	南通	1895～1913年
振新纱厂旧址	无	江苏	无锡	1895～1913年
永泰丝厂旧址	无	江苏	无锡	1895～1913年
南京肉联厂	无	江苏	南京	1895～1913年
南京电灯厂	无	江苏	南京	1895～1913年
无锡中国民族工商业博物馆	展览馆	江苏	无锡	1895～1913年
南京第二机床厂	无	江苏	南京	1895～1913年
南京浦镇车辆有限公司	无	江苏	南京	1895～1913年
下关火车站	无	江苏	南京	1895～1913年
中华邮政总局旧址	无	江苏	南京	1895～1913年
鸿盛楼食府餐厅	其他	江苏	苏州	1914～1936年
创意1916园区	文创园	江苏	常州	1914～1936年
常州运河五号创意街区	文创园	江苏	常州	1914～1936年
永利钲厂	无	江苏	南京	1914～1936年
北河口水厂	无	江苏	南京	1914～1936年
玉祁制丝所	无	江苏	无锡	1914～1936年
宝界桥	无	江苏	无锡	1914～1936年
协新毛纺织染厂	无	江苏	无锡	1914～1936年
丽新纺织印染厂旧址	无	江苏	无锡	1914～1936年
申新三厂旧址	无	江苏	无锡	1914～1936年
西漳蚕种场	无	江苏	无锡	1914～1936年
庆丰纱厂旧址	无	江苏	无锡	1914～1936年
鼎昌丝厂旧址	无	江苏	无锡	1914～1936年
交通部苏州电报电话局旧址	无	江苏	苏州	1914～1936年

现名	再利用模式	省/自治区/直辖市	市/州/区	年代
日本领事馆旧址	无	江苏	苏州	1914～1936年
苏州檀香扇厂	无	江苏	苏州	1914～1936年
苏州第一丝厂	无	江苏	苏州	1914～1936年
苏州火柴厂	无	江苏	苏州	1914～1936年
苏州电器公司	无	江苏	苏州	1914～1936年
益民蚕种场	无	江苏	镇江	1914～1936年
明明蚕种场	无	江苏	镇江	1914～1936年
连云港火车站旧址	无	江苏	连云港	1914～1936年
夫子庙邮局	无	江苏	南京	1914～1936年
江南水泥厂	无	江苏	南京	1914～1936年
徐州韩桥煤矿旧址	无	江苏	徐州	1914～1936年
南京第二制药厂	无	江苏	南京	1914～1936年
南京电子管厂	无	江苏	南京	1914～1936年
南京熊猫集团	无	江苏	南京	1914～1936年
镇江合作蚕种场	无	江苏	镇江	1914～1936年
中国水泥厂	无	江苏	南京	1914～1936年
大成三厂旧址	无	江苏	常州	1914～1936年
浦口火车站	无	江苏	南京	1914～1936年
国民政府广播电台旧址	无	江苏	南京	1914～1936年
浦口电厂	无	江苏	南京	1914～1936年
开源机器厂旧址	无	江苏	无锡	1937～1949年
天元麻纺厂旧址	无	江苏	无锡	1937～1949年
天元麻纺厂旧址	无	江苏	无锡	1937～1949年
苏州第二制药厂	无	江苏	苏州	1937～1949年
中国人民解放军第3503厂	无	江苏	南京	1937～1949年
国营734厂	无	江苏	南京	1937～1949年
南京汽车制造厂	无	江苏	南京	1937～1949年
南京电力自动化设备总厂	无	江苏	南京	1937～1949年
中国人民解放军第7425厂	无	江苏	南京	1937～1949年
南京机床厂	无	江苏	南京	1937～1949年
中央电工器材厂	无	江苏	南京	1937～1949年
无锡北仓门生活艺术中心	艺术区	江苏	无锡	1937～1949年
戚机厂旧址	无	江苏	常州	1937～1949年
陵园新村邮局旧址	无	江苏	南京	1937～1949年
N1955（南下塘）文化创意园	文创园	江苏	无锡	1950～1957年

现名	再利用模式	省/自治区/直辖市	市/州/区	年代
南京油泵油嘴厂	无	江苏	南京	1950～1957年
中国人民解放军5311厂	无	江苏	南京	1950～1957年
无锡梅园水厂	无	江苏	无锡	1950～1957年
北桥仓库旧址	无	江苏	无锡	1950～1957年
无锡第二粮食仓库旧址	无	江苏	无锡	1950～1957年
无锡粮食机械厂	无	江苏	无锡	1950～1957年
胥江水厂旧址	无	江苏	苏州	1950～1957年
新光丝织厂	无	江苏	苏州	1950～1957年
苏州阀门厂	无	江苏	苏州	1950～1957年
胥江水厂、苏州自来水公司	无	江苏	苏州	1950～1957年
苏州电力电容器有限公司	无	江苏	苏州	1950～1957年
惠山泥人厂旧址	无	江苏	无锡	1950～1957年
春雷造船厂	无	江苏	无锡	1950～1957年
南京电焊条厂	无	江苏	南京	1950～1957年
南京塑料厂	无	江苏	南京	1950～1957年
南京线路器材厂	无	江苏	南京	1950～1957年
南京工程机械厂	无	江苏	南京	1950～1957年
国营511厂	无	江苏	南京	1950～1957年
南京机床铸件厂	无	江苏	南京	1950～1957年
明孝陵博物馆新馆	展览馆	江苏	南京	1950～1957年
南京工艺装备制造厂	无	江苏	南京	1950～1957年
南京汽轮电机厂	无	江苏	南京	1950～1957年
南京宏光空间装备厂	无	江苏	南京	1950～1957年
金陵造船厂	无	江苏	南京	1950～1957年
高良涧进水闸	无	江苏	淮安	1950～1957年
二河闸	无	江苏	淮安	1950～1957年
平江府酒店改造设计	其他	江苏	苏州	1958～1963年
南京205创意公园	文创园	江苏	南京	1958～1963年
"世界之窗"创意产业园——创意东八区	文创园	江苏	南京	1958～1963年
"世界之窗"创意产业园——创意东八区	文创园	江苏	南京	1958～1963年
江南无线电器材厂旧址	无	江苏	无锡	1958～1963年
苏州剧装戏具厂	无	江苏	苏州	1958～1963年
吴县刺绣总厂	无	江苏	苏州	1958～1963年
苏州第一光学仪器厂	无	江苏	苏州	1958～1963年
南京第二钢铁厂	无	江苏	南京	1958～1963年

现名	再利用模式	省/自治区/直辖市	市/州/区	年代
南京第一钢铁厂	无	江苏	南京	1958～1963年
南京炼油厂	无	江苏	南京	1958～1963年
南京热电厂	无	江苏	南京	1958～1963年
南京造漆厂	无	江苏	南京	1958～1963年
南京光学仪器厂	无	江苏	南京	1958～1963年
南京船用辅机厂仓库	无	江苏	南京	1958～1963年
大桥机器厂	无	江苏	南京	1958～1963年
南京煤矿机械厂	无	江苏	南京	1958～1963年
三河闸	无	江苏	淮安	1958～1963年
苏州半导体总厂	无	江苏	苏州	1964～1978年
长城电器	无	江苏	苏州	1964～1978年
苏州第三纺织机械厂	无	江苏	苏州	1964～1978年
国营714厂	无	江苏	南京	1964～1978年
南京铁合金厂	无	江苏	南京	1964～1978年
南京压缩机厂零件库	无	江苏	南京	1964～1978年
江苏省盱眙象山国家矿山公园	矿山公园	江苏	淮安	未查明
江苏省南京冶山国家矿山公园	矿山公园	江苏	南京	未查明
7316厂地块改造	其他	江苏	南京	未查明
金陵美术馆	展览馆	江苏	南京	未查明
江西省萍乡安源国家矿山公园	矿山公园	江西	萍乡	1895～1913年
699文化创意园	文创园	江西	南昌	1950～1957年
陶溪川创意广场	无	江西	景德镇	1950～1957年
樟树林文化生活公园	文创园	江西	南昌	1958～1963年
江西省德兴国家矿山公园	矿山公园	江西	德兴	未查明
江西省景德镇高岭国家矿山公园	矿山公园	江西	景德镇	未查明
老铁山灯塔	无	辽宁	大连	1840～1894年
旅顺船坞	无	辽宁	大连	1840～1894年
旅顺鱼雷修造厂旧址	无	辽宁	大连	1840～1894年
营口港	无	辽宁	营口	1840～1894年
钢绳厂拉丝车间旧址	无	辽宁	鞍山	1895～1913年
常青矿井旧址	无	辽宁	鞍山	1895～1913年
立山站火车转盘旧址	无	辽宁	鞍山	1895～1913年
灵山给水塔旧址	无	辽宁	鞍山	1895～1913年
高炉山大烟囱遗址	无	辽宁	本溪	1895～1913年
本溪湖煤矿第四矿井	无	辽宁	本溪	1895～1913年

现名	再利用模式	省/自治区/直辖市	市/州/区	年代
桓仁发电厂	无	辽宁	本溪	1895～1913年
南满洲电气株式会社旧址	无	辽宁	大连	1895～1913年
龙引泉遗址	无	辽宁	大连	1895～1913年
东省铁路公司护路事务所旧址	无	辽宁	大连	1895～1913年
日本东清轮船会社	无	辽宁	大连	1895～1913年
西露天矿	无	辽宁	抚顺	1895～1913年
电力株式会社旧址	无	辽宁	抚顺	1895～1913年
庙山东竖坑矿址	无	辽宁	葫芦岛	1895～1913年
西竖坑矿址	无	辽宁	葫芦岛	1895～1913年
奉天驿旧址	无	辽宁	沈阳	1895～1913年
奉天机器局（沈阳造币厂）	无	辽宁	沈阳	1895～1913年
牛庄邮便局旧址	无	辽宁	营口	1895～1913年
东亚烟草株式会社旧址	无	辽宁	营口	1895～1913年
彩屯煤矿竖井（本溪湖工业遗产群）	无	辽宁	本溪	1895～1913年
本溪湖火车站（本溪湖工业遗产群）	无	辽宁	本溪	1895～1913年
本钢一铁厂旧址（本溪湖工业遗产群）	无	辽宁	本溪	1895～1913年
本溪湖煤铁有限公司旧址（本溪湖工业遗产群）	无	辽宁	本溪	1895～1913年
鸭绿江断桥	无	辽宁	丹东	1895～1913年
东露天矿	无	辽宁	抚顺	1895～1913年
老虎台斜梯	无	辽宁	抚顺	1895～1913年
旅顺净水厂旧址	无	辽宁	大连	1895～1913年
沈阳钟厂创意产业园	文创园	辽宁	沈阳	1914～1936年
孟泰纪念馆	无	辽宁	鞍山	1914～1936年
昭和制钢所研究所旧址	无	辽宁	鞍山	1914～1936年
昭和制钢所对炉山配水塔旧址	无	辽宁	鞍山	1914～1936年
鞍钢轧辊厂车间建筑群	无	辽宁	鞍山	1914～1936年
鞍钢01号变电站旧址	无	辽宁	鞍山	1914～1936年
大孤山露天铁矿	无	辽宁	鞍山	1914～1936年
小黄旗铅矿冶炼厂	无	辽宁	鞍山	1914～1936年
大连15号库创意产业园	无	辽宁	大连	1914～1936年
大西山水库	无	辽宁	大连	1914～1936年
台山净水厂	无	辽宁	大连	1914～1936年
沙河口净水厂旧址	无	辽宁	大连	1914～1936年
满铁扇形机车库旧址	无	辽宁	大连	1914～1936年
大连港办公大楼	无	辽宁	大连	1914～1936年

现名	再利用模式	省/自治区/直辖市	市/州/区	年代
炭矿事务所旧址（抚顺矿业集团办公楼）	无	辽宁	抚顺	1914~1936年
永安东泵房	无	辽宁	抚顺	1914~1936年
炭矿长住宅旧址	无	辽宁	抚顺	1914~1936年
东公园净水房	无	辽宁	抚顺	1914~1936年
龙凤矿竖井	无	辽宁	抚顺	1914~1936年
龙凤矿办公楼	无	辽宁	抚顺	1914~1936年
柴屯锰矿	无	辽宁	葫芦岛	1914~1936年
杨家杖子日式建筑群	无	辽宁	葫芦岛	1914~1936年
下富儿沟火药库	无	辽宁	葫芦岛	1914~1936年
邱皮沟煤矿	无	辽宁	葫芦岛	1914~1936年
葫芦岛筑港开工纪念碑	无	辽宁	葫芦岛	1914~1936年
航空技术部野战航空修理厂原址	无	辽宁	沈阳	1914~1936年
南满铁道株式会社旧址（满铁铁道总局本馆）	无	辽宁	沈阳	1914~1936年
奉天纺纱厂办公楼旧址	无	辽宁	沈阳	1914~1936年
辽宁总站旧址	无	辽宁	沈阳	1914~1936年
杨宇霆电灯厂旧址	无	辽宁	沈阳	1914~1936年
东北兵工厂	无	辽宁	沈阳	1914~1936年
营口造纸厂	无	辽宁	营口	1914~1936年
牛庄海关旧址	无	辽宁	营口	1914~1936年
昭和制钢所办公楼旧址	无	辽宁	鞍山	1914~1936年
奉天邮便局旧址	无	辽宁	沈阳	1914~1936年
奉天无线电台旧址	无	辽宁	沈阳	1914~1936年
奉天邮务管理局旧址	无	辽宁	沈阳	1914~1936年
肇新窑业有限公司旧址	无	辽宁	沈阳	1914~1936年
大亨铁工厂	无	辽宁	沈阳	1914~1936年
抚顺石油二厂	无	辽宁	抚顺	1914~1936年
鞍钢制铁所一号高炉旧址	无	辽宁	鞍山	1914~1936年
大连沙河口净水厂旧址	无	辽宁	大连	1914~1936年
大连中央邮便局旧址	无	辽宁	大连	1914~1936年
拓石烟草公司旧址	无	辽宁	辽阳	1914~1936年
辽宁省阜新海州露天矿国家矿山公园	矿山公园	辽宁	阜新	1937~1949年
昭和制钢所大病院旧址	无	辽宁	鞍山	1937~1949年
对炉山单身社员宿舍建筑群	无	辽宁	鞍山	1937~1949年
刘家沟侵华日军兵工厂遗址	无	辽宁	本溪	1937~1949年
大连福岛纺织株式会社旧址	无	辽宁	大连	1937~1949年

现名	再利用模式	省/自治区/直辖市	市/州/区	年代
满洲重机株式会社金州工厂旧址	无	辽宁	大连	1937～1949年
杨家杖子矿区索道	无	辽宁	葫芦岛	1937～1949年
杨家山矿洞遗址	无	辽宁	葫芦岛	1937～1949年
葫芦岛锌厂筹建工程指挥所旧址	无	辽宁	葫芦岛	1937～1949年
葫芦岛锌厂	无	辽宁	葫芦岛	1937～1949年
二道桥子抽水站旧址	无	辽宁	盘锦	1937～1949年
七道闸址	无	辽宁	盘锦	1937～1949年
天一抽水站遗址	无	辽宁	盘锦	1937～1949年
吉家节制闸遗址	无	辽宁	盘锦	1937～1949年
红梅味精厂（满洲农产化学工业株式会社奉天工厂）	无	辽宁	沈阳	1937～1949年
Z28时尚硅谷	无	辽宁	大连	1937～1949年
满洲住友金属株式会社车间旧址	无	辽宁	沈阳	1937～1949年
沈阳铁西铸造博物馆	展览馆	辽宁	沈阳	1937～1949年
锦西化工机器有限责任公司	无	辽宁	葫芦岛	1937～1949年
焦耐院办公楼旧址（中冶焦耐工程技术有限公司的办公大楼）	无	辽宁	鞍山	1950～1957年
五一八内燃机配件厂	无	辽宁	丹东	1950～1957年
萝卜坎炼铁炉	无	辽宁	抚顺	1950～1957年
岭前竖井	无	辽宁	葫芦岛	1950～1957年
铁西工人村生活馆	展览馆	辽宁	沈阳	1950～1957年
阜新仪器厂	无	辽宁	阜新	1950～1957年
铁煤集团大隆矿	无	辽宁	铁岭	1958～1963年
铁煤集团大明煤矿	无	辽宁	铁岭	1958～1963年
铁煤集团大兴煤矿	无	辽宁	铁岭	1958～1963年
铁煤集团晓南矿	无	辽宁	铁岭	1958～1963年
辽河油田第一口探井	无	辽宁	盘锦	1964～1978年
东大碴子矿井	无	辽宁	丹东	未查明
丹东市机床开关厂旧址	无	辽宁	丹东	未查明
富国瓦厂烟囱	无	辽宁	丹东	未查明
浪头镇冶炼厂大烟囱	无	辽宁	丹东	未查明
安东水道元宝山净水厂旧址	无	辽宁	丹东	未查明
林家堡子矿洞	无	辽宁	丹东	未查明
搭连运煤漏	无	辽宁	抚顺	未查明
金家原日本煤铁矿办公楼旧址	无	辽宁	辽阳	未查明
"满蒙"棉花株式会社旧址	无	辽宁	辽阳	未查明
"满铁"图书馆旧址	无	辽宁	辽阳	未查明

现名	再利用模式	省/自治区/直辖市	市/州/区	年代
"满洲"水泥株式会社辽阳工厂旧址	无	辽宁	辽阳	未查明
昭和制钢所水线	无	辽宁	辽阳	未查明
"满洲"火药株式会社辽阳火药制造所旧址	无	辽宁	辽阳	未查明
原日本陆军造兵厂第二制造所旧址	无	辽宁	辽阳	未查明
平安抽水站遗址	无	辽宁	盘锦	未查明
荣兴变电所旧址	无	辽宁	盘锦	未查明
田庄台变电所旧址	无	辽宁	盘锦	未查明
新开河排水闸	无	辽宁	盘锦	未查明
马克顿河闸	无	辽宁	盘锦	未查明
原昌图农机修造一厂旧址（八面城）	无	辽宁	铁岭	未查明
熊岳印染厂旧址	无	辽宁	营口	未查明
亚细亚石油公司旧址	无	辽宁	营口	未查明
营口盐化厂旧址	无	辽宁	营口	未查明
日本三菱公司旧址	无	辽宁	营口	未查明
营口五0一矿旧址	无	辽宁	营口	未查明
铁岭西丰永发蚕业旧工厂	无	辽宁	铁岭	未查明
内蒙古自治区额尔古纳国家矿山公园	矿山公园	内蒙古	额尔古纳	1840～1894年
白塔火车站	无	内蒙古	呼和浩特	1914～1936年
伊胡塔火车站旧址	无	内蒙古	通辽	1914～1936年
平庄侵华日军飞机库旧址	无	内蒙古	赤峰	1937～1949年
内蒙古工业大学机械厂铸造车间	无	内蒙古	呼和浩特	1950—1957年
包钢一号高炉	无	内蒙古	包头	1950—1957年
包头市第一工人文化宫	无	内蒙古	包头	1950—1957年
三盛公水利枢纽	无	内蒙古	巴彦淖尔	1958—1963年
河套酒窖池及古井	无	内蒙古	巴彦淖尔	1958—1963年
巴图湾水电站	无	内蒙古	鄂尔多斯	1958—1963年
巴音陶亥、渡口扬水站	无	内蒙古	乌海	1964～1978年
内蒙古自治区赤峰巴林石国家矿山公园	矿山公园	内蒙古	赤峰	未查明
内蒙古自治区林西大井国家矿山公园	矿山公园	内蒙古	林西	未查明
内蒙古自治区满洲里市扎赉诺尔国家矿山公园	矿山公园	内蒙古	满洲里	未查明
乌海青少年创意产业园	文创园	内蒙古	乌海	未查明
宁夏回族自治区石嘴山国家矿山公园	矿山公园	宁夏	石嘴山	1950～1957年
801创业园	文创园	宁夏	银川	1964～1978年
石嘴山糖厂	无	宁夏	石嘴山	1964～1978年
701工厂	无	青海	西宁	1950～1957年

现名	再利用模式	省/自治区/直辖市	市/州/区	年代
中国第一个核武器研制基地爆轰试验场	无	青海	西宁	1958~1963年
核武器研制基地展览馆	展览馆	青海	西海	1958~1963年
青海省格尔木察尔汗盐湖国家矿山公园	矿山公园	青海	格尔木	未查明
小青岛灯塔	公园	山东	青岛	1840~1894年
山东省枣庄中兴煤矿国家矿山公园	矿山公园	山东	枣庄	1840~1894年
山东铁路公司	无	山东	济南	1840~1894年
山东化工厂	无	山东	济南	1840~1894年
张裕公司酒窖	无	山东	烟台	1840~1894年
青岛奥帆中心	其他	山东	青岛	1895~1913年
青岛工业设计产业园	文创园	山东	青岛	1895~1913年
山东鲁丰纸业有限公司	无	山东	济南	1895~1913年
游内山灯塔	无	山东	青岛	1895~1913年
青岛葡萄酒厂	无	山东	青岛	1895~1913年
坊茨小镇	无	山东	潍坊	1895~1913年
青岛大港火车站	无	山东	青岛	1895~1913年
青岛四方机厂	无	山东	青岛	1895~1913年
潮连岛灯塔	展览馆	山东	青岛	1895~1913年
青岛啤酒博物馆	展览馆	山东	青岛	1895~1913年
济南轨道交通装备有限责任公司	无	山东	济南	1895~1913年
原胶济铁路济南站近现代建筑群	无	山东	济南	1895~1913年
济南泺口黄河铁路大桥	无	山东	济南	1895~1913年
津浦铁路万德火车站旧址	无	山东	济南	1895~1913年
黄台车站德式建筑群	无	山东	济南	1895~1913年
岞山火车站旧址	无	山东	潍坊	1895~1913年
淄博矿务局德日建筑群	无	山东	淄博	1895~1913年
马蹄礁灯塔	无	山东	青岛	1895~1913年
青岛小港	无	山东	青岛	1895~1913年
青岛大港	无	山东	青岛	1895~1913年
青岛中港	无	山东	青岛	1895~1913年
山东济南C7商业艺术中心	文创园	山东	济南	1914~1936年
意匠老商埠9号	文创园	山东	济南	1914~1936年
1919创意产业园	文创园	山东	青岛	1914~1936年
青岛天幕城	文创园	山东	青岛	1914~1936年
"红锦坊"19壹9艺术工坊	文创园	山东	青岛	1914~1936年
青岛纺织谷	文创园	山东	青岛	1914~1936年

现名	再利用模式	省/自治区/直辖市	市/州/区	年代
M6创意产业园	文创园	山东	青岛	1914～1936年
英美烟草厂	无	山东	济南	1914～1936年
济南第二印染厂	无	山东	济南	1914～1936年
济南民意面粉厂	无	山东	济南	1914～1936年
济南泰康食品公司	无	山东	济南	1914～1936年
济南电报局	无	山东	济南	1914～1936年
山东小鸭集团有限公司	无	山东	济南	1914～1936年
成丰面粉厂	无	山东	济南	1914～1936年
山东省邮电博物馆	无	山东	济南	1914～1936年
济南第四棉纺厂	无	山东	济南	1914～1936年
济南第三棉纺织厂	无	山东	济南	1914～1936年
济南第一棉纺织厂	无	山东	济南	1914～1936年
济南自来水厂	无	山东	济南	1914～1936年
济南裕兴化工有限责任公司	无	山东	济南	1914～1936年
青岛汽水厂	无	山东	青岛	1914～1936年
青岛颐中烟草公司	无	山东	青岛	1914～1936年
青岛纺织机械厂	无	山东	青岛	1914～1936年
青岛丝织博物馆	展览馆	山东	青岛	1914～1936年
青岛中海蓝庭小区	住宅	山东	青岛	1914～1936年
济南小鸭肯达燃气具有限责任公司	无	山东	济南	1914～1936年
JN150文化创意产业园	无	山东	济南	1914～1936年
济南金钟电子衡器股份有限公司	无	山东	济南	1914～1936年
济南无线电七厂	无	山东	济南	1914～1936年
山东邮务管理局旧址	无	山东	济南	1914～1936年
德州电厂机房旧址	无	山东	德州	1914～1936年
纬二路原胶济铁路德国高级职员公寓	无	山东	济南	1914～1936年
原胶济铁路普通职员公寓	无	山东	济南	1914～1936年
南校场烧锅遗址	无	山东	潍坊	1914～1936年
济南第二机床厂	无	山东	济南	1937～1949年
济南晨光纸业有限公司	无	山东	济南	1937～1949年
济南重型机械厂	无	山东	济南	1937～1949年
济南造纸厂	无	山东	济南	1937～1949年
济南市四机数控机床有限公司	无	山东	济南	1937～1949年
济南第一机床厂	无	山东	济南	1937～1949年
潍坊柴油机厂	无	山东	潍坊	1937～1949年

现名	再利用模式	省/自治区/直辖市	市/州/区	年代
山东泰山电器有限公司	无	山东	济南	1937～1949年
济南染织厂	无	山东	济南	1937～1949年
威海金线顶公园	城市公园	山东	威海	1950～1957年
济南1953茶文化创意产业园	文创园	山东	济南	1950～1957年
1954陶瓷文化创意园	文创园	山东	淄博	1950～1957年
创意100产业园	文创园	山东	青岛	1950～1957年
红星印刷科技创意产业园	文创园	山东	青岛	1950～1957年
山东省建筑机械厂	无	山东	济南	1950～1957年
济南仪表厂	无	山东	济南	1950～1957年
济南民天面粉厂	无	山东	济南	1950～1957年
济南锅炉厂	无	山东	济南	1950～1957年
济南试验机厂	无	山东	济南	1950～1957年
济南市泺口酿造有限责任公司	无	山东	济南	1950～1957年
济南毛巾总厂	无	山东	济南	1950～1957年
齐鲁化纤集团	无	山东	济南	1950～1957年
山东球墨铸铁管有限公司	无	山东	济南	1950～1957年
济南轻骑摩托车股份有限公司	无	山东	济南	1950～1957年
济南维尔康肉类水产批发市场	无	山东	济南	1950～1957年
济南制药厂	无	山东	济南	1950～1957年
济南郭店铁矿	无	山东	济南	1950～1957年
山东红旗机电有限公司（5823厂）	无	山东	潍坊	1950～1957年
济南舜和酒店集团	无	山东	济南	1950～1957年
1789文化艺术区	艺术区	山东	潍坊	1950～1957年
济南红场1952	无	山东	济南	1950～1957年
济南鲁绣刺绣公司	无	山东	济南	1950～1957年
德州一水厂旧址	无	山东	德州	1950～1957年
淄博工人文化宫建筑群	无	山东	淄博	1950～1957年
中联U谷2.5产业园	文创园	山东	青岛	1958～1963年
山东电力设备厂	无	山东	济南	1958～1963年
济南第二棉纺织厂	无	山东	济南	1958～1963年
济南元首针织股份有限公司	无	山东	济南	1958～1963年
济南黄台火力发电厂	无	山东	济南	1958～1963年
济南半导体研究所	无	山东	济南	1958～1963年
山东泰山电器集团公司	无	山东	济南	1958～1963年
济南第二建材厂	无	山东	济南	1958～1963年

现名	再利用模式	省/自治区/直辖市	市/州/区	年代
济南盛源化肥有限责任公司	无	山东	济南	1958～1963年
济钢集团有限公司	无	山东	济南	1958～1963年
蓝星石油有限公司济南分公司	无	山东	济南	1958～1963年
潍坊拖拉机厂	无	山东	潍坊	1958～1963年
德州机床厂旧址	无	山东	德州	1958～1963年
德州仓储建筑旧址	无	山东	德州	1958～1963年
胜利油田功勋井	无	山东	东营	1958～1963年
青岛7811军工厂	无	山东	青岛	1958～1963年
青岛4808军工厂	无	山东	青岛	1958～1963年
青岛橡胶谷一期	房地产	山东	青岛	1964～1978年
山东省沂蒙钻石国家矿山公园	矿山公园	山东	临沂	1964～1978年
鑫龙商务酒店	其他	山东	济南	1964～1978年
西街工坊文化创意产业园	文创园	山东	济南	1964～1978年
济南D17文化创意产业园	文创园	山东	济南	1964～1978年
中国石油化工股份有限公司济南分公司	无	山东	济南	1964～1978年
山东省临沂归来庄金矿国家矿山公园	矿山公园	山东	临沂	未查明
山东省威海金洲国家矿山公园	矿山公园	山东	威海	未查明
大益成纺纱厂旧址	无	山西	运城	1840～1894年
大同煤矿万人坑遗址纪念馆	无	山西	大同	1895～1913年
晋能集团	无	山西	太原	1895～1913年
太原水泥厂	无	山西	太原	1914～1936年
太原钢铁公司	无	山西	太原	1914～1936年
太原探矿机械厂	无	山西	太原	1914～1936年
西北实业公司西北化学厂	无	山西	太原	1914～1936年
太原机器局	无	山西	太原	1914～1936年
白家庄矿	无	山西	太原	1937～1949年
黄崖洞兵工厂旧址	无	山西	长治	1937～1949年
抗日五专署及刘伯承兵工厂旧址	无	山西	长治	1937～1949年
八路军军工部垂阳兵工厂旧址	无	山西	长治	1937～1949年
山西大同晋华宫矿国家矿山公园	矿山公园	山西	大同	1950～1957年
大同蒸汽机车博物馆馆址	无	山西	大同	1950～1957年
杜儿坪矿	无	山西	太原	1950～1957年
太原西山西铭矿机械电器修配厂	无	山西	太原	1950～1957年
太原第一热电厂	无	山西	太原	1950～1957年
国营大众机械厂	无	山西	太原	1950～1957年

现名	再利用模式	省/自治区/直辖市	市/州/区	年代
江阳化工厂	无	山西	太原	1950~1957年
太原第二热电厂	无	山西	太原	1950~1957年
国营兴安化学材料厂	无	山西	太原	1950~1957年
新华化工厂	无	山西	太原	1950~1957年
太原工业文化创意园	文创园	山西	太原	1958~1963年
潞绸文化产业园	文创园	山西	晋城	1958~1963年
官地矿	无	山西	太原	1958~1963年
国营晋西机器厂	无	山西	太原	1958~1963年
太原化工厂	无	山西	太原	1958~1963年
国营汾西机械厂	无	山西	太原	1958~1963年
太原重型机械厂	无	山西	太原	1958~1963年
太原锅炉厂	无	山西	太原	1958~1963年
太原面粉二厂	无	山西	太原	1958~1963年
山西省太原西山国家矿山公园	矿山公园	山西	太原	未查明
延一井旧址	无	陕西	延安	1895~1913年
大华工业遗产博物馆、大华1935	文创园	陕西	西安	1914~1936年
石泉造纸作坊	无	陕西	安康	1914~1936年
渭南火车站旧址	无	陕西	渭南	1914~1936年
鹿龄寺水泥厂	无	陕西	汉中	1950~1957年
西安高压开关厂	无	陕西	西安	1950~1957年
西电公司高压电瓷厂	无	陕西	西安	1950~1957年
水泥制管厂	无	陕西	西安	1950~1957年
西北光电仪器厂	无	陕西	西安	1950~1957年
唐华三棉	无	陕西	西安	1950~1957年
唐华四棉	无	陕西	西安	1950~1957年
五环集团主厂房	无	陕西	西安	1950~1957年
西安电力机械制造公司	无	陕西	西安	1958~1963年
西安绝缘材料厂	无	陕西	西安	1958~1963年
西安电力电容器厂	无	陕西	西安	1958~1963年
石泉炼钢炉	无	陕西	咸阳	1958~1963年
陕西第三印染厂	无	陕西	西安	1958~1963年
西电公司高压电器研究所	无	陕西	西安	1958~1963年
西安仪表厂	无	陕西	西安	1958~1963年
东风仪表厂	无	陕西	西安	1958~1963年
陕西重型机器厂	无	陕西	西安	1958~1963年

现名	再利用模式	省/自治区/直辖市	市/州/区	年代
黄河机器制造厂	无	陕西	西安	1958~1963年
华山机械厂	无	陕西	西安	1958~1963年
东北机械厂	无	陕西	西安	1958~1963年
东方机械厂	无	陕西	西安	1958~1963年
唐华六棉	无	陕西	西安	1958~1963年
宝成铁路略阳段遗址	无	陕西	汉中	1958~1963年
陕西省纺织供销公司	无	陕西	西安	1958~1963年
西安邮政局大楼	无	陕西	西安	1958~1963年
半坡国际艺术区	无	陕西	西安	1958~1963年
老钢厂设计创意产业园	文创园	陕西	西安	1964~1978年
贾平凹文化艺术馆	展览馆	陕西	西安	1964~1978年
镇坪南江水电站	无	陕西	安康	1964~1978年
陕西潼关小秦岭金矿国家矿山公园	矿山公园	陕西	渭南	未查明
陕建集团办公楼	无	陕西	西安	未查明
2577创意大院	文创园	上海	上海	1840~1894年
湖丝栈创意产业园	文创园	上海	上海	1840~1894年
杨树浦自来水有限公司/上海自来水展示馆	无	上海	上海	1840~1894年
上海远洋运输公司	无	上海	上海	1840~1894年
东海船厂	无	上海	上海	1840~1894年
天章记录纸厂	无	上海	上海	1840~1894年
上海第九棉纺织厂	无	上海	上海	1840~1894年
（世博会用地）企业展馆、城市主题展馆	展览馆	上海	上海	1840~1894年
企业展馆、城市主题展馆	展览馆	上海	上海	1840~1894年
Kathleens Waitan餐厅	餐饮	上海	上海	1895~1913年
苏河现代艺术馆	文创园	上海	上海	1895~1913年
上海四行创意仓库	文创园	上海	上海	1895~1913年
上海中华印刷有限公司	无	上海	上海	1895~1913年
上海面粉有限公司/上海面粉工业发展史陈列馆	无	上海	上海	1895~1913年
上海市纺织原料公司新闸桥仓库	无	上海	上海	1895~1913年
求新造船厂	无	上海	上海	1895~1913年
上海怡丰服饰有限公司	无	上海	上海	1895~1913年
杨树浦电厂	无	上海	上海	1895~1913年
外滩信号塔酒吧	无	上海	上海	1895~1913年
南苏州路175号，185号仓库	无	上海	上海	1895~1913年
外白渡桥	无	上海	上海	1895~1913年

现名	再利用模式	省/自治区/直辖市	市/州/区	年代
上海减速机械厂	无	上海	上海	1895~1913年
上海面粉有限公司	无	上海	上海	1895~1913年
南市水厂	无	上海	上海	1895~1913年
上海船厂浦西分厂	无	上海	上海	1895~1913年
上海四药股份有限公司	无	上海	上海	1895~1913年
登琨艳工作室	其他	上海	上海	1914~1936年
上海一百假日酒店	其他	上海	上海	1914~1936年
小红楼餐厅	其他	上海	上海	1914~1936年
上海国际时尚中心	文创园	上海	上海	1914~1936年
1933老场坊	文创园	上海	上海	1914~1936年
创邑·河	文创园	上海	上海	1914~1936年
同乐坊	文创园	上海	上海	1914~1936年
静安创艺空间	文创园	上海	上海	1914~1936年
卓维700创意园	文创园	上海	上海	1914~1936年
E仓创意产业园	文创园	上海	上海	1914~1936年
半岛1919	文创园	上海	上海	1914~1936年
上海滨江创意产业园	文创园	上海	上海	1914~1936年
上海市城市排水技工学校	无	上海	上海	1914~1936年
上海化工研究院	无	上海	上海	1914~1936年
梦清馆	无	上海	上海	1914~1936年
百联集团新泰路仓库	无	上海	上海	1914~1936年
上海市自然博物馆	无	上海	上海	1914~1936年
上海梅林正广和集团有限公司	无	上海	上海	1914~1936年
上海怡达实业公司	无	上海	上海	1914~1936年
上海东区水质净化厂	无	上海	上海	1914~1936年
上海杨树浦煤气有限公司	无	上海	上海	1914~1936年
蜜丰绒线厂	无	上海	上海	1914~1936年
黎平小区	无	上海	上海	1914~1936年
上海造币厂	无	上海	上海	1914~1936年
田子坊	无	上海	上海	1914~1936年
上海邮电管理局/上海邮政博物馆	无	上海	上海	1914~1936年
东大名仓库	无	上海	上海	1914~1936年
外马路仓库	无	上海	上海	1914~1936年
上海消防技术工程公司	无	上海	上海	1914~1936年
茂联大厦	无	上海	上海	1914~1936年

现名	再利用模式	省/自治区/直辖市	市/州/区	年代
跳蚤市场	无	上海	上海	1914～1936年
四川路桥	无	上海	上海	1914～1936年
德邻公寓	无	上海	上海	1914～1936年
虹口区救火会	无	上海	上海	1914～1936年
乍浦路桥	无	上海	上海	1914～1936年
上海中区电报局中华路分局	无	上海	上海	1914～1936年
高阳大楼	无	上海	上海	1914～1936年
上海火柴厂	无	上海	上海	1914～1936年
上海江南纸业有限公司	无	上海	上海	1914～1936年
上海凹凸彩印总公司	无	上海	上海	1914～1936年
华联商厦仓库	无	上海	上海	1914～1936年
上海自来水市南有限公司	无	上海	上海	1914～1936年
华昌铝制品厂	无	上海	上海	1914～1936年
世界橡胶厂	无	上海	上海	1914～1936年
上海第三毛纺织厂	无	上海	上海	1914～1936年
上海客车制造有限公司	无	上海	上海	1914～1936年
上海针织厂	无	上海	上海	1914～1936年
中华第一棉纺针织厂	无	上海	上海	1914～1936年
上海新华印刷有限公司	无	十海	上海	1914‥1936年
上海第一毛条厂	无	上海	上海	1914～1936年
正泰橡胶厂	无	上海	上海	1914～1936年
中国纺织机械股份有限公司	无	上海	上海	1914～1936年
上海化工厂	无	上海	上海	1914～1936年
上海梅林罐头食品股份有限公司	无	上海	上海	1914～1936年
上海铝材厂	无	上海	上海	1914～1936年
万力波阳都市工业园区	无	上海	上海	1914～1936年
上海远东钢丝针布有限公司	无	上海	上海	1914～1936年
上海新华树脂厂	无	上海	上海	1914～1936年
上海伏士达啤酒有限公司/华光啤酒厂	无	上海	上海	1914～1936年
上海第十九棉纺织厂	无	上海	上海	1914～1936年
沪东中华造船（集团）有限公司	无	上海	上海	1914～1936年
四行仓库纪念馆	展览馆	上海	上海	1914～1936年
上海纺织博物馆	展览馆	上海	上海	1914～1936年
中共中央秘密印刷厂旧址	无	上海	上海	1914～1936年
大中华纱厂	无	上海	上海	1914～1936年

现名	再利用模式	省/自治区/直辖市	市/州/区	年代
民生码头	无	上海	上海	1914~1936年
上海电筒厂职工宿舍	无	上海	上海	1914~1936年
8号桥	文创园	上海	上海	1937~1949年
M50创意园	文创园	上海	上海	1937~1949年
空间188创意园	文创园	上海	上海	1937~1949年
建桥69创意园	文创园	上海	上海	1937~1949年
上海染料化工八厂	无	上海	上海	1937~1949年
上海印钞厂	无	上海	上海	1937~1949年
游艇会所	无	上海	上海	1937~1949年
上海人民电机厂	无	上海	上海	1937~1949年
寅丰毛纺织染股份有限公司	无	上海	上海	1937~1949年
上海针织九厂	无	上海	上海	1937~1949年
上海建设一路桥机械设备有限公司	无	上海	上海	1937~1949年
五一电机厂	无	上海	上海	1937~1949年
上海柴油机厂	无	上海	上海	1937~1949年
申达二印有限公司	无	上海	上海	1937~1949年
上海机床厂	无	上海	上海	1937~1949年
创盟国际军工路办公室	无	上海	上海	1937~1949年
上海电缆厂	无	上海	上海	1937~1949年
华利船厂	无	上海	上海	1937~1949年
8号桥3期	房地产	上海	上海	1950~1957年
环中商厦	其他	上海	上海	1950~1957年
城市雕塑主题艺术馆	艺术区	上海	上海	1950~1957年
上海当代艺术博物馆	展览馆	上海	上海	1950~1957年
苏州河工业文明展示馆	展览馆	上海	上海	1950~1957年
八号桥2期	房地产	上海	上海	1958~1963年
上海宝山节能环保园	文创园	上海	上海	1958~1963年
X2创意空间	文创园	上海	上海	1964~1978年
通利园商务创意园	文创园	上海	上海	1964~1978年
厦门路30号仓库	无	上海	上海	未查明
上海储运公司仓库	无	上海	上海	未查明
新昌路568仓库	无	上海	上海	未查明
上海东亚联合建筑实业有限公司	无	上海	上海	未查明
上海市联运总公司	无	上海	上海	未查明
上海南市发电厂	无	上海	上海	未查明

现名	再利用模式	省/自治区/直辖市	市/州/区	年代
港务局机械修造厂	无	上海	上海	未查明
四川机器局遗存碉楼	无	四川	成都	1840～1894年
泸县酒窖池	无	四川	泸州	1840～1894年
先市镇酿造有限公司	无	四川	泸州	1840～1894年
自贡世界地质公园地质	无	四川	自贡	1895～1913年
洞窝水电站	无	四川	泸州	1914～1936年
东源井古盐场	无	四川	自贡	1914～1936年
四川省丹巴白云母国家矿山公园	矿山公园	四川	丹巴	1937～1949年
红星路35号文化创意产业园	文创园	四川	成都	1937～1949年
永利川厂	无	四川	乐山	1937～1949年
泸州市非物质文化遗产保护传习所	无	四川	泸州	1937～1949年
U37创意仓库	文创园	四川	成都	1950～1957年
成都东郊记忆	文创园	四川	成都	1950～1957年
成都光明光电股份有限公司	无	四川	成都	1950～1957年
成都国营锦江电机厂	无	四川	成都	1950～1957年
成都热电厂	无	四川	成都	1950～1957年
成都工业文明博物馆	展览馆	四川	成都	1950～1957年
成都机车车辆厂厂部大楼	无	四川	成都	1950～1957年
中国第二重型机械厂	无	四川	德阳	1958～1963年
成都量具刃具厂大楼	无	四川	成都	1958～1963年
南宝炼铁炉	无	四川	成都	1958～1963年
成都成发集团即420厂办公楼	无	四川	成都	1958～1963年
电焊机厂生产车间	无	四川	成都	1958～1963年
嘉阳小火车	无	四川	乐山	1958～1963年
威远煤矿小火车	无	四川	内江	1958～1963年
东方汽轮机厂	无	四川	德阳	1964～1978年
峨眉单晶硅厂	无	四川	峨眉	1964～1978年
峨眉半导体材料厂	无	四川	峨眉	1964～1978年
峨眉铁合金厂	无	四川	峨眉	1964～1978年
广元081总厂	无	四川	广元	1964～1978年
乐山冶金轧辊厂	无	四川	乐山	1964～1978年
长征制药厂	无	四川	乐山	1964～1978年
四川东风电机厂	无	四川	乐山	1964～1978年
长江起重机厂	无	四川	泸州	1964～1978年
长江挖掘机厂	无	四川	泸州	1964～1978年

现名	再利用模式	省/自治区/直辖市	市/州/区	年代
长城钢厂	无	四川	绵阳	1964～1978年
绵阳市朝阳厂	无	四川	绵阳	1964～1978年
攀枝花钢铁公司	无	四川	攀枝花	1964～1978年
渡口水泥厂	无	四川	攀枝花	1964～1978年
映秀湾水电站	无	四川	汶川	1964～1978年
西昌航天发射中心	无	四川	西昌	1964～1978年
自贡硬质合金厂	无	四川	自贡	1964～1978年
晨光化工厂	无	四川	自贡	1964～1978年
四川广安"三线"工业遗产陈列馆	展览馆	四川	广安	1964～1978年
华光仪器厂旧址	无	四川	广安	1964～1978年
士林纸厂旧厂房"活化"再利用——失乐园Paradise Lost in Time	其他	台湾	台北	1914～1936年
华山1914文化产业创意园	文创园	台湾	台北	1914～1936年
台北啤酒工场	文创园	台湾	台北	1914～1936年
台湾林田山林业文化园区	文创园	台湾	台北	1937～1949年
松山文化创意园区	文创园	台湾	台北	1937～1949年
天津邮政博物馆	博物馆	天津	和平区	1840～1894年
大红桥	无	天津	红桥区	1840～1894年
中国联通赤峰道营业厅	无	天津	和平区	1840～1894年
中糖二商烟酒连锁解放路店	无	天津	和平区	1840～1894年
沟河北采石场	无	天津	蓟州区	1840～1894年
日本三井公司塘沽码头	无	天津	滨海新区	1840～1894年
水线渡口	无	天津	滨海新区	1840～1894年
英国大沽代水公司旧址	无	天津	滨海新区	1840～1894年
汉沽铁路桥旧址	无	天津	滨海新区	1840～1894年
塘沽南站	无	天津	滨海新区	1840～1894年
天津市船厂	无	天津	滨海新区	1840～1894年
创意工场	文创园	天津	河北区	1895～1913年
艺华轮创意工场	文创园	天津	河北区	1895～1913年
天津电力科技博物馆	无	天津	河北区	1895～1913年
唐官屯给水站	无	天津	静海县	1895～1913年
原万国桥	无	天津	和平区	1895～1913年
法国电灯房旧址	无	天津	和平区	1895～1913年
户部造币总厂旧址	无	天津	河北区	1895～1913年
金刚桥	无	天津	河北区	1895～1913年
金海岸婚纱	无	天津	和平区	1895～1913年

现名	再利用模式	省/自治区/直辖市	市/州/区	年代
天津北站	无	天津	河北区	1895～1913年
天津航道局有限公司	无	天津	河西区	1895～1913年
老码头公园	无	天津	滨海新区	1895～1913年
开滦矿务局码头	无	天津	滨海新区	1895～1913年
永泰码头	无	天津	滨海新区	1895～1913年
天津港轮驳公司	无	天津	滨海新区	1895～1913年
天津西站主楼	无	天津	红桥区	1895～1913年
陈官屯火车站	无	天津	静海县	1895～1913年
静海火车站	无	天津	静海县	1895～1913年
唐官屯铁桥	无	天津	静海县	1895～1913年
杨柳青火车站大厅	无	天津	西青区	1895～1913年
天津棉三创意街区	房地产	天津	河东区	1914～1936年
天津6号院创意产业园	文创园	天津	和平区	1914～1936年
乔治玛丽婚纱	无	天津	和平区	1914～1936年
天津渤海化工集团天津碱厂	无	天津	滨海新区	1914～1936年
丹华火柴厂职员住宅	无	天津	红桥区	1914～1936年
耳闸	无	天津	河北区	1914～1936年
东亚毛纺厂	无	天津	和平区	1914～1936年
天津动力机厂	无	天津	河北区	1914～1936年
中国联通天津河北分公司	无	天津	河北区	1914～1936年
达仁堂药店	无	天津	河北区	1914～1936年
华新纺织股份有限公司旧址	无	天津	河北区	1914～1936年
中国联合网络通信有限公司天津市河北分公司	无	天津	河北区	1914～1936年
永利碱厂驻津办事处	无	天津	和平区	1914～1936年
天津南华利生体育用品有限公司	无	天津	河北区	1914～1936年
天津印染厂	无	天津	河北区	1914～1936年
天津市建筑材料供应公司	无	天津	和平区	1914～1936年
原开滦矿务泰安道5号院局大楼	无	天津	和平区	1914～1936年
大王庄工商局	无	天津	河东区	1914～1936年
英美烟草公司公寓	无	天津	河东区	1914～1936年
北洋工房旧址	无	天津	河西区	1914～1936年
新港船厂	无	天津	滨海新区	1914～1936年
新河船厂	无	天津	滨海新区	1914～1936年
天津碱厂原料码头	无	天津	滨海新区	1914～1936年
黄海化学工业研究社旧址	无	天津	滨海新区	1914～1936年

现名	再利用模式	省/自治区/直辖市	市/州/区	年代
原法国工部局	无	天津	和平区	1914～1936年
峰光大酒楼	无	天津	和平区	1914～1936年
天津京海石化运输有限公司	无	天津	滨海新区	1914～1936年
万科水晶城天波项目运动中心	房地产	天津	河西区	1937～1949年
C92创意工坊	文创园	天津	南开区	1937～1949年
绿领产业园	文创园	天津	河北区	1937～1949年
天津三五二六厂创意产业园	文创园	天津	河北区	1937～1949年
大沽化工厂	无	天津	滨海新区	1937～1949年
制盐场第四十五组	无	天津	滨海新区	1937～1949年
宁家大院（三五二二厂）	无	天津	南开区	1937～1949年
铁路职工宿舍	无	天津	河北区	1937～1949年
盛锡福帽庄旧址	无	天津	和平区	1937～1949年
天津铁路分局	无	天津	河北区	1937～1949年
国营天津无线电厂旧址	无	天津	河北区	1937～1949年
天津环球磁卡股份有限公司	无	天津	河西区	1937～1949年
中国国电集团公司天津第一热电厂	无	天津	河西区	1937～1949年
天津市第一钢丝绳有限公司	无	天津	滨海新区	1937～1949年
中国人民解放军某部驻地	无	天津	滨海新区	1937～1949年
日本新港港务局办公厅旧址	无	天津	滨海新区	1937～1949年
日本大沽坨地码头旧址	无	天津	滨海新区	1937～1949年
新港船闸	无	天津	滨海新区	1937～1949年
天津化工厂	无	天津	滨海新区	1937～1949年
天津意库创意街	文创园	天津	红桥区	1950～1957年
红星.18创意产业园A区天明创意产业园	文创园	天津	河北区	1950～1957年
天津酿酒厂	无	天津	红桥区	1950～1957年
天津拖拉机厂旧址	无	天津	南开区	1950～1957年
天津铁道职业技术学院	无	天津	河北区	1950～1957年
中国铁路物资天津公司	无	天津	河东区	1950～1957年
天津针织厂	无	天津	河东区	1950～1957年
天津第一机床厂	无	天津	河东区	1950～1957年
天津美亚汽车厂	无	天津	西青区	1950～1957年
十一堡扬水站闸	无	天津	静海县	1958～1963年
争光扬水站	无	天津	静海县	1958～1963年
城关扬水站闸	无	天津	静海县	1958～1963年
子牙河船闸	无	天津	西青区	1958～1963年

现名	再利用模式	省/自治区/直辖市	市/州/区	年代
西河闸	无	天津	西青区	1958～1963年
大朱庄排水站	无	天津	蓟州区	1958～1963年
海河防潮闸	无	天津	滨海新区	1958～1963年
双旺扬水站	无	天津	静海县	1964～1978年
合线厂旧址	无	天津	西青区	1964～1978年
天津海鸥手表集团公司	无	天津	南开区	1964～1978年
三岔口扬水站	无	天津	蓟州区	1964～1978年
中石化股份有限公司化工部	无	天津	滨海新区	1964～1978年
前甘涧兵工厂旧址	无	天津	蓟州区	1964～1978年
天津广播电台战备台旧址	无	天津	蓟州区	1964～1978年
扬水站	无	天津	滨海新区	1964～1978年
大沽灯塔	无	天津	滨海新区	1964～1978年
港5井	无	天津	滨海新区	1964～1978年
辰赫创意产业园	文创园	天津	河北区	未查明
U-CLUB 上游开场	文创园	天津	南开区	未查明
洋闸	无	天津	滨海新区	未查明
牛棚艺术村	文创园	香港		1895～1913年
赛马会创意艺术中心	文创园	香港		1964～1978年
新疆富蕴可可托海稀有金属国家矿山公园	矿山公园	新疆	富蕴	1950～1957年
独山子石油工人俱乐部	无	新疆	克拉玛依	1950～1957年
克拉玛依机械制造总公司、物资供应总公司厂区	无	新疆	克拉玛依	1950～1957年
独山子第一套蒸馏釜遗址	无	新疆	克拉玛依	1950～1957年
101窑洞房	无	新疆	克拉玛依	1950～1957年
新疆第一口油井遗址	无	新疆	克拉玛依	1950～1957年
克拉玛依一号井	无	新疆	克拉玛依	1950～1957年
克拉玛依黑油山地窖	无	新疆	克拉玛依	1950～1957年
平原林场老场部	无	新疆	昌吉	1950～1957年
依格孜亚乡冶炼遗址	无	新疆	吐鲁番	1958～1963年
阿拉尔水利水电工程处老办公楼	无	新疆	阿尔拉	1958～1963年
红星电厂旧址	无	新疆	吐鲁番	1964～1978年
金龙桥	无	云南	丽江	1840～1894年
五家寨铁路桥	无	云南	红河	1895～1913年
水电博物馆	展览馆	云南	昆明	1895～1913年
鸡街火车站	无	云南	个旧	1895～1913年
碧色寨车站	无	云南	红河	1895～1913年

现名	再利用模式	省/自治区/直辖市	市/州/区	年代
昆明电缆厂	无	云南	昆明	1914～1936年
昆明卷烟厂	无	云南	昆明	1914～1936年
昆明机床厂	无	云南	昆明	1914～1936年
小西庄车站	无	云南	昆明	1914～1936年
昆明钢铁公司	无	云南	昆明	1937～1949年
云南西南仪器	无	云南	昆明	1937～1949年
昆明创库	文创园	云南	昆明	1958～1963年
云南省东川国家矿山公园	矿山公园	云南	昆明	1964～1978年
同景108智库空间	文创园	云南	昆明	1964～1978年
金鼎1919·文化艺术高地项目	艺术区	云南	昆明	1964～1978年
富义仓时尚创意空间	文创园	浙江	杭州	1840～1894年
胡庆余堂中药博物馆	无	浙江	杭州	1840～1894年
杭州朱养心药业有限公司	无	浙江	杭州	1840～1894年
杭州王星记扇业有限公司	无	浙江	杭州	1840～1894年
手工艺活态展示馆	无	浙江	杭州	1895～1913年
浙江省邮务管理局旧址	无	浙江	杭州	1895～1913年
大纶丝厂旧址	无	浙江	杭州	1895～1913年
宁波书城	其他	浙江	宁波	1914～1936年
嘉兴民丰造纸厂	无	浙江	嘉兴	1914～1936年
吴兴电话公司旧址	无	浙江	湖州	1914～1936年
绸业会所	无	浙江	湖州	1914～1936年
嘉兴绢纺厂	无	浙江	嘉兴	1914～1936年
浙赣铁路局旧址	无	浙江	杭州	1914～1936年
钱塘江大桥	无	浙江	杭州	1914～1936年
杭州铁路局电机厂	无	浙江	杭州	1914～1936年
杭州丝联震旦丝织有限公司	无	浙江	杭州	1914～1936年
杭州都锦生实业有限公司	无	浙江	杭州	1914～1936年
杭州华丰造纸有限公司	无	浙江	杭州	1914～1936年
杭州食品厂	无	浙江	杭州	1914～1936年
杭州市自来水总公司	无	浙江	杭州	1914～1936年
杭州市清水水厂	无	浙江	杭州	1914～1936年
杭州民生药业有限公司	无	浙江	杭州	1914～1936年
浙窑陶艺公园	城市公园	浙江	杭州	1937～1949年
嘉兴冶金机械厂	无	浙江	嘉兴	1937～1949年
新四军随军被服厂旧址	无	浙江	杭州	1937～1949年

现名	再利用模式	省/自治区/直辖市	市/州/区	年代
日军侵华掠矿遗址	无	浙江	金华	1937～1949年
杭州卷烟厂	无	浙江	杭州	1937～1949年
杭州喜得宝集团有限公司	无	浙江	杭州	1937～1949年
杭州茶厂有限公司	无	浙江	杭州	1937～1949年
杭州东南化工有限公司	无	浙江	杭州	1937～1949年
杭州理想·丝联166创意产业园	文创园	浙江	杭州	1950～1957年
会稽山绍兴酒公司	无	浙江	绍兴	1950～1957年
国家厂丝储备仓库	无	浙江	杭州	1950～1957年
西岸国际艺术园区	艺术区	浙江	杭州	1950～1957年
嘉兴石油机械厂老厂区	无	浙江	嘉兴	1950～1957年
新安江水电站	无	浙江	杭州	1950～1957年
余杭四无粮仓陈列馆	无	浙江	杭州	1950～1957年
马渚横河水利航运设施	无	浙江	宁波	1950～1957年
浙江麻纺厂	无	浙江	杭州	1950～1957年
杭州张小泉集团有限公司	无	浙江	杭州	1950～1957年
浙江杭州石油公司小河油库	无	浙江	杭州	1950～1957年
上海铁路局杭州机务段	无	浙江	杭州	1950～1957年
杭州氧气股份有限公司	无	浙江	杭州	1950～1957年
杭州新华集团有限公司	无	浙江	杭州	1950～1957年
浙江万马药业有限公司	无	浙江	杭州	1950～1957年
杭州油漆有限公司	无	浙江	杭州	1950～1957年
杭州西湖啤酒朝日有限公司	无	浙江	杭州	1950～1957年
杭州锅炉厂	无	浙江	杭州	1950～1957年
杭州玻璃集团有限公司	无	浙江	杭州	1950～1957年
杭州人民玻璃有限公司	无	浙江	杭州	1950～1957年
杭州木材有限公司	无	浙江	杭州	1950～1957年
杭州纺织机械有限公司	无	浙江	杭州	1950～1957年
杭州味精厂	无	浙江	杭州	1950～1957年
杭州庆丰农化有限公司	无	浙江	杭州	1950～1957年
杭州盾牌链传动有限公司	无	浙江	杭州	1950～1957年
杭州近代工业博物馆	博物馆	浙江	杭州	1958～1963年
杭州新天地工厂	文创园	浙江	杭州	1958～1963年
杭印路LOFT49	文创园	浙江	杭州	1958～1963年
古越龙山鉴湖酿酒总厂	无	浙江	绍兴	1958～1963年
A8艺术公社	艺术区	浙江	杭州	1958～1963年

现名	再利用模式	省/自治区/直辖市	市/州/区	年代
栖真茧站旧址	无	浙江	嘉兴	1958～1963年
王店粮仓群	无	浙江	嘉兴	1958～1963年
兰江冶炼厂	无	浙江	金华	1958～1963年
梅山盐场旧址	无	浙江	宁波	1958～1963年
巨化电石工业遗址	无	浙江	衢州	1958～1963年
坦岐炼铁厂旧址	无	浙江	温州	1958～1963年
杭州大河造船厂	无	浙江	杭州	1958～1963年
杭州灯泡厂	无	浙江	杭州	1958～1963年
杭州塑料工业有限公司	无	浙江	杭州	1958～1963年
杭州汽车发动机厂	无	浙江	杭州	1958～1963年
杭州水泥集团有限公司	无	浙江	杭州	1958～1963年
杭州电线电缆有限公司	无	浙江	杭州	1958～1963年
杭州市化工研究院有限公司	无	浙江	杭州	1958～1963年
杭州钢铁股份有限公司	无	浙江	杭州	1958～1963年
杭州轴承厂	无	浙江	杭州	1958～1963年
杭州汽轮动力集团有限公司	无	浙江	杭州	1958～1963年
杭州半山发电厂	无	浙江	杭州	1958～1963年
良渚玉文化产业园	文创园	浙江	杭州	1964～1978年
东南面粉厂厂房	无	浙江	杭州	1964～1978年
嘉兴市五金工具厂老厂房	无	浙江	嘉兴	1964～1978年
三星村砖瓦厂旧窑	无	浙江	嘉兴	1964～1978年
海山潮汐电站	无	浙江	台州	1964～1978年
江厦潮汐试验电站	无	浙江	温州	1964～1978年
浙江省邮电器材公司	无	浙江	杭州	1964～1978年
杭州东风船舶制造有限公司	无	浙江	杭州	1964～1978年
杭州牙膏厂	无	浙江	杭州	1964～1978年
杭州正大青春宝制药有限公司	无	浙江	杭州	1964～1978年
钱塘江与运河运口水利航运设施	无	浙江	杭州	未查明
朱明粮仓	无	浙江	金华	未查明
和丰纱厂旧址	无	浙江	宁波	未查明
县前粮仓群	无	浙江	衢州	未查明
永川轮船局旧址	无	浙江	温州	未查明
杭州联合肉类集团有限公司	无	浙江	杭州	未查明
中国刀剪剑博物馆、中国伞博物馆	博物馆	浙江	杭州	未查明
浙江省遂昌金矿国家矿山公园	矿山公园	浙江	丽水	未查明

现名	再利用模式	省/自治区/直辖市	市/州/区	年代
浙江省宁波宁海伍山海滨石窟国家矿山公园	矿山公园	浙江	宁波	未查明
浙江省温岭长屿硐天国家矿山公园	矿山公园	浙江	台州	未查明
"启运86"微电影主题文化产业园	文创园	浙江	宁波	未查明
杭州绸业会馆旧址	无	浙江	杭州	未查明
重庆市江合煤矿国家矿山公园	矿山公园	重庆	重庆	1895~1913年
重庆鸽牌电线电缆有限公司	无	重庆	重庆	1895~1913年
重庆烟厂	无	重庆	重庆	1895~1913年
重庆工业文物博览园	展览馆	重庆	重庆	1895~1913年
重庆博森电气（集团）公司	无	重庆	重庆	1914~1936年
重庆长寿化工有限责任公司	无	重庆	重庆	1914~1936年
重庆特殊钢厂	无	重庆	重庆	1914~1936年
重庆机床集团公司	无	重庆	重庆	1937~1949年
重庆冶炼（集团）有限责任公司	无	重庆	重庆	1937~1949年
重庆水轮机厂	无	重庆	重庆	1937~1949年
重庆望江机器厂	无	重庆	重庆	1937~1949年
重棉三厂	无	重庆	重庆	1937~1949年
重庆建设机器厂（重庆抗战兵器工业旧址群）	无	重庆	重庆	1937~1949年
嘉陵厂（重庆抗战兵器工业旧址群）	无	重庆	重庆	1937~1949年
重庆长安机器厂（重庆抗战兵器工业旧址群）	无	重庆	重庆	1937~1949年
重庆水轮机厂	无	重庆	重庆	1937~1949年
北川铁路	无	重庆	重庆	1937~1949年
重庆江陵机器厂	无	重庆	重庆	1937~1949年
重庆罐头食品总厂	无	重庆	重庆	1950~1957年
重庆长平机械厂	无	重庆	重庆	1958~1963年
重庆双溪机械厂	无	重庆	重庆	1964~1978年
安定造纸总厂渝州分厂	无	重庆	重庆	1964~1978年
国营红泉仪表厂	无	重庆	重庆	1964~1978年
建峰化工总厂	无	重庆	重庆	1964~1978年
重庆清平机械厂	无	重庆	重庆	1964~1978年
重庆江陵仪器厂	无	重庆	重庆	1964~1978年
江津增压器厂	无	重庆	重庆	1964~1978年
江津长风机械厂	无	重庆	重庆	1964~1978年
坦克库·重庆当代艺术中心	艺术区	重庆	重庆	1964~1978年
501艺术基地	艺术区	重庆	重庆	1964~1978年

图表来源

编号	名称	资料来源
图1-2-1	富冈制丝场缫丝车间	https://www.517japan.com/viewnews-76239.html
图1-2-2	缫丝车间内部屋架和早期设备	https://whc.unesco.org/en/list/1449
图1-2-3	《旧富冈制丝场建筑物群调查报告书》封面	文化財建造物保存技術協會. 旧富岡製糸場建造物群調查报告書[M]. 東京：白峰社印刷製本，2008.
图1-2-4	《旧富冈制丝场建筑物群调查报告书》内容展示	同上
图1-2-5	调查表范例	同上
图1-2-6	世界遗产名录信息系统	http://whc.unesco.org/en/list/
图1-2-7	世界遗产名录信息系统中所包含的世界文化遗产信息	http://whc.unesco.org/en/list/707
图1-2-8	吴哥窟考古遗址图	保罗. 鲍可斯. 地理信息系统与文化资源管理：历史遗产管理人员手册[M]. 南京：东南大学出版社，2002.
图1-2-9	吴哥窟保护区划图	同上
图1-2-10	吴哥窟考古价值评价图	同上
图1-2-11	《了解历史建筑——记录实践指南》	Historic England. Understanding Historic Buildings—A Guide to Good Recording Practice [M], Swindon. Historic England, 2016.
图1-2-13	NHLE网络电子地图数据库包含信息	https://historicengland.org.uk/listing/the-list/map-search?clearresults=true
图1-2-14	英国国家遗产名录GIS Data下载系统	https://historicengland.org.uk/
图1-2-15	下载后在ArcGIS软件中的英国国家遗产名录GIS Data	下载后在ArcGIS软件中的英格兰国家遗产名录GISData
图1-2-16	《工业遗址记录索引》表格扫描图片	Michael Trueman, Julie Williams. Index Record for Industrial Sites, Recording the Industrial Heritage, A Handbook[M], London.1993.
图1-2-17	英国北方矿业研究学会网络信息系统	https://www.nmrs.org.uk/mines/
图1-2-19	美国国会图书馆官方网站美国历史建筑测绘和美国历史工程记录信息管理系统网页	http://www.loc.gov（2018-3-1）
图1-2-20	法国工业遗产网络信息管理系统	http://www.culture.gouv.fr/culture（2018-3-1）
图1-2-21	法国工业建筑/遗址类遗产普查信息示例——里昂比安奇尼纺织厂页面	http://www.culture.gouv.fr/public/mistral/（2018-3-1）
图1-2-22	法国工业设备遗产普查信息示例——揉面机	http://www.culture.gouv.fr/public/mistral/（2018-3-1）
图1-2-23	里昂工业遗产普查成果网页	http://www.culture.gouv.fr/public/mistral/（2018-3-1）
图1-2-24	国家文物局公共信息服务系统	http://www.ncha.gov.cn/col/col2262/index.html
图1-2-25	北京市文物局公共信息服务系统	http://wwj.beijing.gov.cn/bjww/362771/362779/dypqgzdwwbhdw/index.html
图7-2-1	大沽船坞1941年测绘图	中国第二历史档案馆
图7-4-1	新港船厂总平面图	天津市规划和自然资源局
图7-4-2	新港船厂轮机车间历史照片	新港船厂出版的纪念影集

编号	名称	资料来源
表1-2-2	《旧富冈制丝场建筑物群调查报告书》主要内容表	根据《旧富冈制丝场建筑物群调查报告书》相关内容整理
表1-2-3	世界遗产名录网络信息系统中所包含的世界文化遗产信息	根据https://whc.unesco.org相关内容整理
表1-2-4	《吴哥窟分区规划》信息采集内容	根据《地理信息系统与文化资源管理：历史遗产管理人员手册》相关内容整理
表1-2-5	层级1内容	根据《了解历史建筑—记录实践指南》相关内容整理
表1-2-6	层级2内容	根据《了解历史建筑—记录实践指南》相关内容整理
表1-2-7	层级3内容	根据《了解历史建筑—记录实践指南》相关内容整理
表1-2-8	层级4内容	根据《了解历史建筑—记录实践指南》相关内容整理
表1-2-9	《遗产BIM》中对BIM信息模型标准的讨论	根据《遗产BIM》相关内容整理
表1-2-10	美国历史建筑测绘简要调查表的内容	根据美国历史建筑测绘相关资料整理
表1-2-11	美国历史建筑测绘大纲调查表内容	根据美国历史建筑测绘相关资料整理
表1-2-12	《第三次全国文物普查不可移动文物登记表》主要内容	根据《第三次全国文物普查不可移动文物工作手册》相关内容整理
表1-2-13	上海市第三次全国文物普查工业遗产补充登记表内容	根据上海市相关工业遗产普查资料整理
表1-2-14	天津《工业遗产调查表》内容	根据天津市相关工业遗产普查资料整理
表1-2-15	南京工业遗产资源录表内容	根据南京市相关工业遗产普查资料整理
表1-2-16	济南市工业遗产普查内容	根据济南市相关工业遗产普查资料整理
表1-2-17	全国重点文物保护单位保护规划编制要求中基础资料的要求（2005年版）	根据《全国重点文物保护单位保护规划编制要求》相关内容整理
表1-2-18	全国重点文物保护单位保护规划编制要求中基础资料的要求（2018年修订稿）	根据《全国重点文物保护单位保护规划编制要求（2018年修订版）》相关内容整理
表1-2-19	《近现代文物建筑保护工程设计文件编制规范》信息采集内容	根据《近现代文物建筑保护工程设计文件编制规范》相关工业遗产普查资料整理
表1-2-20	《全国重点文物保护单位记录档案工作规范（试行）》的内容	根据《全国重点文物保护单位记录档案工作规范（试行）》相关工业遗产普查资料整理
表3-2-2	20世纪30年代部分城市工人平均每日工作时间与平均每年放假天数	李文海. 民国时期社会调查丛编（二编）：城市（劳工）生活卷（上）[M]. 福州：福建教育出版社，2014. 26-27.
表3-2-4	1930～1933年中国部分城市工人家庭及国民消费需求结构（%）	①：张东刚. 近代中国国民消费需求总额估算[J]. 南开经济研究，1999（2）：75-80；②：巫宝三. 中国国民所得：上册[M]. 北京：中华书局，1947：160，170

注：未注明出处的，为作者自摄或自绘。

参考文献

期刊文章

[1] Landorf C. A framework for sustainable heritage management: a study of UK industrial heritage sites. [J]. International Journal of Heritage Studies, 2009, 15(6): 494−510.

[2] Rautenberg M, Silva L, Santos P M. Industrial heritage, regeneration of cities and public policies in the 1990s: elements of a French/British comparison.[J]. International Journal of Heritage Studies, 2012, 18(5): 513−525.

[3] Box P. GIS and Cultural Resource Management: a manual for heritage managers[J]. Manuals in Archaeological Method Theory & Technique, 1999.

[4] Agapiou A, Lysandrou V, Themistocleous K, et al. Risk assessment of cultural heritage sites clusters using satellite imagery and GIS: the case study of Paphos District, Cyprus[J]. Natural Hazards, 2016, 83(1): 1−16.

[5] Murphy. M, McGovern E, etal. 2009. Historic building information modelling(HBIM)[J]. Structural Survey Vol. 27(Iss:4): 311−327.

[6] Jordan−Palomar I, Tzortzopoulos P, García−Valldecabres J, et al. Protocol to Manage Heritage−Building Interventions Using Heritage Building Information Modelling (HBIM)[J]. Sustainability, 2018, 10(4): 908.

[7] Bodenhamer D J. Beyond GIS: The Promise of Spatial Humanities [EB/OL]. West Lafayette: Presentation in Purdue University. (2014−11−07) [2018−01−05]. http://docs.lib.purdue.edu/cgi/viewcontent.cgi?article=1042&context=purduegisday.

[8] 吕强. 要重视工业考古学[J]. 大自然探索，1986（4）.

[9] 张荣. 以介休后土庙为例探讨文物保护规划中历史环境保护的研究[J]. 建筑学报，2008（03）：88−93.

[10] 刘畅，徐扬. 观察与量取——对佛光寺东大殿三维激光扫描信息的两点反思[J]. 中国建筑史论汇刊，2016（01）：46−64.

[11] 田燕，黄焕. 地理信息系统技术在工业遗产管理领域的应用[J]. 武汉理工大学学报，2008，30（3）：122−125.

[12] 段正励，刘抚英. 杭州市工业遗产综合信息数据库构建研究[J]. 建筑学报，2013（s2）：44−48.

[13] 青木信夫，张家浩，徐苏斌. 中国已知工业遗产数据库的建设与应用研究[J]. 建筑师，2018（08）：41−46.

[14] 张家浩，徐苏斌，青木信夫. 基于GIS的北洋水师大沽船坞保护规划前期中的应用[J]. 遗产与保护研究，2018，3（03）：51-54.

[15] 白成军，吴葱，张龙. 全系列三维激光扫描技术在文物及考古测绘中的应用[J]，天津大学学报（社会科学版），2013，5.

[16] 刘伯英，李匡. 北京工业遗产评价办法初探[J]. 建筑学报，2008（12）：10-13.

[17] 钱毅，任璞，张子涵. 德占时期青岛工业遗产与青岛城市历史景观[J]. 工业建筑，2014，44（09）：22-25.

[18] 黄晋太，杨栗. 太原近现代工业建筑遗产的保护与利用[J]. 太原理工大学学报，2013，44（05）：646-650.

[19] 顾蓓蓓，李巍翰. 西南三线工业遗产廊道的构建研究[J]. 四川建筑科学研究，2014，40（03）：265-268.

[20] 徐苏斌，赖世贤，刘静，等. 关于中国近代城市工业发展历史分期问题的研究[J]. 建筑师，2017（06）：40-47.

[21] 禹文豪，艾廷华. 核密度估计法支持下的网络空间POI点可视化与分析[J]. 测绘学报，2015，44（01）：82-90.

[22] 黄华. 三线建设的原因探析[J]. 凯里学院学报，2007，25（2）：24-26.

[23] 俞孔坚，石颖，吴利英. 北京元大都城垣遗址公园（东段）国际竞赛获奖方案介绍[J]. 中国园林，2003（11）：15-17.

[24] 张铭，柯彬彬. 我国遗产廊道研究述评[J]. 世界地理研究，2016，25（01）：164-174.

[25] 许东风. 近现代工业遗产价值评价方法探析——以重庆为例[J]. 中国名城，2013（05）：66-70.

[26] 徐苏斌，青木信夫. 关于工业遗产经济价值的思考[J]. 城市建筑，2017（22）：14-17.

[27] 唐启贤. 工业分类之研究[J]. 实业部月刊，1936（06）：59-65.

[28] David J. Bodenhamer，孙頔，钦白兰，等. 超越地理信息系统：地理空间技术及历史学研究的未来[J]. 文化艺术研究，2014（1）：148-156.

[29] Donaldson C, Gregory I N, Taylor J E. Locating the beautiful, picturesque, sublime and majestic: spatially analysing the application of aesthetic terminology in descriptions of the English Lake District[J]. Journal of Historical Geography, 2017, 56: 43-60.

[30] Getis A, Ord J K. The Analysis of Spatial Association by Use of Distance Statistics[J]. Geographical Analysis, 1992, 24(3): 189-206.

[31] Gregory I. N. and Healey R.G. Historical GIS:structurng, mapping and analyzing geographies of the past[J]. Progress in Human Geography, 2007, 31(5): 638-653.

[32] Harvey J. Miller. Tobler's First Law and Spatial Analysis[J]. Annals of the Association of American Geographers, 2004, 94(2): 284-289.

[33] Knowles A K. Historical GIS: The Spatial Turn in Social Science History[J]. Social Science History, 2000, 24(3): 451-470.

[34] Ord J K, Getis A. Local Spatial Autocorrelation Statistics:Distributional Issues and an Application[J].

Geographical Analysis, 1995, 27(4): 286–306.

[35]   Sui D Z. GIS, cartography, and the "Third Culture": geographic imaginations in the Computer Age [J].
         Professional Geographer, 2004, 56(1): 62–72.

[36]   Tobler W R. A Computer Movie Simulating Urban Growth in the Detroit Region[J]. Economic
         Geography, 1970, 46(sup1): 234–240.

[37]   中井英基. 中国近代企业家史研究笔记[J]. 中文研究, 1972（13）.

[38]   陈刚. "数字人文"与历史地理信息化研究[J]. 南京社会科学, 2014（3）：136-142.

[39]   陈静. 历史与争论——英美"数字人文"发展综述[J]. 文化研究, 2013（04）：206-221.

[40]   陈争平. 加强关于近代中国企业制度演变及企业家的研究[J]. 中国经济史研究, 1995（2）：
         16-18.

[41]   戴鞍钢, 阎建宁. 中国近代工业地理分布、变化及其影响[J]. 中国历史地理论丛, 2000（01）：
         139-161+250-251.

[42]   戴鞍钢. 中国近代工业与城乡人口流动[J]. 云南大学学报（社会科学版）, 2011, 10（02）：
         56-63+96.

[43]   戴维·J. 博登海默, 马庆凯, 等. 空间人文学：技术·途径·展望[J]. 文化研究, 2016
         （04）：55-71.

[44]   单霁翔. 注新型文化遗产——工业遗产的保护[J]. 中国文化遗产, 2006（04）：10-47+6.

[45]   董智勇, 王玉茹. 产业结构升级与工业遗产开发——基于天津工业化进程实践[J]. 中国名城,
         2015（8）：32-38.

[46]   樊如森. 中国历史经济地理学的回顾与展望[J]. 江西社会科学, 2012, 32（4）：19-26.

[47]   方书生. 1908—1948年上海工业总产值再估算[J]. 中国经济史研究, 2018（05）：46-56.

[48]   符英, 吴农, 杨豪中. 西安近代工业建筑的发展[J]. 工业建筑, 2008（05）：39-41+56.

[49]   高菠阳, 刘卫东, 李铭. 工业地理学研究进展[J]. 经济地理, 2010, 30（3）：362-370.

[50]   顾朝林, 王恩儒, 石爱华. "新经济地理学"与经济地理学的分异与对立[J]. 地理学报,
         2002, 57（4）：497-504.

[51]   关美宝, 谷志莲, 塔娜, 等. 定性GIS在时空间行为研究中的应用[J]. 地理科学进展, 2013,
         32（9）：1316-1331.

[52]   郭志仪. 我国西部地区产业结构分析[J]. 西北民族大学学报（哲学社会科学版）, 1991（3）：
         17-22.

[53]   何捷, 袁梦. 数字化时代背景下空间人文方法在景观史研究中的应用[J]. 风景园林, 2017
         （11）：16-22.

[54]   何一民. 论近代中国大城市发展动力机制的转变与优先发展的条件[J]. 中华文化论坛, 1998
         （04）：21-26.

[55]   胡大平. "空间转向"与社会理论的激进化[J]. 学习与探索, 2012（5）：22-26.

[56]   黄园淅, 杨波. 从胡焕庸人口线看地理环境决定论[J]. 云南师范大学学报（哲学社会科学版）
         2012, 44（1）：68-73.

[57] 季晨子, 王彦辉. 基于保护性再利用的近代工业建筑改造研究——以晨光1865创意产业园为例[J]. 遗产与保护研究, 2018, 3 (06): 119-127.

[58] 季宏, 王琼. "活态遗产"的保护与更新探索——以福建马尾船政工业遗产为例[J]. 中国园林, 2013, 29 (07): 29-34.

[59] 季宏. 天津近代城市工业格局演变历程与工业遗产保护现状[J]. 福州大学学报（自然科学版）, 2014, 42 (3): 439-444.

[60] 江海. 中国近代经济统计研究的新进展——东京"中华民国期的经济统计：评价与推计"国际研讨会简介[J]. 中国经济史研究, 2000 (1): 152-155.

[61] 江沛. 清末华北铁路体系初成诸因评析[J]. 历史教学（下半月刊）, 2011 (7): 3-11.

[62] 姜晓轶, 周云轩. 从空间到时间——时空数据模型研究[J]. 吉林大学学报（地球科学版）, 2006, 36 (3): 480-485.

[63] 李百浩, 吕婧. 天津近代城市规划历史研究（1860-1949）[J]. 城市规划学刊, 2005 (5): 75-82.

[64] 李东晔. 故土与他乡：对"租界文化"的一种人类学解读——以天津原意大利租界的建筑空间为例[J]. 江西社会科学, 2009 (3): 151-155.

[65] 李江, 顾保国. 论中国近代企业家[J]. 社会科学辑刊, 1999 (4): 48-50.

[66] 李铭. 从上海机器织布局看"官督商办"经营方式的历史作用[J]. 河北师范大学学报（哲学社会科学版）, 1979 (2): 34-43.

[67] 李岫. 论中国近代企业家的特点[J]. 中国经济史研究, 1994 (3): 33-43.

[68] 林珲, 张捷, 杨萍, 等. 空间综合人文学与社会科学研究进展[J]. 地球信息科学, 2006 (02): 30-37.

[69] 刘安国, 杨开忠, 谢燮. 新经济地理学与传统经济地理学之比较研究[J]. 地球科学进展, 2005, 20 (10): 1059-1066.

[70] 刘伯英, 李匡. 工业遗产的构成与价值评价方法[J]. 建筑创作, 2006 (09): 24-30.

[71] 刘德钦, 刘宇, 薛新玉. 中国人口分布及空间相关分析[J]. 测绘科学, 2004 (S1): 76-79.

[72] 刘功成. 中国行业工会历史、现状、发展趋势与对策研究[J]. 中国劳动关系学院学报, 2010, 24 (1): 77-79.

[73] 刘健. 近代工矿业城市发展模式与意义——以开滦煤矿和唐山市古冶区为例[J]. 唐山学院学报, 2014, 27 (01): 7-10.

[74] 刘民山. 试论廿世纪初叶天津民族工业发展的原因[J]. 天津师范大学学报（社科版）, 1983 (5): 49-53.

[75] 楼世洲. 我国近代工业化进程和职业教育制度嬗变的历史考察[J]. 教育学报, 2007 (01): 82-88.

[76] 陆大道, 王铮, 封志明, 等. 关于"胡焕庸线能否突破"的学术争鸣[J]. 地理研究, 2016, 35 (5): 805-824.

[77] 吕安民, 李成名. 中国省级人口增长率及其空间关联分析[J]. 地理学报, 2002, 57 (2): 143-150.

[78] 马敏，陆汉文．民国时期政府统计工作与统计资料述论[J]．华中师范大学学报（人文社会科学版），2005，44（6）：116-129．

[79] 马晓熠，裴韬．基于探索性空间数据分析方法的北京市区域经济差异[J]．地理科学进展，2010，29（12）：1555-1561．

[80] 满志敏．光绪三年北方大旱的气候背景[J]．复旦学报（社会科学版），2000（06）：28-35．

[81] 聂家华．论近代济南的城市化及其特点（1904—1937）[J]．山东农业大学学报（社会科学版），2005，7（3）：15-21．

[82] 潘倩，金晓斌，周寅康．近300年来中国人口变化及时空分布格局[J]．地理研究，2013，32（7）：1291-1302．

[83] 彭南生．传统工业的发展与中国近代工业化道路选择[J]．华中师范大学学报（人文社会科学版），2002（02）：80-87．

[84] 彭南生．论近代手工业与民族机器工业的互补关系[J]．中国经济史研究，1999（02）：79-87．

[85] 阙维民．国际工业遗产的保护与管理[J]．北京大学学报（自然科学版），2007（04）：523-534．

[86] 任云英．民国时期古都西安产业空间转型研究[J]．西北大学学报（自然科学版），2010，40（1）：131-135．

[87] 商馨莹．基于标准差椭圆法分析农村居民点分布特征——以淮南市潘集区为例[J]．农村经济与科技，2018，29（09）：244-246．

[88] 沈映春，闫佳琪．京津冀都市圈产业结构与城镇空间模式协同状况研究——基于区位熵灰色关联度和城镇空间引力模型[J]．产业经济评论，2015（6）：23-34．

[89] 宋美云．北洋时期官僚私人投资与天津近代工业[J]．历史研究，1989（02）：38-52．

[90] 孙俊，潘玉君，瑞芳等．地理学第一定律之争及其对地理学理论建设的启示[J]．地理研究，2012，31（10）：1749-1763．

[91] 孙浦阳，韩帅，许启钦．产业集聚对劳动生产率的动态影响[J]．世界经济，2013（3）：33-53．

[92] 王超，赵文吉，周大良．基于GIS的犯罪分析系统研究与设计[J]．首都师范大学学报（自然科学版），2010，31（03）：47-52．

[93] 王大学．国际学界国家历史地理信息系统建设与利用的现状及启示[J]．江苏师范大学学报（哲学社会科学版），2016，42（03）：98-104．

[94] 王海涛，徐刚，恽晓方．区域经济一体化视阈下京津冀产业结构分析[J]．东北大学学报（社会科学版），2013，15（4）：367-374．

[95] 向玉成，杨天宏．中国近代军事工业布局的发展变化述论[J]．四川师范大学学报（社会科学版），1997（02）：138-145．

[96] 向玉成．江南制造局的选址问题与迁厂风波[J]．乐山师专学报（社会科学版），1997（04）：41-46．

[97] 向玉成．论洋务派对大型军工企业布局的认识发展过程——以江南制造局与湖北枪炮厂的选址为例[J]．西南交通大学学报（社会科学版），2000（04）：31-36．

[98] 谢放．抗战前中国城市工业布局的初步考察[J]．中国经济史研究，1998（03）：98-107．

[99] 谢放. 中国近代民用工业在城市的分布状况（1840-1927）[J]. 城市史研究, 2000（Z1）：56-69.

[100] 徐新吾, 杨淦, 袁叔慎. 中国近代面粉工业历史概况与特点[J]. 上海社会科学院学术季刊, 1987（02）：60-65.

[101] 徐新吾. 我国第一家民族资本近代工业的考证[J]. 社会科学, 1981（03）：87-92.

[102] 俞孔坚. 关于防止新农村建设可能带来的破坏、乡土文化景观保护和工业遗产保护的三个建议[J]. 中国园林, 2006（08）：8-12.

[103] 虞和平. 改革开放以来中国近代史学科的创新[J]. 晋阳学刊, 2010（6）：13-21.

[104] 袁为鹏. 甲午战后晚清军事工业布局之调整——以江南制造局迁建为例[J]. 历史研究, 2016（05）：71-88+191-192.

[105] 袁为鹏. 清末汉阳铁厂厂址定位问题新解[J]. 中国历史地理论丛, 2000（04）：232-249.

[106] 袁为鹏. 盛宣怀与汉阳铁厂（汉冶萍公司）之再布局试析[J]. 中国经济史研究, 2004（04）：124-132+160.

[107] 袁为鹏. 张之洞与湖北工业化的起始：汉阳铁厂"由粤移鄂"透视[J]. 武汉大学学报（人文科学版）, 2001（01）：67-73.

[108] 袁为鹏. 中国近代工矿业区位选择的个案透视——盛宣怀试办湖北矿业失败原因再探讨[J]. 中国经济史研究, 2002（04）：134-144.

[109] 张捷, 颜丙金, 张宏磊等. 走向多范式的空间综合人文学[J]. 文化研究, 2016（4）：72-85.

[110] 张美岭. 近代中国的产业集聚与扩散——基于20世纪30年代工业调查数据的实证分析[J]. 财经研究, 2016, 42（10）：179-189.

[111] 张明艳, 孙晓飞, 贾巳梦. 京津冀经济圈产业结构与分工测度研究[J]. 经济研究参考, 2015（8）：103-108.

[112] 张松, 陈鹏. 上海工业建筑遗产保护与创意园区发展——基于虹口区的调查、分析及其思考[J]. 建筑学报, 2010（12）：12-16.

[113] 张珣, 钟耳顺, 张小虎, 等. 2004—2008年北京城区商业网点空间分布与集聚特征[J]. 地理科学进展. 2013, 32（8）：1207—1215.

[114] 张佑印, 马耀峰, 高军, 等. 中国典型区入境旅游企业区位熵差异分析[J]. 资源科学, 2009, 31（3）：435-441.

[115] 赵璐, 赵作权. 基于特征椭圆的中国经济空间分异研究[J]. 地理科学. 2014, 34（8）：979—986.

[116] 郑永福. 中国近代产业女工的历史考察[J]. 郑州大学学报（哲学社会科学版）, 1992（04）：7-15.

[117] 朱本军, 聂华. 跨界与融合：全球视野下的数字人文——首届北京大学"数字人文论坛"会议综述[J]. 大学图书馆学报, 2016, 34（5）：16-21.

[118] 左海军. 试析李鸿章与晚清直隶电政[J]. 赤峰学院学报（哲学社会科学版）, 2010, 31（8）：24-26.

[119] 徐苏斌. 濒危遗产暂定制度势在必行[N]. 光明日报，2013-11-22（010）.

[120] 张十庆，日本之建筑史研究概观[J]. 建筑师，1995（06）：45.

[121] 吴葱. 应加快建筑遗产信息化步伐[N]. 中国文物报，2014-03-01（003）.

[122] 刘海岩. 从《借枪》谈天津租界[N]. 文汇报，2011-03-28（011）.

[123] 北京银行工会. 济宁民国十年之商情[J]. 银行月刊，1922，2（1）.

[124] 农商部. 济宁商业之最近观[J]. 农商公报，1917，3（32）.

[125] 中国劳工阶级生活费之分析[J]. 国际劳工通讯，5（11）：102-104.

[126] 徐苏斌，张家浩，青木信夫. 重点城市工业遗产GIS数据库建构研究——以天津为例[J]. 工业建筑，2015（Z1）：6.

专（译）著

[1] Anselin L. Spatial Econometrics: Methods and Models[M].Boston:Kluwer Academic, 1988: 13-37.

[2] Arf Barney & Arias Santa, The Spatial Turn: Interdisciplinary Perspectives[M], Routledge, 2009.

[3] Ayers E L. Turning toward place, space, and time[M]//Bodenhamer D J, Corrigan J, Harris T M. The Spatial Humanities: GIS and the Future of Humanities Scholarship. Bloomington & Indianapolis: Indiana University Press, 2010: 1-13.

[4] Gregory I N, Geddes A. Introduction: from historical GIS to spatial humanities: deepening scholarship and broadening technology [M]//Gregory I N, Geddes A. Toward Spatial Humanities: Historical GIS & Spatial History. Bloomington & Indianapolis: Indiana University Press, 2014: x–xix

[5] Gregory I N, P S Ell. Historical GIS Technologies Methodologies and Scholarship[M]. Cambridge University Press, 2007.

[6] Hockey S.The History of Humanities Computing[M]// A Companion to Digital Humanities. Blackwell Publishing Ltd, 2007: 1-19.

[7] Knowles A K. Past time, past place: GIS for history[M]. Calif.: ESRI Press, 2002.

[8] Mitchell A. The ESRI Guide to GIS Analysis.Volume 2: Spatial Measurements and Statistics [M]. ESRI Press, 2005.

[9] Silverman B W. Density Estimation for Statistics and Data Analysis [M]. New York: Chapman and Hall, 1986.

[10] Warf B, Arias S. The Spatial Turn: Interdisciplinary Perspectives [M]. New York: Routldge. 2009.

[11] Historic England. Understanding Historic Buildings—A Guide to Good Recording Practice [M], Swindon. Historic England, 2016.

[12] Gamini Wijesuriya, Jane Thompson, Christopher Young. 世界文化遗产管理[M]. 巴黎：联合国教科文组织，1993.

[13] Michael Trueman, Julie Williams. Index Record for Industrial Sites, Recording the Industrial Heritage, A Handbook[M]. London. 1993.

[14] Historic England. BIM for Heritage: Developing a Historic Building Information Model[M], Swindon. Historic England, 2017.

[15] Dore C, Murphy M. Integration of HBIM and 3D GIS for Digital Heritage Modelling[M]. Dublin Institute of Technology, 2012.

[16] 国家文物局. 第三次全国文物普查工作手册[M]. 北京：文物出版社，2007.

[17] 国家文物局. 第一次全国可移动文物普查工作手册[M]. 北京：文物出版社，2013.

[18] 《历史建筑测绘五校联展》编委会. 上栋下宇：历史建筑测绘五校联展[M]. 天津：天津大学出版社，2006.

[19] 王其亨. 古建筑测绘[M]. 北京：中国建筑工业出版社，2006.

[20] 夏南强. 信息采集学[M]. 北京：清华大学出版社，2012.

[21] 杨波，陈禹，张媛. 信息管理与信息系统概论[M]. 北京：中国人民大学出版社，2005.

[22] 鲍克思，胡明星. 地理信息系统与文化资源管理：历史遗产管理人员手册[M]. 南京：东南大学出版社，2001.

[23] 哈尔滨建筑工程学院. 工业建筑设计原理[M]. 北京：中国建筑工业出版社，1998.

[24] 兰州工业遗产图录编委会. 兰州工业遗产图录[M]. 兰州市文物局，2008.

[25] 白青锋. 锈迹：寻访中国工业遗产[M]. 北京：中国工人出版社，2008.

[26] 建筑文化考察组，潍坊市坊子区政府. 山东坊子近代建筑与工业遗产[M]. 天津：天津大学出版社，2008.

[27] 上海市文物管理委员会. 上海工业遗产实录[M]. 上海：上海交通大学出版社，2009.

[28] 王西京. 西安工业建筑遗产保护与再利用研究[M]. 北京：中国建筑工业出版社，2011.

[29] 韩福文，刘春兰. 东北地区工业遗产保护与旅游利用研究[M]. 北京：光明日报出版社，2012.

[30] 徐延平，徐龙梅. 南京工业遗产[M]. 南京：南京出版社，2012.

[31] 蒋响元. 湖南交通文化遗产[M]. 北京：人民交通出版社，2012.

[32] 彭小华. 品读武汉工业遗产[M]. 武汉：武汉出版社，2013.

[33] 骆高远. 寻访我国"国保"级工业文化遗产[M]. 杭州：浙江工商大学出版社，2013.

[34] 天津河西文化文史委员会. 天津河西老工厂[M]. 北京：线装书局，2014.

[35] 高长征，闫芳. 中原工业文明遗产研究[M]. 北京：中国水利水电出版社，2016.

[36] 刘伯英. 中国工业建筑遗产调查与研究——2008中国工业建筑遗产国际学术研讨会论文集[M]. 北京：清华大学出版社，2009.

[37] 朱文一，刘伯英. 中国工业建筑遗产调查、研究与保护（一）[M]. 北京：清华大学出版社，2011.

[38] 朱文一，刘伯英. 中国工业建筑遗产调查、研究与保护（二）[M]. 北京：清华大学出版社，2012.

[39] 朱文一，刘伯英. 中国工业建筑遗产调查、研究与保护（三）[M]. 北京：清华大学出版社，2013.

[40] 朱文一，刘伯英. 中国工业建筑遗产调查、研究与保护（四）[M]. 北京：清华大学出版社，

2014.

[41] 朱文一，刘伯英. 中国工业建筑遗产调查、研究与保护（五）[M]. 北京：清华大学出版社，
2015.

[42] 朱文一，刘伯英. 中国工业建筑遗产调查、研究与保护（六）[M]. 北京：清华大学出版社，
2016.

[43] 汪敬虞. 中国近代工业史资料(第二辑)[M]. 北京：科学出版社，1957.

[44] 李占才. 中国铁路史：1874-1949[M]. 汕头：汕头大学出版社，1994.

[45] 金士宣，徐文述. 中国铁路发展史[M]. 北京：中国铁道出版社，1986.

[46] 祝慈寿. 中国近代工业史[M]. 重庆：重庆出版社，1989.

[47] 中华民国历史与文化讨论集委员会. 中华民国历史与文化讨论集：第一册 国民革命史[M]. 中
华民国历史与文化讨论集编辑委员会，1984：367.

[48] 徐增麟. 新中国铁路五十年1949-1999[M]. 北京：中国铁道出版社，1999：40.

[49] 单维廉. 德领胶州湾（青岛）之地政资料[M]. 周龙章，译. 台北：中国地政研究所，1980.

[50] 鲍德威. 中国的城市变迁：1890-1949年山东济南的政治与发展[M]. 张汉，金桥，孙淑霞，译.
北京：北京大学出版社，2010.

[51] 罗威廉. 汉口：一个中国城市的冲突和社区（1796～1895）[M]. 鲁西奇，罗杜芳，译. 北京：
中国人民大学出版社，2008.

[52] 李东阳. 大明会典[M]. 北京：国家图书馆出版社，2009.

[53] 杨宏，谢纯撰. 漕运通志[M]. 荀德麟，何振华点校. 北京：方志出版社，2006.

[54] 李鸿章. 李鸿章家书[M]. 翁飞，董丛林编注. 合肥：黄山书社，1996.

[55] 李熙龄. 中国方志丛书·咸丰滨州志[M]. 台北：台北成文出版社，1921.

[56] 王赠芳，王镇. 中国地方志集成·山东府县志辑·道光济南府志[M]. 南京：凤凰出版社，
2004.

[57] 余为霖，郭国琦. 中国地方志集成·山东府县志辑·康熙新修齐东县志[M]. 南京：凤凰出版
社，2004.

[58] 张曜，杨士骧，等. 山东通志[M]. 济南：山东通志刊印局，1915.

[59] 安作璋. 山东通史·近代卷[M]. 济南：山东人民出版社，1994.

[60] 安作璋. 山东通史·明清卷[M]. 济南：山东人民出版社，1994.

[61] 白眉初. 中华民国省区全志·鲁豫晋三省志[M]. 北京：北京师范大学史地系，1925.

[62] 白寿彝. 中国交通史[M]. 北京：团结出版社，2011.

[63] 北京大学附设农村经济研究所. 山东省に於ける农村人口移动：县城附近一农村の人口移动に
ついて[M]. 北京：北京大学附设农村经济研究所，1942.

[64] 蔡博明. 中国火柴工业史[M]. 北京：中国轻工业出版社，2001.

[65] 曹振宇. 中国染料工业史[M]. 北京：中国轻工业出版社，2009.

[66] 常青. 历史环境的再生之道——历史意识与设计探索[M]. 北京：中国建筑工业出版社，2009.

[67] 陈慈玉. 近代中国的机械缫丝工业（1860-1945）[M]. 中央研究院近代史研究所，1989.

[68] 陈剑平. 近代新疆工业史研究[M]. 北京：知识产权出版社，2015.

[69] 陈佩. 唐山市市情[M]. 北京：新民会中央总会，1940.

[70] 陈歆文. 中国化学工业史（1860-1949）[M]. 北京：化学工业出版社，2006.

[71] 陈真，姚洛. 中国近代工业史资料集. [M]. 北京：生活·读书·新知三联书店版，1957.

[72] 陈振汉. 社会经济史学论文集[M]. 北京：经济科学出版社，1999.

[73] 陈征平. 云南工业史[M]. 昆明：云南大学出版社，2007.

[74] 仇润喜. 天津邮政史料[M]. 北京：北京航空航天大学出版社，1988.

[75] 褚葆一. 工业化与中国国际贸易[M]. 上海：商务印书馆，1945.

[76] 邓庆澜. 天津市工业统计[M]. 天津：天津市社会局，1935.

[77] 董鉴泓. 中国城市建设史[M]. 北京：中国建筑工业出版社，2004.

[78] 樊重俊，刘臣，霍良安. 大数据分析与应用[M]. 上海：立信会计出版社，2016. 78-80.

[79] 范伟达，范冰. 中国调查史[M]. 上海：复旦大学出版社，2015. 79-82.

[80] 范西成，陆保珍. 中国近代工业发展史(1840-1927)[M]. 西安：陕西人民出版社，1991.

[81] 方明月. 中国民营企业融资困境与出路——基于资本结构的视角[M]. 北京：首都经济贸易大学出版社，2015.

[82] 方显廷. 中国工业资本问题[M]. 上海：商务印书馆，1939.

[83] 方宪堂. 上海近代民族卷烟工业[M]. 上海：上海社会科学院出版社，1989.

[84] 方一兵. 中日近代钢铁技术史比较研究（1868-1933）[M]. 济南：山东教育出版社，2013.

[85] 冯桂芬. 校邠庐抗议[M]. 郑州：中州古籍出版社，1998.

[86] 山东科学技术史[M]. 济南：山东人民出版社，2011.

[87] 高丙中. 日常生活的文化与政治：见证公民性的成长[M]. 北京：社会科学文献出版社，2012. 132.

[88] 龚俊. 中国都市工业化程度之统计分析[M]. 上海：商务印书馆，1933.

[89] 龚俊. 中国新工业发展史大纲[M]. 上海：商务印书馆，1933.

[90] 中央研究院历史语言研究所集刊编辑委员会. 历史语言研究所集刊：影印本[M]. 南京：江苏古籍出版社，2008.

[91] 何炳贤. 中国实业志·山东省[M]. 上海：实业部国际贸易局，1934.

[92] 胡焕庸. 经济地理[M]. 南京：正中书局，1948.

[93] 华杉，华楠. 超级符号就是超级创意[M]. 天津人民出版社，2014.

[94] 黄棣侯. 山东公路史[M]. 北京：人民交通出版社，1989.

[95] 黄汉民，陆兴龙. 近代上海工业企业发展史论[M]. 上海：上海财经大学出版社，2000.

[96] 黄晞. 中国近现代电力技术发展史[M]. 济南：山东教育出版社，2006.

[97] 惠新. 外经济关系与中国近代化国际学术讨论会学术观点综述[M]//中国近代经济史丛书编委会. 中国近代经济史研究资料（8）. 上海：上海社会科学院出版社，1987.

[98] 简贯三. 工业化与社会建设[M]. 上海：中华书局，1946.

[99] 江沛，秦熠，刘晖. 城市化进程研究[M]. 南京：南京大学出版社，2015.

[100]　江苏省地方志编辑委员会. 江苏省志·城乡建设志[M]. 南京：江苏人民出版社，2008.

[101]　姜新. 苏北近代工业史[M]. 徐州：中国矿业大学出版社，2001.

[102]　胶济铁路管理局车管处. 胶济铁路经济调查汇编[M]，分编第3册，潍县。

[103]　金国利，李静江. 西方经济学说史与当代流派[M]. 北京：华文出版社，1999.

[104]　居之芬，张利民. 日本在华北经济统制掠夺史[M]. 天津：天津古籍出版社，1997.

[105]　李洛之，聂汤谷. 天津的经济地位[M]. 天津：南开大学出版社，1994.

[106]　李文海，夏明方，黄兴涛. 民国时期社会调查丛编（二编）：城市（劳工）生活卷[M]. 福州：福建教育出版社，2014.

[107]　李文海. 民国时期社会调查丛编（二编）：近代工业卷[M]. 福州：福建教育出版社，2014.

[108]　李英，王棣，瞿彬彬. 中外工会法比较研究[M]. 北京：知识产权出版社，2011.

[109]　李棕. 世界经济百科辞典[M]. 北京：经济科学出版社，1994.

[110]　梁钟亭，张树梅. 续修清平县志[M]. 济南：文雅书印，1936.

[111]　辽宁省机械工业委员会军工史志办. 辽宁军工史料选编·近代兵器工业[M]. 沈阳：辽宁省机械工业委员会军工史志办，1988.

[112]　刘大钧. 工业化与中国工业建设[M]. 上海：商务印书馆. 1946.

[113]　刘大钧. 中华现代学术名著丛书·上海工业化研究[M]. 北京：商务印书馆，2015.

[114]　刘国良. 中国工业史·近代卷[M]. 南京：江苏科学技术出版社，1992.

[115]　刘鸿万. 工业化与中国人口问题[M]. 上海：商务印书馆，1945.

[116]　刘继生，等. 区位论[M]. 南京：江苏教育出版社. 1994.

[117]　刘明逵，唐玉良. 中国工人运动史：第1卷 中国工人阶级的产生和早期自发斗争[M]. 广州：广东人民出版社，1998.

[118]　刘义程. 发展与困顿：近代江西的工业化历程（1858-1949）[M]. 南昌：江西出版集团江西人民出版社，2007.

[119]　鲁荡平. 天津工商业[M]. 天津：天津特别市社会局，1930.

[120]　罗肇前. 福建近代产业史[M]. 厦门：厦门大学出版社，2002.

[121]　马寅初. 战时工业问题[M]. 上海：独立出版社，1938.

[122]　民国山东通志编辑委员会. 民国山东通志[M]. 台北：山东文献杂志社，2002.

[123]　聂家华. 对外开放与城市社会变迁：以济南为例的研究(1904-1937)[M]. 济南：齐鲁书社，2007.

[124]　牛文元. 理论地理学[M]. 北京：商务印书馆，1992.

[125]　彭泽益. 中国近代手工业史资料[M]. 北京：生活·读书·新知三联书店，1957.

[126]　山东省临清市地方史志编纂委员会. 临清市志[M]. 济南：齐鲁书社，1997.

[127]　上海城市规划志编撰委员会. 上海城市规划志[M]. 上海：上海社会科学院出版社，1999.

[128]　上海社会科学院经济研究所轻工业发展战略研究中心. 中国近代造纸工业史[M]. 上海：上海社会科学院出版社，1989.

[129]　上海市粮食局，等. 中国近代面粉工业史[M]. 北京：中华书局，1987.

[130] 申力生. 中国石油工业发展史·近代石油工业[M]. 北京：石油工业出版社，1988.

[131] 苏则民. 南京城市规划史稿·近代篇[M]. 北京：中国建筑工业出版社，2008.

[132] 孙大权. 中国经济学的成长：中国经济学社研究(1923～1953)[M]. 上海：三联书店，2006.

[133] 孙建国，村上直树，陈文举. 中日工业化进程比较[M]. 北京：社会科学文献出版社，2013.

[134] 孙庆基，等. 山东省地理[M]. 济南：山东教育出版社，1987.

[135] 孙燕京. 急进与慢变：晚清以来社会变化的两种形态[M]. 北京：商务印书馆，2011.

[136] 孙毓堂. 中国近代工业史资料（第1辑1840-1895年）[M]. 北京：科学出版社，1957.

[137] 孙宅巍，等. 江苏近代民族工业史[M]. 南京：南京师范大学出版社，1999.

[138] 孙祚民. 山东通史[M]. 济南：山东人民出版社，1992.

[139] 邰向荣，卢仲进. 新世纪中国交通地图册[M]. 北京：中国地图出版社，2001.

[140] 泰安市史志编纂委员会办公室. 东岳志稿·泰安市史志资料（第4辑）[M]. 泰安：泰安市史志编纂委员会办公室，1986.

[141] 唐惠虎. 武汉近代工业史[M]. 武汉：湖北人民出版社，2016.

[142] 唐启贤. 工业分类之研究[M]. 南京：实业部统计处，1936.

[143] 唐志鹏. 经济地理学中的数量方法[M]. 北京：气象出版社，2012.

[144] 天津市档案馆，等. 天津近代纺织工业档案选编[M]. 天津：天津人民出版社，2017.

[145] 天津市档案馆，等. 天津商会档案汇编（1912-1928）[M]. 天津：天津人民出版社，1992.

[146] 万启盈. 中国近代印刷工业史[M]. 上海：上海人民出版社，2012.

[147] 汪敬虞. 中国近代工业史资料（第2辑1895-1914年）[M]. 北京：科学出版社，1957.

[148] 王斌. 近代铁路技术向中国的转移：以胶济铁路为例（1898-1914）[M]. 济南：山东教育出版社，2012.

[149] 王炳勋. 天津市地价概况. 天津：大津书局[M]. 1938.

[150] 王昌军，天津市档案馆. 近代以来天津城市化进程实录[M]. 天津：天津人民出版社，2005.

[151] 王茂军. 中国沿海典型省份城市体系演化过程分析——以山东为例[M]. 北京：科学出版社，2009.

[152] 王守中. 近代山东城市变迁史[M]. 济南：山东教育出版社，2001.

[153] 王兴平，石峰，赵立元. 中国近现代产业空间规划设计史[M]. 南京：东南大学出版社，2014.

[154] 王玉茹，等. 制度变迁与中国近代工业化：以政府的行为分析为中心[M]. 西安：陕西人民出版社，2000.

[155] 王远飞，何洪林. 空间数据分析方法[M]. 北京：科学出版社，2007.

[156] 王志毅. 中国近代造船史[M]. 北京：海洋出版社，1986.

[157] 魏心镇. 工业地理学：工业布局原理[M]. 北京：北京大学出版社，1982.

[158] 魏永生. 晚清山东商埠[M]. 济南：山东文艺出版社，2004.

[159] 巫宝三. 中国国民所得[M]. 上海：中华书局，1947.

[160] 吴至信. 中国惠工事业世界书局[M]. 上海：世界书局，1940.

[161] 武廷海. 中国近现代区域规划[M]. 北京：清华大学出版社，2006.

[162] 武堉干，褚葆一．民国丛书·中国国际贸易概论·工业化与中国国际贸易[M]．上海：上海书店，1992．

[163] 席龙飞．中国造船通史[M]．北京：海洋出版社，2013．

[164] 肖爱树．山东历史文化撮要[M]．北京：知识产权出版社，2008．

[165] 辛元欧．中国近代船舶工业史[M]．上海：上海古籍出版社，1999．

[166] 熊性美．开滦煤矿矿权史料[M]．天津：南开大学出版社，2004．

[167] 徐百齐．中华民国法规大全[M]．上海：商务印书馆，1937．

[168] 徐新吾，黄汉民．上海近代工业史[M]．上海：上海社会科学院出版社，1998．

[169] 许涤新，吴承明．中国资本主义发展史：第3卷[M]．北京：人民出版社，2003．

[170] 许金生．近代上海日资工业史（1884-1937）[M]．上海：学林出版社，2009．

[171] 许庆斌，等．运输经济学导[M]．北京：中国铁道出版社，1995．

[172] 许绍李．谈谈我国工业的地理分布[M]．上海：上海人民出版社，1956．

[173] 严中平，等．中国近代经济史统计资料选辑[M]．北京：中国社会科学出版社，2012．

[174] 阎嘉．马赛克主义：后现代文学与文化理论研究[M]．成都：巴蜀书社，2013．

[175] 阎明．一门学科与一个时代：社会学在中国[M]．北京：清华大学出版社，2004．

[176] 杨鄂联．工业教育[M]．上海：商务印书馆，1934．

[177] 杨旭，汤海京，丁刚毅．数据科学导论[M]．北京：北京理工大学出版社，2017．

[178] 杨勇刚．中国近代铁路史[M]．上海：上海书店出版社，1997．

[179] 殷蒙霞，李强．民国铁路沿线经济调查报告汇编：第5册[M]．北京：国家图书馆出版社，2009．27．

[180] 袁剑秋．中国近代油脂工业史稿[M]．河南省粮食行业协会，1999．

[181] 袁为鹏．聚集与扩散：中国近代工业布局[M]．上海：上海财经大学出版社，2007．

[182] 湛晓白．时间的社会文化史 近代中国时间制度与观念变迁研究[M]．北京：社会科学文献出版社，2013．

[183] 张后铨．招商局史·近代部分[M]．北京：人民交通出版社，1988．

[184] 张其昀．中国经济地理[M]．上海：商务印书馆，1929．

[185] 张学君，张莉红．四川近代工业史[M]．成都：四川人民出版社，1990．

[186] 张以诚．中国近代矿业史纲要[M]．北京：气象出版社，2012．

[187] 张玉法．近代中国工业发展史（1860-1916）[M]．台北：桂冠图书股份有限公司，1992．

[188] 张云勋．中国历代军事哲学概论[M]．成都：西南交通大学出版社，2012．

[189] 赵尔巽．清史稿·卷二百二十四·食货五[M]．

[190] 赵琪修，袁荣叟．胶澳志：第五卷[M]．青岛：胶澳商埠局，1928．

[191] 郑度．地理区划与规划词典[M]．北京：中国水利水电出版社，2012．

[192] 中共中央党史研究室科研部．纪念抗日战争胜利五十周年学术讨论会文集（下）抗战外交[M]．北京：中国党史出版社，1996．

[193] 中国地方志集成·山东府县志辑·临清县志[M]．南京：凤凰出版社，2004．

[194] 中国航空工业史编修办公室．中国近代航空工业史（1909-1949）[M]．北京：航空工业出版

社，2013.

[195] 中国近代兵器工业编审委员会. 中国近代兵器工业：清末至民国的兵器工业[M]. 北京：国防工业出版社，1998.

[196] 中国近代纺织史编辑委员会. 中国近代纺织史[M]. 北京：中国纺织出版社，1997.

[197] 中国近代煤矿史编写组. 中国近代煤矿史[M]. 北京：煤炭工业出版社，1990.

[198] 中国科学院上海经济研究所. 南洋兄弟烟草公司史料[M]. 上海人民出版社，1958.

[199] 中国汽车工业史编审委员会. 中国汽车工业专业史（1901-1990）[M]. 北京：人民交通出版社，1996.

[200] 中国人民政治协商会议天津市委员会文史资料研究委员会. 天津文史资料选辑（第24辑）[M]. 天津：天津人民出版社，1983.

[201] 中国人民政治协商会议天津市委员会文史资料研究委员会. 天津文史资料选辑（第32辑）[M]. 天津：天津人民出版社，1985.

[202] 中国社会科学院近代史研究所经济史研究室. 中国近代经济史论著目录提要（1949 10-1985）[M]. 上海：上海社会科学院出版社，1989.

[203] 中华文化通志编委会. 中华文化通志·第四·典制度文化社团志[M]. 上海：上海人民出版社，2010.

[204] 周村区政协. 百年商埠·周村[M]. 西宁：青海人民出版社，2004.

[205] 朱荫贵. 中国近代股份制企业研究[M]. 上海：上海财经大学出版社，2008.

[206] 朱仲玉. 中国近代工业的产生与发展[M]. 上海：上海文化出版社，2003.

[207] 朱子爽. 中国国民党劳工政策[M]. 国民图书出版社，1941.

[208] 祝慈寿. 中国近代工业史[M]. 重庆：重庆出版社，1989.

[209] 庄维民. 近代山东市场经济的变迁[M]. 北京：中华书局，2000.

[210] 天津社会科学院历史研究所. 天津历史资料9——北洋水师大沽船坞资料选编[Z]. 天津：天津社会科学院出版社，1980.

[211] 姚先浚.（光绪）博平县乡土志. 清光绪三十二年（1906）抄本.

学位论文

[1] 狄雅静. 中国建筑遗产记录规范化初探[D]. 天津：天津大学，2009.

[2] 黄明玉. 文化遗产的价值评估及记录建档[D]. 天津：复旦大学，2009.

[3] 石越. BIM在工业遗产信息采集与管理中的应用[D]. 天津：天津大学，2014.

[4] 梁哲. 中国建筑遗产信息管理相关问题初探[D]. 天津：天津大学，2007.

[5] 狄雅静. 中国建筑遗产记录规范化初探[D]. 天津：天津大学，2009.

[6] 宋巍. 基于WebGIS的文物管理系统的研究与实现[D]. 北京：北京交通大学，2015.

[7] 高宋铮. 基于GIS的宝鸡市文物保护单位管理信息系统开发应用[D]. 西安：西安建筑科技大学，2017.

[8] 李珂. 基于HBIM的嘉峪关信息化测绘研究[D]. 天津：天津大学，2016.

[9] 郭正可. 基于BIM的唐代建筑大木作参数化建模研究[D]. 太原：太原理工大学，2018.

[10] 朱宁. 结合BIM技术的工业遗产数字化保护与再利用策略研究[D]. 青岛：青岛理工大学，2013.

[11] 杜欣. 基于BIM的工业建筑遗产测绘[D]. 天津：天津大学，2014.

[12] 梁哲. 中国建筑遗产信息管理相关问题初探[D]. 天津：天津大学，2007.

[13] 狄雅静. 中国建筑遗产记录规范化初探[D]. 天津：天津大学，2009.

[14] 宋巍. 基于WebGIS的文物管理系统的研究与实现[D]. 北京：北京交通大学，2015.

[15] 高宋铮. 基于GIS的宝鸡市文物保护单位管理信息系统开发应用[D]. 西安：西安建筑科技大学，2017.

[16] 李珂. 基于HBIM的嘉峪关信息化测绘研究[D]. 天津：天津大学，2016.

[17] 郭正可. 基于BIM的唐代建筑大木作参数化建模研究[D]. 太原：太原理工大学，2018.

[18] 朱宁. 结合BIM技术的工业遗产数字化保护与再利用策略研究[D]. 青岛：青岛理工大学，2013.

[19] 杜欣. 基于BIM的工业建筑遗产测绘[D]. 天津：天津大学，2014.

[20] 李哲. 建筑领域低空信息采集技术基础性研究[D]. 天津：天津大学，2009.

[21] 许东风. 重庆工业遗产保护利用与城市振兴[D]. 重庆：重庆大学，2012.

[22] 罗菁. 滇越铁路工业遗产廊道的构建[D]. 昆明：云南大学，2012.

[23] 张立娟. 哈尔滨近代工业建筑研究[D]. 哈尔滨：哈尔滨工业大学，2015.

[24] 贾超. 广州工业建筑遗产研究[D]. 广州：华南理工大学，2017.

[25] 张利民. 新民主主义社会时期中国共产党关于资产阶级的理论与实践[D]. 成都：西南交通大学，2000.

[26] 曹苏. 天津近代工业遗产——北洋水师大沽船坞研究初探[D]. 天津：天津大学，2009.

[27] 车松虎. 长春市产业布局演变研究[D]. 长春：吉林大学，2010.

[28] 陈为忠. 转型与重构：上海产业区的形成与演化研究（1843-1941）[D]. 上海：复旦大学，2014.

[29] 胡孔发. 民国时期苏南工业发展与生态环境变迁研究[D]. 南京：南京农业大学，2010.

[30] 季宏. 天津近代自主型工业遗产研究[D]. 天津：天津大学，2012.

[31] 孔军. 近代安徽矿业地理初探（1840-1945）[D]. 合肥：安徽大学，2016.

[32] 匡丹丹. 上海工人的收入与生活状况（1927-1937）[D]. 武汉：华中师范大学，2008.

[33] 李旻. 清末民初实业救国思潮研究[D]. 西安：陕西师范大学，2010.

[34] 刘建中. 晚清企业家的地域分布研究[D]. 湘潭：湘潭大学，2007.

[35] 马伟. 煤矿业与近代山西社会（1895-1936）[D]. 太原：山西大学，2007.

[36] 苗宏慧. 近代企业家群体与政治思潮嬗变研究[D]. 长春：吉林大学，2007.

[37] 伟红. 河南近代工业布局与影响因素分析[D]. 开封：河南大学，2016.

[38] 翁春萌. 武汉近代工业发展与城市形态变迁研究（1861-1937）[D]. 武汉：武汉大学，2017.

[39] 吴焕良. 近代上海棉纱业空间研究（1889-1936）[D]. 上海：复旦大学，2011.

[40] 许优美. 天津市产业链及其演化趋势分析[D]. 天津：天津财经大学，2010.

[41] 严艳. 陕甘宁边区经济发展与产业布局研究（1937-1950）[D]. 西安：陕西师范大学，2005.

[42] 杨东煜. 近代长江三峡地区工矿业发展分布研究[D]. 重庆：西南大学，2012.

[43] 尤欢. 全面抗战时期浙江工业布局的变迁[D]. 杭州：杭州师范大学，2017.

[44] 赵晶晶. 1840年以来武汉工业扩散驱动郊区城镇化的空间过程[D]. 武汉：华中师范大学，2013.

[45] 郑志忠. 民国时期关中地区工业发展与布局研究[D]. 西安：陕西师范大学，2012.

会议论文

[1] Yang W B, Cheng H M, Yen Y N. An Application of G.I.S on Integrative Management for Cultural Heritage- An Example for Digital Management on Taiwan Kinmen Cultural Heritage[C]// Euro-Mediterranean Conference. Springer International Publishing, 2014:590-597.

[2] 杨鸿勋. 中国建筑考古学概说[C]// 建筑史论文集. 2000.

[3] 邱隆. 明清时期的度量衡[C]//河南省计量局. 中国古代度量衡论文集. 郑州：中州古籍出版社，1990：348.

[4] 杨海涛. 近代济南城市空间双中心结构转型和发展分析[C]//多元与包容——2012中国城市规划年会论文集（02. 城市总体规划）. 中国城市规划学会，2012：574-581.

其他

[1] 下塔吉尔宪章，国际工业遗产保护联合会（TICCIH），下塔吉尔，2003.

[2] 都柏林准则，国际工业遗产保护联合会（TICCIH），都柏林，2011.

[3] ICOMOS, Guide to Recording Historic Buildings, London：Butterworth.

[4] 台北亚洲工业遗产宣言，国际工业遗产保护协会（TICCIH），台北，2012.

[5] 国家文物局，全国重点文物保护单位记录档案工作规范（试行），2003.

[6] 中国民航局. 使用民用无人驾驶航空器系统开展通用航空经营活动管理暂行办法. 2016.

[7] 大学教员资格条例. 大学公报. 1928，1（1）.

[8] 单霁翔，《保护工业遗产：回顾与展望》的主题报告，中国文物学会工业遗产委员会成立大会，2014，5.

[9] 山东省政府农矿厅. 山东矿业报告[R]. 济南：山东省政府实业厅，1930.

[10] Patrimoine industriel[EB/OL], 2012-09-18[2018-06-05], http://www.inventaire.culture.gouv.fr/Chemin_patind.htm

[11] Animated Atlas of African History 1879-2002 [EB/OL]. [2018-01-26]. http://www.brown.edu/Research/AAAH/map.htm

[12] Bauch N. Enchanting the Desert[EB/OL].(2016) [2018-2-1]. http://enchantingthedesert.com.

[13] Center for Advanced Spatial Analysis, University College London [EB/OL].[2017-10-12]. http://www.bartlett.ucl.ac.uk/casa/

[14]   Center for Geographic Analysis,Harvard University [EB/OL]. [2017-10-12].http://www.gis.harvard. edu/

[15]   Center for Spatial and Textual Analysis [EB/OL]. [2017-10-12]. https://cesta.stanford.edu/

[16]   Center for Spatially Integrated Social Sciences [EB/OL]. [2017-10-12].http://www.csiss.org/

[17]   Fairbank Center for Chinese Studies, the Institute for Chinese Historical Geography at Fudan University. CHGIS [DB/OL].[2018-01-26]. http://yugong.fudan.edu.cn/views/chgis_index.php

[18]   Gazzoni A. Mapping Dante: A Study of Places in the Commedia[EB/OL]. (2016-5) [2017-7-28]. http://www. mappingdante.com.

[19]   Great Britain Historical Geographical Information System [EB/OL].[2018-01-26]. http://www.port. ac.uk/research/gbhgis/

[20]   Knowles A K.Decisive Moments in the Battle of Gettysburg [CP/OL].(2013) [2017-07-28]. http:// storymaps.esri.com/stories/2013/gettysburg/.

[21]   National Historical Geographic Information System[EB/OL]. [2018-01-26]. https://www. nhgis. org /

[22]   Stanford Geospatial Network Model of The Roman World [EB/OL].(2016) [2018-2-8]. http://orbis. stanford.edu/

[23]   Urban Layers：Explore the structure of Manhattan's urban fabric [EB/OL]. [2018-2-1]. http:// io.morphocode.com/urban-layers/#s

[24]   Wong K.General Lee's Bird's Eye View [EB/OL]. [2018-2-8]. http://www.cadalyst.com/gis/general-lee039s-bird039s-eye-view-9236.

[25]   复旦大学历史地理研究中心. 中国历史地理信息系统CHGIS [DB/OL]. [2016-12-24] http:// yugong.fudan.edu.cn/views/chgis_download.php?list=Y&tpid=760

[26]   民国时期北京都市文化历史地理信息数据库[EB/OL]. [2018-01-27].http://www.iseis.cuhk.edu.hk/ history/beijing/intro.htm

[27]   王兆鹏. 唐宋文学编年地图[EB/OL].（2017）[2018-2-1] https://www.sou-yun.com/poetlifemap.html.

[28]   中国历史地理信息系统（China Historical Geographic Information System）[EB/OL]. [2018-01-26]. http://yugong.fudan.edu.cn/views/chgis_index.php

[29]   人民网. 中国城镇化率升至58.52%[EB/OL], 2018.2.5. http://society.people.com.cn/n1/2018/0205/ c1008-29805763.html.

[30]   国家文物局. 关于加强工业遗产保护的通知[EB/OL]. 2006-5-26[2018-06-01]. http://www.sach. gov.cn/.

[31]   Historic England. Explore our Industrial Heritage[EB/OL]. 2018[2018-06-03]. https://historicengland. org.uk/advice/heritage-at-risk/industrial-heritage/getting-involved/.

[32]   Horwitz T.Looking at the battle of Gettysburg throughRobert E. Lee's Eyes[EB/OL].Smithsonian Magazine, 2012(12). [2018-2-8]. http://www.smithsonianmag.com/history-archaeology/Looking-at-the-Battle-of-Gettysburg-Through-Robert-E-Lees-Eyes-180014191.html?c=y&page=1.